普通高等教育"十三五"规划教材

# 弹性与塑性力学引论

丁 勇 编著

中国水利水电出版社
www.waterpub.com.cn

# 内 容 提 要

本书系统地讲述了弹性与塑性力学的基本概念与基本理论。全书共分11章，主要内容包括绪论、应力、应变、弹性本构关系、塑性本构关系、弹性与塑性力学问题的建立与基本解法、平面问题、柱体扭转问题、薄板的弯曲、热传导与热应力、变分原理及其应用等。全书文字叙述深入浅出，易于理解，实例紧贴工程实际，可以提高学生学习兴趣。公式推导力求简洁，为与现代文献接轨，尽量采用张量的下标记号法表达。各章均附有习题，书末附有部分习题参考答案。本书配套有相应的电子课件。

本书可作为土木、水利、机械、交通、船舶等工程类专业高年级本科生、研究生学习弹性力学、弹塑性力学的教材，也可作为教师和相关领域工程技术人员的参考书。

**图书在版编目（CIP）数据**

弹性与塑性力学引论 / 丁勇编著. -- 北京 ：中国水利水电出版社，2016.5
普通高等教育"十三五"规划教材
ISBN 978-7-5170-4530-4

Ⅰ．①弹… Ⅱ．①丁… Ⅲ．①弹性力学－高等学校－教材②塑性力学－高等学校－教材 Ⅳ．①O34

中国版本图书馆CIP数据核字（2016）第161734号

| 书　　名 | 普通高等教育"十三五"规划教材<br>**弹性与塑性力学引论** |
| --- | --- |
| 作　　者 | 丁勇　编著 |
| 出版发行 | 中国水利水电出版社<br>（北京市海淀区玉渊潭南路1号D座　100038）<br>网址：www.waterpub.com.cn<br>E-mail：sales@waterpub.com.cn<br>电话：（010）68367658（发行部） |
| 经　　售 | 北京科水图书销售中心（零售）<br>电话：（010）88383994、63202643、68545874<br>全国各地新华书店和相关出版物销售网点 |
| 排　　版 | 中国水利水电出版社微机排版中心 |
| 印　　刷 | 北京纪元彩艺印刷有限公司 |
| 规　　格 | 184mm×260mm　16开本　11.75印张　279千字 |
| 版　　次 | 2016年5月第1版　2016年5月第1次印刷 |
| 印　　数 | 0001—2000册 |
| 定　　价 | **25.00元** |

# 前言

　　本书是为土木、水利、交通、机械、船舶等工程类专业"弹性力学""弹塑性力学"课程教学编写的教材。在编写过程中，强调基本概念和基本理论。叙述由浅入深，突出重点。实例紧贴工程，提高学习兴趣。公式推导力求简洁，易于读者理解，为与现代文献接轨，尽量采用张量的下标记号法表达。为了加强读者对于弹性与塑性力学内容的理解，书中各章均附有习题，书末附有部分习题参考答案。

　　全书由11章组成。其中，第1章提出了弹性与塑性力学的研究对象、任务和基本假设。第2~6章是弹性与塑性力学的基础理论部分，主要包括应力与应变的基本理论，以及反映两者之间相互关系的弹性本构关系和塑性本构关系，提出了弹性与塑性力学的基本问题与基本解法。第7~10章是基础理论的专题应用，包括平面问题、柱体扭转问题、薄板弯曲问题、热传导热应力问题等，结合土木、水利、机械工程实际，探讨了常见的弹性与塑性力学问题的理论求解方法。第11章介绍了变分原理及其应用，基于能量原理，提出了弹性力学问题的近似解法，也为学习工程上常用的有限单元法打下理论基础。全书结构清晰，内容连续，体系比较完整。

　　本书编写源于作者承担的"弹塑性力学"研究生课程，课程讲义已经在土木工程研究生中试用多年。本次出版为了提高教材的适用性，使之也满足本科生"弹性力学"课程的教学需求，改进了部分章节，增加了例题和习题。当作为"弹塑性力学"课程教材时，全书内容都适用；当作为"弹性力学"课程教材时，可忽略塑性力学相关部分，例如2.6节、2.7节、3.3.2节、3.3.3节、3.6节、3.7节、4.2节、第5章、6.3节、8.6节、8.7节以及各章例题和习题中塑性力学相关部分。对于土木、水利、交通、机械等工程类专业，"弹性力学""弹塑性力学"采用统一的教科书，有利于避免课程内容的重复和冲突，增强学习的连贯性。为便于不同课程的教学需求，作者制作了配套的"弹塑性力学"和"弹性力学"电子课件。

同济大学吴家龙教授详细审阅了全书，提出了许多宝贵意见与建议。宁波大学章子华博士审阅了全书，修订了部分内容和例题。同济大学万永平教授审阅了本书的塑性力学部分，提出了修改意见。宁波大学单艳玲博士修订了部分习题与课件。宁波大学土木工程专业研究生林幸福、张纬、杨阳、梁宇辉录入了部分图表和习题。在此一并致谢！

尽管在过去的教学实践中已经发现和纠正了本书的一些错误，也得到了审稿专家对本书的指导和帮助，但是由于编者水平有限，不足之处在所难免，敬请读者批评指正。

丁勇

2016 年 1 月

# 目　录

# 第 1 章　绪　　论

## 1.1　弹性与塑性力学的研究对象和任务

弹性与塑性力学是固体力学的一个分支，它由弹性力学和塑性力学两部分组成，简称为弹塑性力学。当物体承受的外力较小时，卸除外力后，物体可以完全恢复原来的状态，这种可恢复的变形称为弹性变形，弹性变形是弹性力学的研究对象。而当外力超过一定限度后，即使卸除全部外力，也有一部分变形不能恢复，这种不可恢复的变形称为塑性变形，塑性变形是塑性力学的研究对象。弹塑性力学的研究对象则包含了以上两种变形，它是研究可变形固体受到外部作用（外荷载、温度变化、边界约束变动等）时，弹性、塑性变形和应力状态的科学。

以材料力学中的低碳钢的单向拉伸实验为例，图 1.1.1 为拉伸试件简图，图 1.1.2 为实验过程中工作段横截面上的应力（单位面积上的力）与应变（单位长度的伸长量）之间的关系曲线，该曲线中有几个应力的特征值，分别为比例极限（$\sigma_p$）、弹性极限（$\sigma_e$）、屈服极限（$\sigma_s$）、强度极限（$\sigma_b$），以这几个特征值点为界，应力应变关系曲线中的 $OB$ 段为弹性变形阶段（其中 $OA$ 段为线弹性段）、$BF$ 段为塑性变形阶段（其中 $BC$ 段为屈服段、$CE$ 段为强化段、$EF$ 段为颈缩段）。

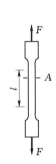
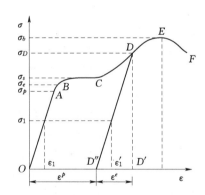

图 1.1.1　低碳钢单向拉伸实验图　　图 1.1.2　低碳钢单向拉伸时的应力应变关系

在弹性变形阶段卸除外力后，试件变形（应变）可以恢复到 0；但是在塑性变形阶段卸除外力后，试件的部分变形（应变）不可恢复。例如在图 1.1.2 中的 $D$ 点卸除外力，应力从 $\sigma$ 减小到 0，但是应变从 $\varepsilon$ 减小了 $\varepsilon^e$，最终应变为 $\varepsilon^p$。因此，在塑性变形阶段，不仅有可以恢复的弹性变形，也有不可恢复的塑性变形。如果用应变来度量变形的大小，则有

$$\varepsilon = \varepsilon^e + \varepsilon^p \tag{1.1.1}$$

式中：$\varepsilon$ 为总应变；$\varepsilon^e$ 为可恢复的弹性应变；$\varepsilon^p$ 为不可恢复的塑性应变。

与弹性变形不同，塑性变形时，应力与应变之间不再满足一一对应关系，例如图 1.1.2 中 $\sigma_1$ 所对应的应变可以是由弹性变形导致的 $\varepsilon_1$，也可以是由塑性变形导致的 $\varepsilon_1'$。因此，塑性力学问题的求解，不仅与外部作用的大小有关，还与外部作用的历史有关。

从微观机理上看，产生弹性变形的原因是组成物体的微粒（晶体、原子、分子等）之间距离的改变，这种改变尚处于可以完全恢复的范围内；产生塑性变形则被认为是一种微观晶体缺陷（位错）运动的结果。本课程不研究这种微观机理，只考虑其造成的宏观统计特性，这对于解决工程中的普通力学分析问题已经足够。

对土建、水利、机械、航空航天等工程应用而言，学习弹塑性力学的目的主要是研究结构物在外部作用下的变形（应变）和内力（应力），确定其强度、刚度和稳定性。此外，弹塑性力学的学习，也将为断裂力学、有限单元法等后继课程的学习打下基础。其中有限单元法是弹塑性力学最具代表性的后继拓展，它以弹性力学的变分原理为控制方程，结合加权余量法等偏微分方程解法，再利用结构离散方法和现代计算机强大的计算能力，使复杂工程结构的弹塑性力学分析成为可能，在工程界得到了广泛的应用。

## 1.2　弹性与塑性力学的基本假设

弹塑性力学中，为了能通过已知量（物体的几何形状和尺寸、所受的外部作用等）求出未知量（应力、应变、位移等），需要从静力学、几何学、物理学 3 方面出发，建立未知量所满足的基本方程和边界条件。这些方程和边界条件不可能把实际工程中所有因素不分主次地都考虑进来，因此需要按照物体的性质和求解的要求，忽略一些次要因素，使我们所研究的问题限制在一个切实可行的范围内。因此，在以后的讨论中，如果不特别指出，本书对弹塑性力学将采用以下 5 条基本假设。

（1）连续性假设。所谓连续性假设，是将可变形的固体看作是连续密实的物体，组成物体的质点之间不存在任何空隙。从这条假定出发，我们可以认为应力、应变和位移等是连续的，他们可以表示成空间坐标的连续函数，因而在数学推导时可以方便地运用连续和极限的概念。事实上，一切物体都是由粒子组成的，不可能符合这个假定。但是，当微粒的尺寸和微粒之间的距离远比物体的几何尺寸小时，这个假设导致的求解误差可以忽略。

（2）均匀性假设。所谓均匀性假设，即认为物体是用同一类型的均匀材料组成的，因而各部分的物理性质相同，并不会随着坐标位置的改变而改变。根据这个假设，我们在处理问题时可取出物体内任一部分进行分析，然后将分析的结果用于整个物体。如果物体是由两种或两种以上材料组成的，例如混凝土，那么只要每种材料的颗粒远小于物体的几何尺寸，而且在物体内均匀分布，从宏观意义上也可采用均匀性假设。

（3）各向同性假设。所谓各向同性假设，即认为物体在不同的方向具有相同的物理性质，因而物体的弹性、塑性材料系数不随坐标方向的改变而改变。单晶体是各向异性的，木材也是各向异性的，钢材虽然是由无数个各向异性的晶体组成，但是由于晶体很小，而且排列杂乱无章，所以从宏观上看是各向同性的。

（4）小变形假设。所谓小变形假设，是指物体在外部作用下产生的位移远小于物体原来的尺寸，因而应变远小于 1。应用这条假设，可以简化弹塑性力学问题的求解。例如，在研究物体的平衡时，可以将物体中各点位置用其初始构形来描述，而不考虑由于变形引起的尺寸和位置的变化；在建立几何方程和物理方程时，可以略去应变的二次项和二次乘积以上的项，使得到的关系式都是线性的。

（5）无初应力假设。所谓无初应力假设，是指本书公式和实例中都假设物体在受到外部作用之前处于自然状态，物体内部没有应力，因此弹塑性力学求得的应力仅仅是由外部作用引起的。如果物体内有初始应力存在，那么这些应力要叠加在外部作用产生的应力之上，物理方程中也需要考虑初始应力的影响。

如果是弹性力学，则仅仅考虑弹性阶段的应力应变关系，即还需要引入完全弹性假设，为简化起见，往往只考虑应力和应变呈线性关系的情况。

与材料力学、结构力学等采用更简化模型的初等力学理论相比，弹塑性力学的假设更少，能解决问题的类型更多。材料力学、结构力学都是以杆件或杆系结构为研究对象，材料的应力应变关系局限在线弹性范围内。而弹塑性力学的研究对象则不仅有杆系，还有板壳和块体，材料的应力应变关系也涵盖了弹性和塑性两个阶段，因此可以求解更多的力学问题，或者为更多力学问题的求解奠定基础，有限单元法力学分析就是弹塑性力学理论的一个很好的发展。

## 1.3 应力应变关系的简化模型

如图 1.1.2 所示，弹塑性变形过程中的应力应变关系非常复杂，若直接采用它进行理论研究，将使公式的解答也异常复杂而不可行，因此需要对这种应力应变关系进行理想化处理，用简化模型求解弹塑性力学的理论解。而如果采用的是有限单元法等求解解法，则可以采用实验得到的应力应变关系。

如图 1.3 所示，应力应变关系的简化模型主要有以下几种：

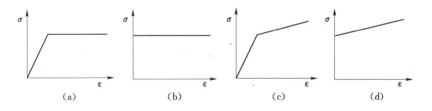

图 1.3.1 应力应变关系的简化模型

（1）理想弹塑性模型。在单向拉伸情况下，理想弹塑性模型的应力应变关系如图 1.3.1（a）所示。该模型包括线弹性段和理想塑性段。适用于加载初期具有明显的弹性变形，进入塑性阶段后弹性变形又远小于塑性变形，且无明显强化的材料。

（2）理想刚塑性模型。理想刚塑性模型的应力应变关系如图 1.3.1（b）所示，该模型适用于弹性变形部分远小于塑性变形的情况。

（3）理想弹塑性线性强化模型。理想弹塑性线性强化模型的应力应变关系如图 1.3.1

(c) 所示。该模型包括线弹性段和线性强化段。适用于加载初期具有明显的弹性变形，之后的塑性变形可以简化为线性强化的材料。

(4) 理想刚塑性线性强化模型。理想刚塑性线性强化模型的应力应变关系如图 1.3.1(d) 所示。该模型适用于弹性变形远小于塑性变形，且塑性变形可以简化为线性强化的材料。

上述简化模型的选取与材料和应力状态有关。例如，分析结构物受力变形的全过程时，常采用理想弹塑性线性强化模型；计算结构塑性极限荷载时，可采用理想刚塑性模型或理想刚塑性线性强化模型。

如图 1.3.1 所示应力应变关系是单向拉伸的情况（一维问题），对于物体在二维、三维受力状态下的弹塑性力学问题，我们需要引入应力、应变状态概念，来讨论其受力与变形之间的关系。

# 习 题

1.1 弹性力学分析时要引进哪些假定？

1.2 弹塑性力学与弹性力学的基本假定什么不同？

1.3 在低碳钢拉伸实验中，弹性和塑性变形的宏观表现是什么，其微观机理又是什么？

1.4 弹性与塑性力学和材料力学等初等力学的联系和区别是什么？

1.5 弹性力学和塑性力学有哪些区别和联系？

1.6 常用的应力应变关系简化模型有哪些？

# 第 2 章 应　　力

　　弹塑性力学研究的问题多为超静定问题，需要综合考虑静力学、几何学和物理学 3 方面的条件来解决，本章首先考虑静力学条件。首先提出应力的概念，分析一点的应力状态；然后建立可变形固体的平衡微分方程以及相应的边界条件；最后引入"等效应力"的概念，以定量地描述不同应力状态下应力的"强度"。

## 2.1　应力的概念

　　作用在物体上的外力可以分为体力和面力。体力是指作用在物体内所有质点上的力，例如物体的自重、惯性力、电磁力等。体力是一个矢量，可用 $\boldsymbol{F}_b$ 表示：

$$\boldsymbol{F}_b = \lim_{\Delta V \to 0} \frac{\Delta \boldsymbol{F}_b}{\Delta V} \tag{2.1.1}$$

式中：$\Delta V$ 为物体内部某一体元；$\Delta \boldsymbol{F}_b$ 为该体元所受的外力矢量，当 $\Delta V \to 0$（即体元趋于一点）时，即可得到物体内某点的体力，$\text{N/m}^3$。

　　面力是指作用在物体表面上的力，例如液体压力、风力、物体表面之间的接触压力等。面力是一个矢量，可用 $\boldsymbol{p}_s$ 表示：

$$\boldsymbol{p}_s = \lim_{\Delta S \to 0} \frac{\Delta \boldsymbol{P}}{\Delta S} \tag{2.1.2}$$

式中：$\Delta S$ 为物体表面上某一面元；$\Delta \boldsymbol{P}$ 为该面元所受的外力矢量，当 $\Delta S \to 0$（即面元趋于一点）时，即可得到物体表面某点的面力，$\text{N/m}^2$。

　　应力与面力类似，只是其作用面不是物体表面，而是其内部某一截面，如图 2.1.1 所示。应力也是一个矢量，可用 $\boldsymbol{p}$ 表示：

$$\boldsymbol{p} = \lim_{\Delta S_C \to 0} \frac{\Delta \boldsymbol{P}}{\Delta S_C} \tag{2.1.3}$$

式中：$\Delta S_C$ 为物体内部 $C$ 截面上围绕 $P$ 点的面元；$\Delta \boldsymbol{P}$ 为该面元所受内力的合力矢量，当 $\Delta S_C \to 0$（即面元趋于一点）时，即可得到物体内 $C$ 截面上过 $P$ 点的应力，$\text{N/m}^2$。

　　应力矢量 $\boldsymbol{p}$ 可以在截面 $C$ 的法向和切向做分解，分别得到正应力矢量 $\boldsymbol{\sigma}_n$ 和切应力矢量 $\boldsymbol{\tau}_n$：

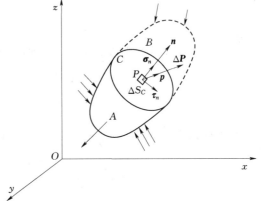

图 2.1.1　应力示意图

$$\left.\begin{aligned}\boldsymbol{\sigma}_n &= \lim_{\Delta S_C \to 0} \frac{\Delta \boldsymbol{P}_n}{\Delta S_C} \\ \boldsymbol{\tau}_n &= \lim_{\Delta S_C \to 0} \frac{\Delta \boldsymbol{P}_s}{\Delta S_C}\end{aligned}\right\} \tag{2.1.4}$$

式中：$\Delta \boldsymbol{P}_n$ 和 $\Delta \boldsymbol{P}_s$ 分别为 $\Delta \boldsymbol{P}$ 在 $C$ 截面法向和切向的分量。

在以上的定义中，过 $P$ 点的截面 $C$ 是任意的，这样的截面有无穷多个，所有这些截面上应力的集合称为 $P$ 点的应力状态。显然，要通过列举的方式表达一点的应力状态是不可能的，为了描述一点的应力状态，需要引入应力张量的概念。

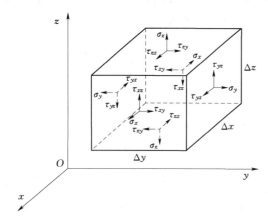

图 2.1.2 应力微元体

在物体内 $P$ 点的邻域内取出 1 个正六面体微元，如图 2.1.2 所示，该六面体的表面外法线方向分别与 3 个坐标轴平行，其中外法线与 $x$、$y$、$z$ 坐标轴同向的 3 个面称为正面，外法线与坐标轴反向的面称为负面。由于微元体极小，其各表面上的应力近似均匀分布，因此可用作用于各面中心点上的应力矢量来表示，每个面上作用有 1 个正应力和两个切应力分量，例如微元体右表面上的正压力为 $\sigma_x$，切应力为 $\tau_{xy}$ 和 $\tau_{xz}$。对正应力只用 1 个字母的下标标记，以拉应力为正，压应力为负。对切应力则用两个字母的下标标记，第 1 个字母代表应力的作用面，第 2 个字母代表应力的方向，其正负号规定分为两种情况：当所在面的外法线方向与坐标轴正方向一致时，以沿坐标轴正向的切应力为正，反之为负；当所在面的外法线方向与坐标轴负方向一致时，以沿坐标轴负方向的切应力为正，反之为负。因此，图 2.1.2 中给出的各应力分量均沿正方向。

图 2.1.2 中微元体应力分量共有 9 个，包括 3 个正应力分量，6 个切应力分量（以后将证明，独立的切应力分量只有 3 个），它们的组合为

$$[\sigma_{ij}] = \begin{bmatrix} \sigma_x & \tau_{xy} & \tau_{xz} \\ \tau_{yx} & \sigma_y & \tau_{yz} \\ \tau_{zx} & \tau_{zy} & \sigma_z \end{bmatrix}, i,j=x,y,z \tag{2.1.5}$$

如果用 1、2、3 分别代表 $x$、$y$、$z$ 轴，则上式可写为

$$[\sigma_{ij}] = \begin{bmatrix} \sigma_{11} & \tau_{12} & \tau_{13} \\ \tau_{21} & \sigma_{22} & \tau_{23} \\ \tau_{31} & \tau_{32} & \sigma_{33} \end{bmatrix}, i,j=1,2,3 \tag{2.1.6}$$

当坐标系变换时，$\sigma_{ij}$ 能够按照一定的变换式变换成另一坐标系 $Ox'y'z'$ 中的 9 个量：

$$[\sigma_{i'j'}] = \begin{bmatrix} \sigma_{x'} & \tau_{x'y'} & \tau_{x'z'} \\ \tau_{y'x'} & \sigma_{y'} & \tau_{y'z'} \\ \tau_{z'x'} & \tau_{z'y'} & \sigma_{z'} \end{bmatrix}, i',j'=x',y',z' \tag{2.1.7}$$

数学上，在坐标变换时，服从一定的坐标变换式的量称为张量，因此 $\sigma_{ij}$ 称为**应力张**

量，以后将证明，应力张量是对称的**二阶张量**。采用张量的概念与表达方法，可以简化冗长的弹塑性力学公式，本教材在附录Ⅰ中介绍张量的下标记号法和求和约定，更详细的描述可参考相关数学书籍。

## 2.2 一点的应力状态

如前所述，过固体内部一点的所有截面上应力的集合称为该点的应力状态，利用应力张量即可确定该点的应力状态，本节来推导相关的求解公式。

### 2.2.1 斜截面上的应力公式

如图 2.2.1 所示，已知物体内任意一点 $O$ 的应力张量为 $\sigma_{ij}$，求过 $O$ 点外法线为 $n$ 的任一斜截面上的应力，为此我们在 $O$ 点处截取一个微小的四面体单元 $OABC$，斜面 $ABC$ 的外法线方向为 $n$，$OBC$、$OAC$、$OAB$ 3 个截面分别与 $x$、$y$、$z$ 轴垂直，因此这 3 个截面上的应力可以直接用应力张量 $\sigma_{ij}$ 的分量表示。

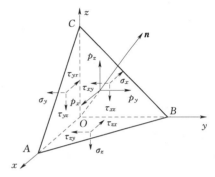

图 2.2.1 过 $O$ 点的四面体单元

令斜面 $ABC$ 面积为 1，则图 2.2.1 中截面 $OBC$、$OAC$、$OAB$ 的面积分别为 $n_x$、$n_y$、$n_z$，$n_x$、$n_y$、$n_z$ 分别为斜面外法线 $n$ 的 3 个方向余弦。由微四面体单元 $OABC$ 的力平衡条件 $\sum F_x = 0$、$\sum F_y = 0$ 和 $\sum F_z = 0$，可得斜面 $ABC$ 上的应力在 3 个坐标轴方向的分量 $p_x$、$p_y$、$p_z$：

$$\left. \begin{array}{l} p_x = \sigma_x n_x + \tau_{yx} n_y + \tau_{zx} n_z \\ p_y = \tau_{xy} n_x + \sigma_y n_y + \tau_{zy} n_z \\ p_z = \tau_{xz} n_x + \tau_{yz} n_y + \sigma_z n_z \end{array} \right\} \tag{2.2.1}$$

若采用张量的下标记号法和求和约定，上式可简写为

$$p_i = \sigma_{ij} n_j \tag{2.2.2}$$

式中：$n_j = \cos(n, x_j)$（$j = 1, 2, 3$），为斜面外法线 $n$ 的 3 个方向余弦。式（2.2.2）中利用了切应力互等定理：

$$\left. \begin{array}{l} \tau_{xy} = \tau_{yx} \\ \tau_{yz} = \tau_{zy} \\ \tau_{zx} = \tau_{xz} \end{array} \right\} \tag{2.2.3}$$

即

$$\sigma_{ij} = \sigma_{ji} \tag{2.2.4}$$

该式与材料力学中的切应力互等定理相同，2.3 节将进一步加以证明。式（2.2.4）也表明，应力张量 $\sigma_{ij}$ 是一个对称张量，它的 9 个分量中独立的只有 6 个。

利用式（2.2.2），可由一点的应力张量确定通过该点的任意截面上的应力，即确定该点的应力状态。进一步还可以求出截面上的正应力和切应力为

$$\sigma_n = p_i n_i = \sigma_{ij} n_j n_i \tag{2.2.5}$$

$$\tau=\sqrt{p_ip_i-\sigma_n^2}=\sqrt{\sigma_{ij}n_j\sigma_{ik}n_k-(\sigma_{ij}n_jn_i)^2} \qquad (2.2.6)$$

**2.2.2　应力分量的转换公式**

应力张量是一个二阶张量，它在坐标变换时应该满足二阶张量的变换规律，下面来推导这一规律。

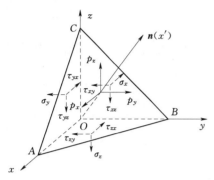

图 2.2.2　坐标系旋转变换

如果坐标变换仅仅是坐标的平移，那么各个应力分量的大小和方向都不会发生变化，只有在坐标旋转时，各个应力分量才会发生变化，所以只需讨论坐标旋转时应力分量的变换。令变换前后的坐标系分别为 $Oxyz$ 和 $Ox'y'z'$，其中 $x'$ 轴取为斜截面的法向 $\boldsymbol{n}$，并通过 $O$ 点，如图 2.2.2 所示。

沿 $x'$ 轴方向的正应力为

$$\sigma_{x'}=p_xl_{x'x}+p_yl_{x'y}+p_zl_{x'z} \qquad (2.2.7)$$

式中：$l_{x'x}=\cos(x',\ x)$，$l_{x'y}=\cos(x',\ y)$，$l_{x'z}=\cos(x',\ z)$，也就是斜面法向在原坐标系中方向矢量的 3 个分量 $n_i$，$i=1,2,3$；$p_x$、$p_y$、$p_z$ 为斜面 $ABC$ 上的应力在 3 个坐标轴方向的分量。将式 (2.2.1) 代入式 (2.2.7)，得到

$$\sigma_{x'}=\sigma_xl_{x'x}^2+\sigma_yl_{x'y}^2+\sigma_zl_{x'z}^2+2(\tau_{xy}l_{x'x}l_{x'y}+\tau_{yz}l_{x'y}l_{x'z}+\tau_{zx}l_{x'x}l_{x'z}) \qquad (2.2.8)$$

用下标符号表示为

$$\sigma_{1'1'}=l_{1'i}l_{1'j}\sigma_{ij} \qquad (2.2.9)$$

类似可得 $p_x$、$p_y$、$p_z$ 在 $y'$、$z'$ 轴上的投影：

$$\sigma_{1'2'}=l_{1'i}l_{2'j}\sigma_{ij}, \sigma_{1'3'}=l_{1'i}l_{3'j}\sigma_{ij} \qquad (2.2.10)$$

这两个投影分别为与 $x'$ 轴垂直平面上的两个切应力。

如果分别将轴 $y'$、$z'$ 取为原斜截面法向量 $\boldsymbol{n}$，可以得到 $Ox'y'z'$ 坐标系下其余应力分量的求解公式。$Ox'y'z'$ 坐标系下的应力分量的求解公式可以汇总为

$$\sigma_{i'j'}=l_{i'i}l_{j'j}\sigma_{ij} \qquad (2.2.11)$$

式中：$l_{i'i}=\cos(x'_i,\ x_i)$（$i=1,2,3$）；$x_i$、$x'_i$ 分别为 $Oxyz$ 和 $Ox'y'z'$ 坐标系的坐标轴单位矢量；$l_{i'i}$ 各分量的表达式参见表 2.2.1。式 (2.2.11) 就是坐标变换时，二阶应力张量 $\sigma_{ij}$ 服从的变换规律，由此可以求得不同坐标系下的应力张量分量。

**表 2.2.1**　　　　　　　　　　　　**新旧坐标轴夹角的方向余弦**

| 坐标轴 | $x(\boldsymbol{x}_1)$ | $y(\boldsymbol{x}_2)$ | $z(\boldsymbol{x}_3)$ |
|---|---|---|---|
| $x'(\boldsymbol{x}'_1)$ | $l_{1'1}=\cos(x',\ x)$ | $l_{1'2}=\cos(x',\ y)$ | $l_{1'3}=\cos(x',\ z)$ |
| $y'(\boldsymbol{x}'_2)$ | $l_{2'1}=\cos(y',\ x)$ | $l_{2'2}=\cos(y',\ y)$ | $l_{2'3}=\cos(y',\ z)$ |
| $z'(\boldsymbol{x}'_3)$ | $l_{3'1}=\cos(z',\ x)$ | $l_{3'2}=\cos(z',\ y)$ | $l_{3'3}=\cos(z',\ z)$ |

作为特例，我们来求解二维的平面问题中坐标转换时的应力分量。如图 2.2.3 所示，假设固体内某点 $A$ 的应力张量中与 $z$ 轴相关的分量都为 0（$\sigma_z=0$，$\tau_{zx}=0$，$\tau_{yz}=0$），求解老坐标系 $Axyz$ 旋转到新坐标系 $Ax'y'z'$ 时，垂直于 $x'$ 轴的斜截面 $BC$ 上的正应力和切应力。

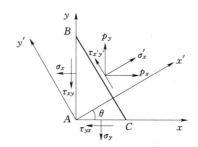

图 2.2.3　平面问题中斜截面的应力

**表 2.2.2**　　　　　　　　　平面问题中新、老坐标轴夹角的方向余弦

| 坐标轴 | $x(\mathbf{x}_1)$ | $y(\mathbf{x}_2)$ | $z(\mathbf{x}_3)$ |
|---|---|---|---|
| $x'(\mathbf{x}_1')$ | $l_{1'1}=\cos\theta$ | $l_{1'2}=\sin\theta$ | $l_{1'3}=0$ |
| $y'(\mathbf{x}_2')$ | $l_{2'1}=-\sin\theta$ | $l_{2'2}=\cos\theta$ | $l_{2'3}=0$ |
| $z'(\mathbf{x}_3')$ | $l_{3'1}=0$ | $l_{3'2}=0$ | $l_{3'3}=1$ |

　　新、老坐标轴间夹角的方向余弦见表 2.2.2，代入式（2.2.11）即可得到 $Ax'y'z'$ 坐标系下的应力分量，其中斜截面 $BC$ 上的正应力和切应力为

$$\left.\begin{aligned}
\sigma_{x'} &= \frac{\sigma_x+\sigma_y}{2}+\frac{\sigma_x-\sigma_y}{2}\cos2\theta+\tau_{xy}\sin2\theta \\
\tau_{x'y'} &= -\frac{\sigma_x-\sigma_y}{2}\sin2\theta+\tau_{xy}\cos2\theta \\
\tau_{x'z'} &= 0
\end{aligned}\right\} \qquad (2.2.12)$$

上式中 $\theta$ 以 $x$ 轴正方向开始逆时针旋转为正，顺时针为负。将式（2.2.12）与材料力学中平面问题的斜截面应力公式相比较，两者非常相像，差别在于材料力学中切应力的正负号规则正好与当前定义相反。

## 2.3　平衡微分方程

　　上节讨论了一点的应力状态，物体内各点的应力状态是不同的，其空间分布称为应力场，本节研究应力场的变化规律。为简单起见，对于如图 2.1.2 所示的空间应力微元体，假设与 $z$ 轴垂直平面上的应力分量为 0，即 $\sigma_z=\tau_{zx}=\tau_{zy}=0$，此时所有的非零应力分量都在 $Oxy$ 平面上，空间微元体可以退化成平面微元体。先以此平面微元体情况为例，讨论物体处于平衡状态时应力与体力之间的相互关系，由此导出平衡微分方程。

　　在平面微元体情况下，只需要在 $Oxy$ 平面上建立受力平衡方程即可。图 2.3.1 是从物体内取出

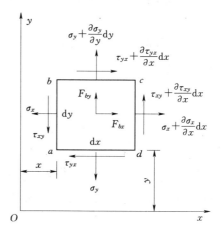

图 2.3.1　平面微元体的平衡

的厚度为 1，边长为 $dx$、$dy$ 的平面微元体，微元体内受 $x$、$y$ 方向的体力分别为 $F_{bx}$、$F_{by}$。作用在两个负面上的应力分量为 $\sigma_{ij}$，它们是坐标的函数，两个正面的坐标比相应的负面分别增加了 $dx$、$dy$，应力分量随之变化，这种变化可用泰勒级数展开来求解，例如 $ab$ 面上的 $\sigma_x$ 经过距离 $dx$ 到 $dc$ 面后变为

$$\sigma_x + \frac{\partial \sigma_x}{\partial x} dx + \cdots$$

其中省略号表示忽略二阶以上的小量，同理可以求出微元体各个表面上的应力分量。

各应力分量必须要满足微元体静力平衡的要求，由 $\sum F_x = 0$ 得

$$\sigma_x dy + \tau_{yx} dx = \left(\sigma_x + \frac{\partial \sigma_x}{\partial x} dx\right) dy + \left(\tau_{yx} + \frac{\partial \tau_{yx}}{\partial y} dy\right) dx + F_{bx} dx dy$$

化简后得到

$$\frac{\partial \sigma_x}{\partial x} + \frac{\partial \tau_{yx}}{\partial y} + F_{bx} = 0 \tag{2.3.1a}$$

同理由 $\sum F_y = 0$ 可得

$$\frac{\partial \tau_{xy}}{\partial x} + \frac{\partial \sigma_y}{\partial y} + F_{by} = 0 \tag{2.3.1b}$$

式 (2.3.1) 即为平面问题的平衡方程。

对于空间（三维）应力状态的情况，可从受力物体中取出一微六面体单元，经过与平面微元体类似的推导，得到如下的平衡方程（推导过程可作为练习）：

$$\left.\begin{array}{l} \dfrac{\partial \sigma_x}{\partial x} + \dfrac{\partial \tau_{yx}}{\partial y} + \dfrac{\partial \tau_{zx}}{\partial z} + F_{bx} = 0 \\[2mm] \dfrac{\partial \tau_{xy}}{\partial x} + \dfrac{\partial \sigma_y}{\partial y} + \dfrac{\partial \tau_{zy}}{\partial z} + F_{by} = 0 \\[2mm] \dfrac{\partial \tau_{xz}}{\partial x} + \dfrac{\partial \tau_{yz}}{\partial y} + \dfrac{\partial \sigma_z}{\partial z} + F_{bz} = 0 \end{array}\right\} \tag{2.3.2}$$

上式即为三维情况下的平衡方程。

如果用张量分量来表示应力，并引入下标记号法，平衡方程式 (2.3.2) 可以简写为

$$\sigma_{ij,j} + F_{bi} = 0 \tag{2.3.3}$$

由图 2.3.1 中单元体的力偶平衡方程还可以证明切应力互等定理式 (2.2.3)，即由 $\sum M_z = 0$ 得

$$-\left(\sigma_x + \frac{\partial \sigma_x}{\partial x} dx - \sigma_x\right) dy\left(y + \frac{dy}{2}\right) + \left(\sigma_y + \frac{\partial \sigma_y}{\partial y} dy - \sigma_y\right) dx\left(x + \frac{dx}{2}\right)$$

$$+ \left(\tau_{xy} + \frac{\partial \tau_{xy}}{\partial x} dx\right) dy(x + dx) - (\tau_{xy} dy)x - \left(\tau_{yx} + \frac{\partial \tau_{yx}}{\partial y} dy\right) dx(y + dy)$$

$$+ (\tau_{yx} dx)y - F_{bx} dx dy\left(y + \frac{dy}{2}\right) + F_{by} dx dy\left(x + \frac{dx}{2}\right) = 0$$

根据上式，利用式 (2.3.1)，并略去高阶小量，得

$$\tau_{yx} = \tau_{xy}$$

三维情况下，还可得到切应力互等定理的其他两式，汇总即为

$$\begin{cases} \tau_{xy} = \tau_{yx} \\ \tau_{yz} = \tau_{zy} \\ \tau_{zx} = \tau_{xz} \end{cases}$$

## 2.4 边界条件

当物体处于平衡状态时，内部各点需满足平衡微分方程式（2.3.3），而边界上应满足**边界条件**。边界条件可以分成 3 类：①应力边界条件；②位移边界条件；③混合边界条件。以下分别介绍它们的表示方法。

### 2.4.1 应力边界条件

当物体的边界上给定面力时，称为应力边界条件，该边界称为给定面力的边界，用 $S_\sigma$ 表示。利用斜截面上的应力公式（2.2.1），应力边界条件可以表示为

$$\left.\begin{aligned} \overline{p}_x = p_x = \sigma_x n_x + \tau_{yx} n_y + \tau_{zx} n_z \\ \overline{p}_y = p_y = \tau_{xy} n_x + \sigma_y n_y + \tau_{zy} n_z \\ \overline{p}_z = p_z = \tau_{xz} n_x + \tau_{yz} n_y + \sigma_z n_z \end{aligned}\right\} \tag{2.4.1}$$

式中：$\overline{p}_x$、$\overline{p}_y$、$\overline{p}_z$ 分别为给定面力 $\overline{p}$ 在 3 个坐标轴方向的分力；$n_x$、$n_y$、$n_z$ 分别为表面外法线方向 $\boldsymbol{n}$ 的 3 个方向余弦，$n_x = \cos(\boldsymbol{n}, \boldsymbol{x})$，$n_y = \cos(\boldsymbol{n}, \boldsymbol{y})$，$n_z = \cos(\boldsymbol{n}, \boldsymbol{z})$。

式（2.4.1）也可简写为张量形式。

$$\overline{p}_i = \sigma_{ij} n_j \tag{2.4.2}$$

式中：$n_j = \cos(\boldsymbol{n}, \boldsymbol{x}_j)$ 为斜截面法向矢量的分量。

### 2.4.2 位移边界条件

当物体的边界给定位移时，称为位移边界条件，该边界称为给定位移的边界，用 $S_u$ 表示。位移边界条件可以表示为

$$\boldsymbol{u} = \overline{\boldsymbol{u}} \tag{2.4.3}$$

注意 $\boldsymbol{u} = (u, v, w)$ 为矢量，上式可用分量表示为

$$u_i = \overline{u}_i, i = 1, 2, 3 \tag{2.4.4}$$

### 2.4.3 混合边界条件

混合边界条件有两种情况：第 1 种情况是整个边界 $S$ 上，一部分是已知面力的边界 $S_\sigma$，另一部分是已知位移的边界 $S_u$；第 2 种情况是同一边界上部分已知面力，部分已知位移，如图 2.4.1 所示边界 $S_{AB}$ 就是这种情况，其边界条件为

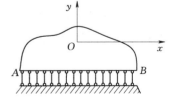

图 2.4.1 混合边界条件

$$\left.\begin{aligned} v = \overline{v} = 0 \\ \tau_{xy} = \overline{p}_x = 0 \end{aligned}\right\}$$

【**例 2.4.1**】 平面问题的坐标系选择如图 2.4.2 所示，且与 $z$ 轴相关的应力分量都为 0，即 $\sigma_z = 0$，$\tau_{xz} = 0$，$\tau_{yz} = 0$，试求自由边界（外法线为 $\boldsymbol{n}$）上的应力边界条件。

**解**：（1）图 2.4.2（a）。根据题设条件和外法线 $\boldsymbol{n}$ 的方向余弦 $n_z = 0$，式（2.4.1）简化为

$$\left.\begin{array}{l}\overline{p}_x=\sigma_x n_x+\tau_{yx} n_y\\\overline{p}_y=\tau_{xy} n_x+\sigma_y n_y\end{array}\right\} \tag{a}$$

其中外法线的方向余弦 $n_x=\cos(n,\ x)=1$，$n_y=\cos(n,\ y)=0$，$\overline{p}_x=0$，$\overline{p}_y=0$，代入上式得到 $S$ 边界上的边界条件：

$$\left.\begin{array}{l}\sigma_x=0\\\tau_{xy}=0\end{array}\right\} \tag{b}$$

（2）图 2.4.2（b）。根据题设条件和外法线 $n$ 的方向余弦 $n_z=0$，式（2.4.1）简化为

$$\left.\begin{array}{l}\overline{p}_x=\sigma_x n_x+\tau_{yx} n_y\\\overline{p}_y=\tau_{xy} n_x+\sigma_y n_y\end{array}\right\} \tag{c}$$

其中外法线的方向余弦 $n_x=\cos(n,\ x)=\cos\theta$，$n_y=\cos(n,\ y)=\sin\theta$，$\overline{p}_x=0$，$\overline{p}_y=0$，代入上式得到 $S$ 边界上的边界条件

$$\left.\begin{array}{l}\sigma_x\cos\theta+\tau_{xy}\sin\theta=0\\\tau_{xy}\cos\theta+\sigma_y\sin\theta=0\end{array}\right\} \tag{d}$$

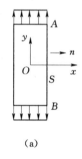 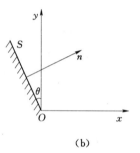 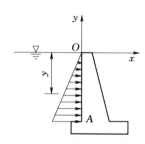

图 2.4.2 ［例 2.4.1］图 　　　　图 2.4.3 ［例 2.4.2］图

**【例 2.4.2】** 水坝承受水压力问题，坐标系选择如图 2.4.3 所示，与 $z$ 轴相关的切应力分量都为 0，即 $\tau_{zx}=0$，$\tau_{yz}=0$，已知水的密度为 $\rho$，试写出水坝光滑的 $OA$ 面的应力边界条件。

**解：** 根据题设条件，$OA$ 面外法线 $n$ 的方向余弦 $n_z=0$，式（2.4.1）简化为

$$\left.\begin{array}{l}\overline{p}_x=\sigma_x n_x+\tau_{yx} n_y\\\overline{p}_y=\tau_{xy} n_x+\sigma_y n_y\end{array}\right\} \tag{a}$$

上式中外法线的方向余弦 $n_x=\cos(n,\ x)=-1$，$n_y=\cos(n,\ y)=0$，$\overline{p}_x=-\rho g y$，$\overline{p}_y=0$，由此可得 $OA$ 面的边界条件为

$$\left.\begin{array}{l}\sigma_x=\rho g y\\\tau_{xy}=0\end{array}\right\} \tag{b}$$

## 2.5 主应力和主方向

根据式（2.2.1），可以求得过物体内一点任意截面上的应力，一般来说既有正应力，又有切应力。但是在某些特殊的角度，截面上只有正应力，而没有切应力，这些截面称为**主平面**，主平面的法线方向 $n$ 称为**主方向**，主平面上的正应力 $\sigma_n$ 称为**主应力**。本节来求

解主应力和主方向。

如图 2.5.1 所示，假设主方向 $n$ 的方向矢量为 $(l_1, l_2, l_3)$，那么主平面上的应力分量为

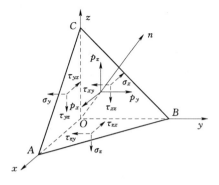

$$
\left.
\begin{aligned}
p_x &= \sigma_x l_1 + \tau_{yx} l_2 + \tau_{zx} l_3 \\
p_y &= \tau_{xy} l_1 + \sigma_y l_2 + \tau_{zy} l_3 \\
p_z &= \tau_{xz} l_1 + \tau_{yz} l_2 + \sigma_z l_3
\end{aligned}
\right\} \tag{2.5.1}
$$

这 3 个分量的合力 $\sigma_n$ 必须在主方向 $n$ 上，即 $p_x$、$p_y$、$p_z$ 为 $\sigma_n$ 在 $x$、$y$、$z$ 轴上的投影，即

$$
\left.
\begin{aligned}
p_x &= \sigma_n l_1 \\
p_y &= \sigma_n l_2 \\
p_z &= \sigma_n l_3
\end{aligned}
\right\} \tag{2.5.2}
$$

图 2.5.1　主应力和主平面

代入式 (2.5.1)，得

$$
\left.
\begin{aligned}
\sigma_x l_1 + \tau_{yx} l_2 + \tau_{zx} l_3 &= \sigma_n l_1 \\
\tau_{xy} l_1 + \sigma_y l_2 + \tau_{zy} l_3 &= \sigma_n l_2 \\
\tau_{xz} l_1 + \tau_{yz} l_2 + \sigma_z l_3 &= \sigma_n l_3
\end{aligned}
\right\} \tag{2.5.3}
$$

因此有

$$
\left.
\begin{aligned}
(\sigma_x - \sigma_n) l_1 + \tau_{yx} l_2 + \tau_{zx} l_3 &= 0 \\
\tau_{xy} l_1 + (\sigma_y - \sigma_n) l_2 + \tau_{zy} l_3 &= 0 \\
\tau_{xz} l_1 + \tau_{yz} l_2 + (\sigma_z - \sigma_n) l_3 &= 0
\end{aligned}
\right\} \tag{2.5.4}
$$

上式可以看作以 $l_1$、$l_2$、$l_3$ 为未知量的线性代数方程组，用张量的下标记号法表示为

$$
(\sigma_{ij} - \delta_{ij} \sigma_n) l_j = 0 \tag{2.5.5}
$$

式 (2.5.4) 存在非零解的条件是

$$
\begin{vmatrix}
\sigma_x - \sigma_n & \tau_{yx} & \tau_{zx} \\
\tau_{xy} & \sigma_y - \sigma_n & \tau_{zy} \\
\tau_{xz} & \tau_{yz} & \sigma_z - \sigma_n
\end{vmatrix} = 0 \tag{2.5.6}
$$

展开后得

$$
\sigma_n^3 - I_1 \sigma_n^2 - I_2 \sigma_n - I_3 = 0 \tag{2.5.7}
$$

其中

$$
I_1 = \sigma_x + \sigma_y + \sigma_z = \sigma_{ii} \tag{2.5.8}
$$

$$
I_2 = -\sigma_x \sigma_y - \sigma_y \sigma_z - \sigma_z \sigma_x + \tau_{xy}^2 + \tau_{yz}^2 + \tau_{zx}^2 = \frac{1}{2}(-\sigma_{ii}\sigma_{kk} + \sigma_{ik}\sigma_{ki}) \tag{2.5.9}
$$

$$
I_3 = \begin{vmatrix}
\sigma_x & \tau_{yx} & \tau_{zx} \\
\tau_{xy} & \sigma_y & \tau_{zy} \\
\tau_{xz} & \tau_{yz} & \sigma_z
\end{vmatrix} = |\sigma_{ij}| \tag{2.5.10}
$$

式 (2.5.7) 是关于 $\sigma_n$ 的三次方程，3 个根分别对应于 3 个主应力 $\sigma_1$、$\sigma_2$、$\sigma_3$（$\sigma_1$、$\sigma_2$、$\sigma_3$）。每求出一个主应力，代入式 (2.5.4)，并补充方程：

$$
l_1^2 + l_2^2 + l_3^2 = 1 \tag{2.5.11}
$$

可以求出该主应力对应的主方向矢量，3 个主应力分别对应 3 个主方向。还可以进一步证

明，一般情况下，这 3 个主方向是相互正交的。

由应力张量的客观性，当物体内一点的应力状态确定后，该点有且只有 3 个主应力 $\sigma_1$、$\sigma_2$、$\sigma_3$，这 3 个主应力的大小和指向不会随着坐标系的变换而变化，因此方程式 (2.5.7) 中的 3 个系数 $I_1$、$I_2$、$I_3$ 也不随坐标系的变换而变化，它们分别是**应力张量的第一、第二、第三不变量**。

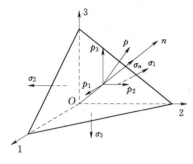

图 2.5.2　主向空间

已知主应力和主平面后，如果以主应力 $\sigma_1$、$\sigma_2$、$\sigma_3$ 的方向为坐标轴建立几何空间，该坐标空间称为**主向空间**，如图 2.5.2 所示。

主向空间中某斜面 **n** 的法向方向余弦为 $(l_1, l_2, l_3)$，则斜面上 $x$、$y$、$z$ 方向的应力分量为

$$\left.\begin{array}{l} p_1 = \sigma_1 l_1 \\ p_2 = \sigma_2 l_2 \\ p_3 = \sigma_3 l_3 \end{array}\right\} \qquad (2.5.12)$$

斜面上的正应力为

$$\sigma_n = p_1 l_1 + p_2 l_2 + p_3 l_3 = \sigma_1 l_1^2 + \sigma_2 l_2^2 + \sigma_3 l_3^2 \qquad (2.5.13)$$

切应力为

$$\tau = \sqrt{p^2 - \sigma_n^2} = \sqrt{\sigma_1^2 l_1^2 + \sigma_2^2 l_2^2 + \sigma_3^2 l_3^2 - (\sigma_1 l_1^2 + \sigma_2 l_2^2 + \sigma_3 l_3^2)^2} \qquad (2.5.14)$$

以上斜截面上正应力与切应力公式相比非主向空间中的计算式 (2.2.5)、式 (2.2.6) 有所简化。从式 (2.5.13) 还可推导得到，过一点所有斜截面的正应力中，最大值和最小值都是主应力。

【例 2.5.1】　在平面问题中，一点 $P$ 的应力状态为

$$[\sigma_{ij}] = \begin{bmatrix} \sigma_x & \tau_{xy} & 0 \\ \tau_{yx} & \sigma_y & 0 \\ 0 & 0 & 0 \end{bmatrix}$$

试求：(1) 主应力及主方向；(2) 最大切应力及其所在的面 $\theta_p$。

**解**：(1) 对于平面问题，直接采用式 (2.5.7) 求解主应力和主方向过于繁琐。这里我们假设主平面 $C$ 与 $x$ 轴成 $\theta$ 角，如图 2.5.3 所示，根据式 (2.2.12)，$C$ 平面上的正应力和切应力为

$$\sigma_\theta = \frac{\sigma_x + \sigma_y}{2} + \frac{\sigma_x - \sigma_y}{2} \cos 2\theta + \tau_{xy} \sin 2\theta \qquad (a)$$

$$\tau_\theta = -\frac{\sigma_x - \sigma_y}{2} \sin 2\theta + \tau_{xy} \cos 2\theta = 0 \qquad (b)$$

由该平面上的切应力为 0，得

$$\tan 2\theta = \frac{2\tau_{xy}}{\sigma_x - \sigma_y} \qquad (c)$$

由此可以求得

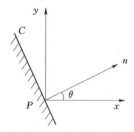

图 2.5.3　[例 2.5.1] 图

$$\theta = \frac{1}{2} \arctan \frac{2\tau_{xy}}{\sigma_x - \sigma_y} \ \ \text{或} \ \ \theta = \frac{1}{2} \arctan \frac{2\tau_{xy}}{\sigma_x - \sigma_y} + \frac{\pi}{2} \qquad (d)$$

代入式（a），得到主应力值：

$$\sigma_{1,2} = \frac{\sigma_x + \sigma_y}{2} \pm \frac{1}{2} \sqrt{(\sigma_x - \sigma_y)^2 + 4\tau_{xy}^2} \qquad (e)$$

（2）最大切应力可由函数求极值得到。即

$$\frac{\mathrm{d}\tau_\theta}{\mathrm{d}\theta} = 0 \qquad (f)$$

代入式（b）中 $\tau_\theta$ 的表达式，求导可得

$$\cot 2\theta_p = -\frac{2\tau_{xy}}{\sigma_x - \sigma_y} \qquad (g)$$

根据三角函数公式：

$$\cot 2\theta_p = -\tan\left(2\theta_p + \frac{\pi}{2}\right) \qquad (h)$$

得

$$\theta_p = \frac{1}{2}\arctan\frac{2\tau_{xy}}{\sigma_x - \sigma_y} - \frac{\pi}{4} \ \text{或} \ \theta_p = \frac{1}{2}\arctan\frac{2\tau_{xy}}{\sigma_x - \sigma_y} + \frac{\pi}{4} \qquad (i)$$

可见最大切应力所在平面与主平面成 $45°$ 角。将上式代入式（b），得

$$\left.\begin{array}{c}\tau_{\max} \\ \tau_{\min}\end{array}\right\} = \pm \frac{1}{2}\sqrt{(\sigma_x - \sigma_y)^2 + 4\tau_{xy}^2} \qquad (j)$$

如果用式（e）中的主应力表示，则为

$$\left.\begin{array}{c}\tau_{\max} \\ \tau_{\min}\end{array}\right\} = \pm \frac{1}{2}(\sigma_1 - \sigma_2) \qquad (k)$$

将上述式（k）推广到三维情形，即可得到主切应力，其中包括最大和最小的切应力，它们是

$$\tau_1 = \pm\frac{1}{2}(\sigma_2 - \sigma_3), \tau_2 = \pm\frac{1}{2}(\sigma_3 - \sigma_1), \tau_3 = \pm\frac{1}{2}(\sigma_1 - \sigma_2) \qquad (2.5.15)$$

如 $\sigma_1 \geqslant \sigma_2 \geqslant \sigma_3$，则最大切应力为

$$\tau_{\max} = \frac{\sigma_1 - \sigma_3}{2} \qquad (2.5.16)$$

## 2.6 应力球张量与偏张量

### 2.6.1 概念

弹塑性力学中物体的变形通常可以分为体积改变和形状改变两种，体积改变往往是由各个方向相等的应力引起的（如静水压力），实验证明，这种应力作用下固体发生的变形一般是弹性变形，而塑性变形往往由形状改变产生。根据这一特点，在弹塑性力学中可以将应力状态进行分解如下：

$$\sigma_{ij} = \sigma_m \delta_{ij} + s_{ij} \qquad (2.6.1)$$

其中 $\sigma_m \delta_{ij}$ 称为**应力球张量**。

$$\sigma_m = \frac{1}{3}(\sigma_{11} + \sigma_{22} + \sigma_{33}) \qquad (2.6.2)$$

$\sigma_m$ 称为平均正应力或静水应力。

$$s_{ij} = \sigma_{ij} - \sigma_m \delta_{ij} \tag{2.6.3}$$

$s_{ij}$ 称为**应力偏张量**，简称为应力偏量。

### 2.6.2 应力椭球面

应力球张量只有 3 个相等的正应力分量，切应力分量为 0，它表示了一种各向相同的"球形"应力状态。

如图 2.6.1 所示，令任一斜面 **n** 上的应力矢量 **p** 在主向空间中的方向矢量为 $(l_1, l_2, l_3)$，那么沿 1、2、3 轴的应力分量为

$$\left.\begin{array}{l} p_1 = \sigma_1 l_1 \\ p_2 = \sigma_2 l_2 \\ p_3 = \sigma_3 l_3 \end{array}\right\} \tag{2.6.4}$$

根据 $l_1^2 + l_2^2 + l_3^2 = 1$，有

$$\frac{p_1^2}{\sigma_1^2} + \frac{p_2^2}{\sigma_2^2} + \frac{p_3^2}{\sigma_3^2} = 1 \tag{2.6.5}$$

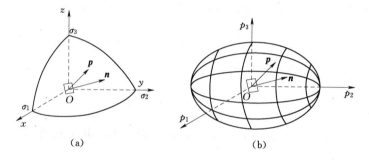

(a)            (b)

图 2.6.1 应力椭球面

这是以 $p_1$、$p_2$、$p_3$ 为变量的椭球面方程，称为**应力椭球面**。也就是说，如果经过 $O$ 点的每个截面上的应力都用应力矢量 **p**（分量为 $p_1$、$p_2$、$p_3$）表示的话，则以 $O$ 点为起点的这一矢量终点都落在应力椭球面上，如图 2.6.1（b）所示。从应力椭球面也可以看出，在通过同一点的所有截面上的正应力中，最大和最小的都是主应力。

当 $\sigma_1 = \sigma_2 = \sigma_3 = \sigma_m$ 时，式（2.6.5）为一球面方程，应力椭球面成为一个半径为 $\sigma_m$ 的球面，球张量因此而得名。

### 2.6.3 应力偏量的不变量

和应力张量一样，应力偏量也可以求对应的主应力，以张量形式表示的求解方程组与式（2.5.5）类似，为

$$(s_{ij} - \delta_{ij} s_n) l_j = 0 \tag{2.6.6}$$

式中：$s_n$ 为应力偏量对应的主应力；$l_j (j = 1, 2, 3)$ 为主方向与坐标轴间夹角的方向余弦。上式是以 $l_j$ 为未知量的线性代数方程组，存在非零解的条件是系数行列式为 0，即

$$|s_{ij} - \delta_{ij} s_n| = 0 \tag{2.6.7}$$

展开后得

$$s_n^3 - J_1 s_n^2 - J_2 s_n - J_3 = 0 \tag{2.6.8}$$

其中

$$J_1 = s_{11} + s_{22} + s_{33} = 0 \qquad (2.6.9)$$

$$J_2 = -s_{11}s_{22} - s_{22}s_{33} - s_{33}s_{11} + s_{12}^2 + s_{23}^2 + s_{31}^2 = \frac{1}{2}s_{ij}s_{ij} \qquad (2.6.10)$$

$$J_3 = |s_{ij}| \qquad (2.6.11)$$

$J_1$、$J_2$、$J_3$ 称为**应力偏量的第一、第二、第三不变量**。求解关于 $s_n$ 的三次方程式（2.6.8），3 个根即为应力偏量的主应力 $s_1$、$s_2$、$s_3$。然后利用式（2.6.6）可确定主方向。可以证明，应力偏量与应力张量的主方向一致。

当坐标轴取为主应力 $\sigma_1$、$\sigma_2$、$\sigma_3$ 的方向时（即主向空间），应力偏量不变量的计算公式可以进一步简化：

$$J_1 = 0 \qquad (2.6.12)$$

$$J_2 = \frac{1}{6}\left[(\sigma_1 - \sigma_2)^2 + (\sigma_2 - \sigma_3)^2 + (\sigma_3 - \sigma_1)^2\right] \qquad (2.6.13)$$

$$J_3 = (\sigma_1 - \sigma_m)(\sigma_2 - \sigma_m)(\sigma_3 - \sigma_m) \qquad (2.6.14)$$

式（2.6.13）中 $J_2$ 的表达式与材料力学中应力单元体的形状改变应变能密度公式相近，为

$$v_d = \frac{1+v}{6E}\left[(\sigma_1 - \sigma_2)^2 + (\sigma_2 - \sigma_3)^2 + (\sigma_3 - \sigma_1)^2\right] \qquad (2.6.15)$$

因此应力偏量的第二不变量与单元体的形状改变有关。

### 2.6.4 八面体平面

与主向空间的 3 个坐标轴方向等倾斜的面称为**八面体平面**（图 2.6.2），其法线方向余弦满足：

$$|l_1| = |l_2| = |l_3| = \frac{1}{\sqrt{3}} \qquad (2.6.16)$$

因此法线与各坐标轴（主应力方向）的夹角约为 $54.7°$，其上的正应力和切应力为

$$\sigma_8 = \frac{1}{3}(\sigma_1 + \sigma_2 + \sigma_3) = \sigma_m \qquad (2.6.17)$$

$$\tau_8 = \frac{1}{3}\sqrt{(\sigma_1 - \sigma_2)^2 + (\sigma_2 - \sigma_3)^2 + (\sigma_3 - \sigma_1)^2} \qquad (2.6.18)$$

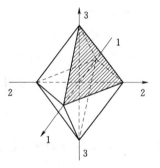

图 2.6.2 正八面体与八面体平面

在非主向空间的情况下，更一般的八面体平面切应力表达式为

$$\tau_8 = \frac{1}{3}\sqrt{(\sigma_x - \sigma_y)^2 + (\sigma_y - \sigma_z)^2 + (\sigma_z - \sigma_x)^2 + 6(\tau_{xy}^2 + \tau_{yz}^2 + \tau_{zx}^2)} \qquad (2.6.19)$$

比较式（2.6.18）与式（2.6.13），八面体平面切应力与应力偏量的第二不变量之间存在以下关系

$$\tau_8 = \sqrt{\frac{2}{3}J_2} \qquad (2.6.20)$$

显然，八面体切应力也与物体的形状改变有关。

17

## 2.7　等效应力

实验表明，金属的屈服往往与其形状改变有关，也即取决于应力偏量的第二不变量 $J_2$，因此，在实际应用中往往用与 $J_2$ 有关的，有应力量纲的量表示屈服条件。

### 2.7.1　等效应力 $\bar{\sigma}$

在简单拉伸中，如果拉应力为 $\sigma$，则主应力 $\sigma_1 = \sigma$，$\sigma_2 = \sigma_3 = 0$，根据式（2.6.13），得到应力偏量的第二不变量为 $J_2 = \sigma^2/3$，即 $\sigma = \sqrt{3J_2}$。假定 $J_2$ 相等的两个应力状态的力学效应相同，可定义**等效应力** $\bar{\sigma}$ 为

$$\bar{\sigma} = \sqrt{3J_2} = \sqrt{\frac{1}{2}\left[(\sigma_1 - \sigma_2)^2 + (\sigma_2 - \sigma_3)^2 + (\sigma_3 - \sigma_1)^2\right]} \tag{2.7.1}$$

该等效应力也就是材料力学中第四强度理论的相当应力 $\sigma_{r4}$，因此也称为应力强度。

等效应力 $\bar{\sigma}$ 具有如下性质：

（1）$\bar{\sigma}$ 与空间坐标轴的选取无关。根据公式，$\bar{\sigma}$ 只与应力偏量的第二不变量 $J_2$ 有关，与空间坐标轴的选取无关。

（2）叠加一个静水应力状态不影响等效应力的数值。静水应力可用应力球张量表示，而应力偏量的第二不变量 $J_2$ 与应力球张量无关。

（3）主应力全反号时，$\bar{\sigma}$ 数值不变。

因此等效应力适用于拉压性能相同或相近的材料。

### 2.7.2　等效切应力 $\bar{\tau}$

在平面纯剪应力状态中，如果切应力为 $\tau$，则主应力 $\sigma_1 = \tau$，$\sigma_2 = 0$，$\sigma_3 = -\tau$，此时 $\tau = \sqrt{J_2}$，所以我们定义**等效切应力**为

$$\bar{\tau} = \sqrt{J_2} = \sqrt{\frac{1}{6}\left[(\sigma_1 - \sigma_2)^2 + (\sigma_2 - \sigma_3)^2 + (\sigma_3 - \sigma_1)^2\right]} \tag{2.7.2}$$

### 2.7.3　$J_2$ 意义下的等效应力量

迄今为止，我们接触的等效应力量汇总如下：

$$\left.\begin{array}{l} \tau_8 = \sqrt{\dfrac{2}{3}J_2} \\[2mm] \bar{\sigma} = \sqrt{3J_2} \\[2mm] \bar{\tau} = \sqrt{J_2} \end{array}\right\} \tag{2.7.3}$$

这些量的引入，使我们可以把复杂应力状态化作"等效"的单向应力状态，从而可能对不同应力状态的"强度"作定量的描述和比较。

## 习　　题

2.1　什么是一点的应力状态？如何表示一点的应力状态？

2.2　已知受力物体中某点的应力分量为 $\sigma_x = 0$、$\sigma_y = 2a$、$\sigma_z = a$、$\tau_{xy} = a$、$\tau_{yz} = 0$、$\tau_{zx}$

$=2a$，试求作用在过此点的平面 $x+3y+z=1$ 上的沿坐标轴方向的应力分量，以及该平面上的正应力和切应力。

2.3　试叙述平衡微分方程和应力边界条件的物理意义。

2.4　试写出下列情况的边界条件（习题2.4图）。

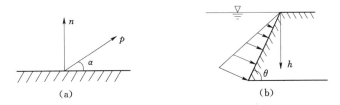

习题2.4图

2.5　什么叫应力张量的不变量？为什么不变？

2.6　平面问题中 $z$ 轴方向的应力分量为 0，求平面内的主应力 $\sigma_1$、$\sigma_2$ 和主方向所在角度 $\alpha_1$，并画图表示。

（1）$\sigma_x=100$，$\sigma_y=50$，$\tau_{xy}=10\sqrt{50}$；

（2）$\sigma_x=200$，$\sigma_y=0$，$\tau_{xy}=-400$；

（3）$\sigma_x=-2000$，$\sigma_y=1000$，$\tau_{xy}=-400$；

（4）$\sigma_x=-1000$，$\sigma_y=-1500$，$\tau_{xy}=500$。

2.7　已知一点的应力状态为

$$[\sigma_{ij}]=\begin{bmatrix} 12 & 6 & 0 \\ 6 & 10 & 0 \\ 0 & 0 & 0 \end{bmatrix}\times10^3\,\mathrm{Pa}$$

试求该点处的最大主应力及主方向。

2.8　已知受力物体中某点的应力分量为 $\sigma_x=50a$、$\sigma_y=80a$、$\sigma_z=-70a$、$\tau_{xy}=-20a$、$\tau_{yz}=60a$、$\tau_{zx}=0$。试求主应力分量及主方向余弦。

2.9　已知物体中一点的应力状态为

$$\sigma_{ij}=\begin{bmatrix} 100a & -50a & 0 \\ -50a & 200a & 0 \\ 0 & 0 & 300a \end{bmatrix}$$

求：（1）该点应力张量的 3 个不变量、主应力、主方向；

（2）将此应力张量分解为球形应力张量和偏斜应力张量，并求偏斜应力张量的 3 个不变量；

（3）求该点的等效应力 $\bar{\sigma}$。

# 第 3 章 应 变

弹塑性力学研究的物体是可变形固体，本章将从几何学的角度出发，专门分析物体的变形。首先提出应变的概念，推导描述位移与应变之间关系的几何方程；然后分析一点的应变状态；最后引入"等效应变"的概念，以定量地描述不同应变状态下应变的"强度"。

## 3.1 变形与应变的概念

### 3.1.1 相对位移张量及其分解

如图 3.1.1 所示，在外部作用下，可变形固体内部各点的位置可能发生变化，即发生

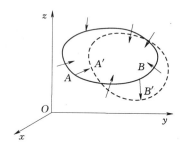

图 3.1.1 可变形固体的位移

位移。图中实线为物体的初始轮廓线，虚线是位移发生后的轮廓线，物体中 $A$、$B$ 点发生位移后的位置为 $A'$、$B'$。因此，只要确定物体中每个点的位移，即可知道整个物体的位移，这个位移可以用坐标的函数来表示，即

$$\left.\begin{array}{l} u=u(x,y,z) \\ v=v(x,y,z) \\ w=w(x,y,z) \end{array}\right\} \qquad (3.1.1)$$

式中：$u$、$v$、$w$ 分别为坐标 $x$、$y$、$z$ 方向的位移。

如果我们用张量分量的形式来表示上式，则为

$$u_i=u_i(x_j), i=1,2,3, j=1,2,3 \qquad (3.1.2)$$

式中：$u_1$、$u_2$、$u_3$ 分别为 $x$、$y$、$z$ 方向的位移 $u$、$v$、$w$；$x_1$、$x_2$、$x_3$ 分别为坐标 $x$、$y$、$z$。

可变形固体的位移可以分为两种类型：①刚体位移，即不改变物体内各点相对位置的位移，刚体位移又可以分为平动和转动两部分；②变形，即改变物体内各点的相对位置的位移。以下我们先研究物体中任一微小线段的位移，以此区分刚体位移和变形。

如图 3.1.2 所示，$P_0(x_0, y_0)$、$P(x, y)$ 是发生位移前物体内相邻的两点，由 $P_0$ 到 $P$ 的矢量为 $\boldsymbol{S}$。$\boldsymbol{u}_0$、$\boldsymbol{u}$ 分别为 $P_0$、$P$ 点发生的位移。$P_0'(x_0', y_0')$、$P'(x', y')$ 是发生位移后物体内相邻的两点，由 $P_0'$ 到 $P'$ 的矢量为 $\boldsymbol{S}'$。由图 3.1.2 可知：

$$\boldsymbol{S}'=\overrightarrow{OP'}-\overrightarrow{OP_0'} \qquad (3.1.3)$$

即

$$\boldsymbol{S}'=(\overrightarrow{OP}+\overrightarrow{PP'})-(\overrightarrow{OP_0}+\overrightarrow{P_0P_0'})$$

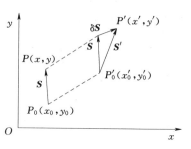

图 3.1.2 微小线段 $S$ 的位移

$$= (\overrightarrow{OP'} - \overrightarrow{OP_0'}) + (\overrightarrow{PP'} - \overrightarrow{P_0P_0'})$$

$$= \boldsymbol{S} + (\boldsymbol{u} - \boldsymbol{u}_0) \tag{3.1.4}$$

因此，位移发生后的矢量 $\boldsymbol{S}'$ 可以用原矢量 $\boldsymbol{S}$ 与其端点的位移来表示。端点位移矢量之差为

$$\delta\boldsymbol{S} = \boldsymbol{S}' - \boldsymbol{S} = \boldsymbol{u} - \boldsymbol{u}_0 \tag{3.1.5}$$

由式 (3.1.2)，假设位移 $u_i$ 为坐标 $x_j$ 的单值连续函数，可将 $P$ 点位移在 $P_0$ 点按照泰勒级数展开，即

$$u_i = u_{0i} + u_{i,j} S_j + o(S_j), i = 1, 2, 3 \tag{3.1.6}$$

式中：$S_j$ 为原线段矢量沿 $j$ 方向的分量；$o(S_j)$ 为一阶以上的高阶小量，可以忽略。将式 (3.1.6) 代入式 (3.1.5)，并写成分量形式，得

$$\delta S_i = u_i - u_{0i} = u_{i,j} S_j, i = 1, 2, 3 \tag{3.1.7}$$

上式中的 $u_{i,j}$ 称为相对位移张量。式 (3.1.7) 表明，线段矢量各方向的变化量 $\delta S_i$ 可以由原线段矢量 $S_j$ 和相对位移张量 $u_{i,j}$ 来表示。

由图 3.1.2 可知，刚体位移中的平动部分不改变线段矢量的大小和方向，即与式 (3.1.7) 中的 $\delta S_i$ 无关，所以相对位移张量 $u_{i,j}$ 中只包含转动和变形部分，它们可以通过张量分解得到。任何一个二阶张量都可以分解为一个对称张量和一个反对称张量，对相对位移张量进行分解，可以得到

$$u_{i,j} = \frac{1}{2}(u_{i,j} + u_{j,i}) + \frac{1}{2}(u_{i,j} - u_{j,i}) \tag{3.1.8}$$

上式右端第 1 部分为对称张量，称为应变张量，用 $\varepsilon_{ij}$ 表示，第 2 部分为反对称张量，称为转动张量，用 $\omega_{ij}$ 表示，因此有

$$u_{i,j} = \varepsilon_{ij} + \omega_{ij} \tag{3.1.9}$$

$$\varepsilon_{ij} = \frac{1}{2}(u_{i,j} + u_{j,i}) = \begin{bmatrix} \dfrac{\partial u}{\partial x} & \dfrac{1}{2}\left(\dfrac{\partial u}{\partial y} + \dfrac{\partial v}{\partial x}\right) & \dfrac{1}{2}\left(\dfrac{\partial u}{\partial z} + \dfrac{\partial w}{\partial x}\right) \\ \dfrac{1}{2}\left(\dfrac{\partial u}{\partial y} + \dfrac{\partial v}{\partial x}\right) & \dfrac{\partial v}{\partial y} & \dfrac{1}{2}\left(\dfrac{\partial v}{\partial z} + \dfrac{\partial w}{\partial y}\right) \\ \dfrac{1}{2}\left(\dfrac{\partial u}{\partial z} + \dfrac{\partial w}{\partial x}\right) & \dfrac{1}{2}\left(\dfrac{\partial v}{\partial z} + \dfrac{\partial w}{\partial y}\right) & \dfrac{\partial w}{\partial z} \end{bmatrix} \tag{3.1.10}$$

$$\omega_{ij} = \frac{1}{2}(u_{i,j} - u_{j,i}) = \begin{bmatrix} 0 & \dfrac{1}{2}\left(\dfrac{\partial u}{\partial y} - \dfrac{\partial v}{\partial x}\right) & \dfrac{1}{2}\left(\dfrac{\partial u}{\partial z} - \dfrac{\partial w}{\partial x}\right) \\ \dfrac{1}{2}\left(\dfrac{\partial v}{\partial x} - \dfrac{\partial u}{\partial y}\right) & 0 & \dfrac{1}{2}\left(\dfrac{\partial v}{\partial z} - \dfrac{\partial w}{\partial y}\right) \\ \dfrac{1}{2}\left(\dfrac{\partial w}{\partial x} - \dfrac{\partial u}{\partial z}\right) & \dfrac{1}{2}\left(\dfrac{\partial w}{\partial y} - \dfrac{\partial v}{\partial z}\right) & 0 \end{bmatrix} \tag{3.1.11}$$

以下将说明，转动张量 $\omega_{ij}$ 反映了微元体的刚体转动。

刚体转动时，矢量 $\boldsymbol{S}$ 在转动前后的长度（模）相等，即 $|\boldsymbol{S}'| = |\boldsymbol{S}|$，因此

$$|\boldsymbol{S}'| = \sqrt{(S_i + \delta S_i)(S_i + \delta S_i)} = \sqrt{S_i S_i} = |\boldsymbol{S}| \tag{3.1.12}$$

化简上式并略去高阶小量，得

$$2S_i \delta S_i = 0 \tag{3.1.13}$$

21

将式 (3.1.7) 代入式 (3.1.13)，得

$$S_i u_{i,j} S_j = 0 \tag{3.1.14}$$

在直角坐标系中展开上式，得

$$u_{1,1}S_1^2 + u_{2,2}S_2^2 + u_{3,3}S_3^2 + (u_{1,2}+u_{2,1})S_1^2 S_2^2 + (u_{2,3}+u_{3,2})S_2^2 S_3^2 + (u_{3,1}+u_{1,3})S_3^2 S_1^2 = 0 \tag{3.1.15}$$

因为 $S$ 是任意线段，所以式 (3.1.15) 成立的条件是关于矢量分量 $S_i$ 的各项系数都必须为 0，即要求：

$$u_{i,j} + u_{j,i} = 0 \tag{3.1.16}$$

也就是说，微元体刚体转动所对应的相对位移张量必为反对称张量。反之也成立。

由转动张量的表达式 (3.1.11)，可以验证，$\omega_{ij}$ 是反对称张量，因此它所导致的微元体位移是刚体转动。再将式 (3.1.16) 代入应变张量的表达式 (3.1.10)，可以验证，当微元体发生刚体转动时，$\varepsilon_{ij}$ 等于 0，这说明应变张量与微元体的刚体转动无关，即只和变形有关。下节将具体说明应变张量的物理意义。

### 3.1.2　应变张量的物理意义

对于弹塑性力学来说，主要关心的是不包含刚体位移的纯变形。纯变形时任意矢量 $S$ 在各个坐标方向的变化可以用与式 (3.1.7) 类似的公式求解，但需要除去刚体位移（转动）部分，即将相对位移张量代之以应变张量，得

$$\delta S_i = \varepsilon_{ij} S_j \tag{3.1.17}$$

当矢量 $S$ 平行于 $x$ 轴时，$S_1 = |S|$，其余为 0，所以

$$\varepsilon_{11} = \frac{\delta S_1}{S_1} \tag{3.1.18}$$

可见 $\varepsilon_{11}$ 表示 $x$ 方向的线应变（单位长度的伸长量），同理 $\varepsilon_{22}$、$\varepsilon_{33}$ 分别为 $y$、$z$ 方向的线应变。

如果两个矢量 $S_1$ 和 $S_2$ 变形前分别平行于 $x$、$y$ 轴，$i$、$j$ 分别为 $x$、$y$ 轴方向的单位矢量，则

$$\left. \begin{array}{c} S_1 = iS_1 \\ S_2 = jS_2 \end{array} \right\} \tag{3.1.19}$$

如图 3.1.3 所示，$S_1$ 和 $S_2$ 变形后分别为

$$\left. \begin{array}{l} S_1' = i(S_1 + \delta S_{1x}) + j(\delta S_{1y}) \\ S_2' = i(\delta S_{2x}) + j(S_2 + \delta S_{2y}) \end{array} \right\} \tag{3.1.20}$$

变形后两个矢量的夹角的余弦为

$$\cos\varphi = \frac{S_1' \cdot S_2'}{|S_1'||S_2'|} \tag{3.1.21}$$

化简上式，并略去高阶小量后得

$$\cos\varphi = \frac{\delta S_{2x}}{S_2} + \frac{\delta S_{1y}}{S_1}$$

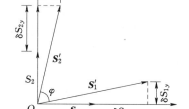

图 3.1.3　微线段间夹角的改变量

上式右端第 1 项的含义为 $O$ 点 $x$ 轴方向位移 $u$ 随着 $y$ 坐标的变化率，第 2 项为 $O$ 点 $y$ 轴方向位移 $v$ 随着 $x$ 坐标的变化率，即

$$\frac{\delta S_{2x}}{S_2} = \frac{\partial u}{\partial y}, \frac{\delta S_{1y}}{S_1} = \frac{\partial v}{\partial x}$$

所以有

$$\cos\varphi = \frac{\partial u}{\partial y} + \frac{\partial v}{\partial x} = 2\varepsilon_{12} \tag{3.1.22}$$

假设互相垂直的矢量 $S_1$ 和 $S_2$ 在变形后的夹角改变量为 $\alpha$，考虑小变形情况下 $\alpha$ 为一小量，因此有

$$\alpha \approx \sin\alpha = \cos\varphi = 2\varepsilon_{12} \tag{3.1.23}$$

即

$$\varepsilon_{12} = \frac{\alpha}{2} \tag{3.1.24}$$

可见 $\varepsilon_{12}$ 表示变形后 $x$、$y$ 轴之间夹角的改变量的一半。在材料力学中，该夹角的改变量称为切应变 $\gamma_{xy}$，所以有

$$\gamma_{xy} = 2\varepsilon_{12} \tag{3.1.25}$$

与以上推导过程类似，还可以得到应变分量 $\varepsilon_{23}$、$\varepsilon_{31}$ 的含义分别为变形后 $y$、$z$ 轴，$z$、$x$ 轴之间夹角改变量的一半，即

$$\gamma_{yz} = 2\varepsilon_{23} \tag{3.1.26}$$

$$\gamma_{zx} = 2\varepsilon_{31} \tag{3.1.27}$$

综上所述，三维问题时各应变分量为

$$\left.\begin{array}{l} \varepsilon_x = \varepsilon_{11}, \gamma_{xy} = 2\varepsilon_{12} \\ \varepsilon_y = \varepsilon_{22}, \gamma_{yz} = 2\varepsilon_{23} \\ \varepsilon_z = \varepsilon_{33}, \gamma_{zx} = 2\varepsilon_{31} \end{array}\right\} \tag{3.1.28}$$

式中：$\varepsilon_x$、$\varepsilon_y$、$\varepsilon_z$ 为正应变；$\gamma_{xy}$、$\gamma_{yz}$、$\gamma_{zx}$ 为切应变；$\varepsilon_{ij}$（$i$，$j = 1$，2，3）则由式（3.1.10）计算，因此式（3.1.10）又称为应变位移关系式，简称几何关系。其中各个分量的下标 1、2、3 也可用 $x$、$y$、$z$ 代替，即

$$\left.\begin{array}{l} \varepsilon_x = \varepsilon_{11}, \varepsilon_{xy} = \varepsilon_{12}, \varepsilon_{yx} = \varepsilon_{21} \\ \varepsilon_y = \varepsilon_{22}, \varepsilon_{yz} = \varepsilon_{23}, \varepsilon_{zy} = \varepsilon_{32} \\ \varepsilon_z = \varepsilon_{33}, \varepsilon_{zx} = \varepsilon_{32}, \varepsilon_{xz} = \varepsilon_{13} \end{array}\right\} \tag{3.1.29}$$

## 3.2 转轴时应变分量的变换

设在坐标系 $Oxyz$ 下，物体内某一点的 6 个应变分量为 $\varepsilon_x$、$\varepsilon_y$、$\varepsilon_z$、$\gamma_{xy}$、$\gamma_{yz}$、$\gamma_{zx}$。现使坐标系旋转某一角度，得新坐标系 $Ox'y'z'$，设新坐标系下的应变分量为 $\varepsilon_{x'}$、$\varepsilon_{y'}$、$\varepsilon_{z'}$、$\gamma_{x'y'}$、$\gamma_{y'z'}$、$\gamma_{z'x'}$，建立新旧坐标系之间的变换关系。

设新旧坐标轴夹角的方向余弦见表 3.2.1。

表 3.2.1　　　　　　　　　　　　新旧坐标轴夹角的方向余弦

| 坐标轴 | $x(\boldsymbol{x}_1)$ | $y(\boldsymbol{x}_2)$ | $z(\boldsymbol{x}_3)$ |
|---|---|---|---|
| $x'(\boldsymbol{x}_1')$ | $l_{1'1}=\cos(x',\ x)$ | $l_{1'2}=\cos(x',\ y)$ | $l_{1'3}=\cos(x',\ z)$ |
| $y'(\boldsymbol{x}_2')$ | $l_{2'1}=\cos(y',\ x)$ | $l_{2'2}=\cos(y',\ y)$ | $l_{2'3}=\cos(y',\ z)$ |
| $z'(\boldsymbol{x}_3')$ | $l_{3'1}=\cos(z',\ x)$ | $l_{3'2}=\cos(z',\ y)$ | $l_{3'3}=\cos(z',\ z)$ |

先建立转轴时位移分量的变换关系。设位移矢量 $\boldsymbol{U}$ 在老坐标系中的 3 个分量为 $u$、$v$、$w$，而在新坐标系中的 3 个分量为 $u'$、$v'$、$w'$，于是有

$$\left.\begin{aligned}
u'&=\boldsymbol{U}\cdot\boldsymbol{e}_1'=ul_{1'1}+vl_{1'2}+wl_{1'3}\\
v'&=\boldsymbol{U}\cdot\boldsymbol{e}_2'=ul_{2'1}+vl_{2'2}+wl_{2'3}\\
w'&=\boldsymbol{U}\cdot\boldsymbol{e}_3'=ul_{3'1}+vl_{3'2}+wl_{3'3}
\end{aligned}\right\} \tag{3.2.1}$$

式中：$\boldsymbol{e}_1'$、$\boldsymbol{e}_2'$、$\boldsymbol{e}_3'$ 为 3 个新坐标轴的单位矢量。

利用方向导数公式

$$\begin{aligned}
\frac{\partial}{\partial s}(\ )&=\cos(s,x)\frac{\partial}{\partial x}(\ )+\cos(s,y)\frac{\partial}{\partial y}(\ )+\cos(s,z)\frac{\partial}{\partial z}(\ )\\
&=\left(l\frac{\partial}{\partial x}+m\frac{\partial}{\partial y}+n\frac{\partial}{\partial z}\right)(\ )
\end{aligned} \tag{3.2.2}$$

式中：$l$、$m$、$n$ 分别为矢量 $s$ 对 $x$、$y$、$z$ 轴的方向余弦。

于是新坐标系中的应变分量为

$$\begin{aligned}
\varepsilon_{x'}&=\frac{\partial u'}{\partial x'}\\
&=\left(l_{1'1}\frac{\partial}{\partial x}+l_{1'2}\frac{\partial}{\partial y}+l_{1'3}\frac{\partial}{\partial z}\right)(ul_{1'1}+vl_{1'2}+wl_{1'3})\\
&=l_{1'1}^2\frac{\partial u}{\partial x}+l_{1'2}^2\frac{\partial v}{\partial y}+l_{1'3}^2\frac{\partial w}{\partial z}+\left(\frac{\partial w}{\partial y}+\frac{\partial v}{\partial z}\right)l_{1'2}l_{1'3}+\left(\frac{\partial u}{\partial z}+\frac{\partial w}{\partial x}\right)l_{1'1}l_{1'3}+\left(\frac{\partial v}{\partial x}+\frac{\partial u}{\partial y}\right)l_{1'1}l_{1'2}
\end{aligned}$$

$$\begin{aligned}
\varepsilon_{x'y'}&=\frac{1}{2}\left(\frac{\partial v'}{\partial x'}+\frac{\partial u'}{\partial y'}\right)\\
&=\frac{1}{2}\left(l_{1'1}\frac{\partial}{\partial x}+l_{1'2}\frac{\partial}{\partial y}+l_{1'3}\frac{\partial}{\partial z}\right)(ul_{2'1}+vl_{2'2}+wl_{2'3})+\\
&\quad\frac{1}{2}\left(l_{2'1}\frac{\partial}{\partial x}+l_{2'2}\frac{\partial}{\partial y}+l_{2'3}\frac{\partial}{\partial z}\right)(ul_{1'1}+vl_{1'2}+wl_{1'3})\\
&=l_{1'1}l_{2'1}\frac{\partial u}{\partial x}+l_{1'2}l_{2'2}\frac{\partial v}{\partial y}+l_{1'3}l_{2'3}\frac{\partial w}{\partial z}+\frac{1}{2}\left(\frac{\partial w}{\partial y}+\frac{\partial v}{\partial z}\right)(l_{1'2}l_{2'3}+l_{2'2}l_{1'3})+\\
&\quad\frac{1}{2}\left(\frac{\partial u}{\partial z}+\frac{\partial w}{\partial x}\right)(l_{1'1}l_{2'3}+l_{2'1}l_{1'3})+\frac{1}{2}\left(\frac{\partial v}{\partial x}+\frac{\partial u}{\partial y}\right)(l_{1'1}l_{2'2}+l_{2'1}l_{1'2})
\end{aligned}$$

根据几何方程式（3.1.10），得

$$\begin{aligned}
\varepsilon_{x'}&=l_{1'1}^2\varepsilon_x+l_{1'2}^2\varepsilon_y+l_{1'3}^2\varepsilon_z+2l_{1'2}l_{1'3}\varepsilon_{yz}+2l_{1'1}l_{1'3}\varepsilon_{zx}+2l_{1'1}l_{1'2}\varepsilon_{xy}\\
\varepsilon_{x'y'}&=l_{1'1}l_{2'1}\varepsilon_x+l_{1'2}l_{2'2}\varepsilon_y+l_{1'3}l_{2'3}\varepsilon_z+\varepsilon_{yz}(l_{1'2}l_{2'3}+l_{2'2}l_{1'3})+\\
&\quad\varepsilon_{zx}(l_{1'3}l_{2'3}+l_{2'1}l_{1'3})+\varepsilon_{xy}(l_{1'1}l_{2'2}+l_{2'1}l_{1'2})
\end{aligned}$$

将上述应变张量分量表示数字形式，有

$$\varepsilon_{1'1'} = l_{1'1}^2 \varepsilon_{11} + l_{1'2}^2 \varepsilon_{22} + l_{1'3}^2 \varepsilon_{33} + 2l_{1'2} l_{1'3} \varepsilon_{23} + 2l_{1'1} l_{1'3} \varepsilon_{31} + 2l_{1'1} l_{1'2} \varepsilon_{12} = \varepsilon_{ij} l_{1'i} l_{1'j}$$

$$\varepsilon_{1'2'} = l_{1'1} l_{2'1} \varepsilon_{11} + l_{1'2} l_{2'2} \varepsilon_{22} + l_{1'3} l_{2'3} \varepsilon_{33} + \varepsilon_{23} (l_{1'2} l_{2'3} + l_{2'2} l_{1'3}) +$$
$$\varepsilon_{31} (l_{1'1} l_{2'3} + l_{2'1} l_{1'3}) + \varepsilon_{12} (l_{1'1} l_{2'2} + l_{2'1} l_{1'2})$$
$$= \varepsilon_{ij} l_{1'i} l_{2'j}$$

类似可以求得其余的正应变和切应变分量，最后可以将新、旧坐标系应变之间的关系用张量形式表示如下：

$$\varepsilon_{i'j'} = \varepsilon_{ij} l_{i'i} l_{j'j} \tag{3.2.3}$$

式（3.2.3）就是坐标变换时，二阶应变张量 $\varepsilon_{ij}$ 服从的变换规律，由此可以求得不同坐标系下的应变张量分量。

采用上面同样的方法，还不难导出过物体内一点沿任意方向微分线段的伸长率：

$$\varepsilon_r = l^2 \varepsilon_x + m^2 \varepsilon_y + n^2 \varepsilon_z + 2mn \varepsilon_{yz} + 2ln \varepsilon_{zz} + 2lm \varepsilon_{xy} \tag{3.2.4}$$

这里 $l$、$m$、$n$ 为该微分线段的方向余弦。

## 3.3 主应变、应变偏量及其不变量

### 3.3.1 主应变

式（3.2.3）表明，物体内一点的应变分量将随着坐标系的旋转而改变，研究表明，对于确定的一点，总能找到这样一个坐标系，在这个坐标系下，只有正应变分量，而所有的切应变分量为 0。也就是说，过该点总能找到 3 个互相垂直的方向，使沿这 3 个方向的微分线段在物体变形后只是改变了长度，相互之间的夹角仍保持为直角。我们把具有这种性质的方向称为应变主方向，可以用矢量 $\boldsymbol{n}$ 表示，应变主方向上的微线段的伸长率，称为主应变，用 $\varepsilon_n$ 表示。本节来求解主应变和主方向。

如图 3.3.1 所示，假定应变主方向上的微线段矢量 $\boldsymbol{S}_n$，该矢量在变形过程中只有长度的变化，没有转动，长度的变化量为 $\delta \boldsymbol{S}_n = \varepsilon_n \boldsymbol{S}_n$。同理，$\boldsymbol{S}_n$ 在各坐标轴上的分量 $S_x$、$S_y$、$S_z$ 也只有长度的变化，且满足

$$\frac{\delta \boldsymbol{S}_n}{\boldsymbol{S}_n} = \frac{\delta S_x}{S_x} = \frac{\delta S_y}{S_y} = \frac{\delta S_z}{S_z} = \varepsilon_n \tag{3.3.1}$$

即

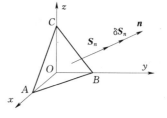

图 3.3.1 主应变

$$\delta S_i = \varepsilon_n S_i \tag{3.3.2}$$

利用式（3.1.17），得

$$\varepsilon_n S_i = \varepsilon_{ij} S_j \tag{3.3.3}$$

即

$$(\varepsilon_{ij} - \varepsilon_n \delta_{ij}) S_j = 0 \tag{3.3.4}$$

若以 $S_j$ 为未知量，上式存在非零解的条件是其系数行列式为 0，即

$$\begin{vmatrix} \varepsilon_x - \varepsilon_n & \varepsilon_{xy} & \varepsilon_{xz} \\ \varepsilon_{yx} & \varepsilon_y - \varepsilon_n & \varepsilon_{yz} \\ \varepsilon_{zx} & \varepsilon_{zy} & \varepsilon_z - \varepsilon_n \end{vmatrix} = 0 \tag{3.3.5}$$

和主应力的求解类似，将上式展开后得

$$\varepsilon_n^3 - I_1'\varepsilon_n^2 - I_2'\varepsilon_n - I_3' = 0 \tag{3.3.6}$$

$I_1'$、$I_2'$、$I_3'$ 分别称为应变张量的第一、第二、第三不变量，其公式形式和主应力求解时的 $I_1$、$I_2$、$I_3$ 类似，只需要把其中的应力换成应变即可

$$I_1' = \varepsilon_x + \varepsilon_y + \varepsilon_z = \varepsilon_{ii} \tag{3.3.7}$$

$$I_2' = -\varepsilon_x\varepsilon_y - \varepsilon_y\varepsilon_z - \varepsilon_z\varepsilon_x + \varepsilon_{xy}^2 + \varepsilon_{yz}^2 + \varepsilon_{zx}^2 = \frac{1}{2}(-\varepsilon_{ii}\varepsilon_{kk} + \varepsilon_{ik}\varepsilon_{ki}) \tag{3.3.8}$$

$$I_3' = \begin{vmatrix} \varepsilon_x & \varepsilon_{yx} & \varepsilon_{zx} \\ \varepsilon_{xy} & \varepsilon_y & \varepsilon_{zy} \\ \varepsilon_{xz} & \varepsilon_{yz} & \varepsilon_z \end{vmatrix} = |\varepsilon_{ij}| \tag{3.3.9}$$

由式 (3.3.6) 可以求出 3 个实根，即为主应变 $\varepsilon_1$、$\varepsilon_2$、$\varepsilon_3$。与最大切应力的求解方法类似，也可以由主应变确定切应变的 3 个极值：

$$\gamma_1 = \pm(\varepsilon_2 - \varepsilon_3), \gamma_2 = \pm(\varepsilon_1 - \varepsilon_3), \gamma_3 = \pm(\varepsilon_1 - \varepsilon_2) \tag{3.3.10}$$

将主应变 $\varepsilon_1$、$\varepsilon_2$、$\varepsilon_3$ 依次代入式 (3.3.4)，可以求得对应的 3 个应变主方向。还可以进一步证明，这 3 个主方向是相互正交的。

### 3.3.2 应变偏量及其不变量

与应力一样，应变也可以分解为球张量和偏张量，即

$$\varepsilon_{ij} = \varepsilon_m\delta_{ij} + e_{ij} \tag{3.3.11}$$

其中应变球张量为 $\varepsilon_m\delta_{ij}$，$\varepsilon_m$ 称为平均正应变：

$$\varepsilon_m = \frac{1}{3}(\varepsilon_x + \varepsilon_y + \varepsilon_z) \tag{3.3.12}$$

应变偏张量为 $e_{ij}$：

$$e_{ij} = \varepsilon_{ij} - \varepsilon_m\delta_{ij} \tag{3.3.13}$$

与应变张量类似，应变偏张量也可求解对应的主应变 $e_n$，其求解方程为

$$(e_{ij} - e_n\delta_{ij})S_j = 0 \tag{3.3.14}$$

若以 $S_j$ 为未知量，上式存在非零解的条件是其系数行列式为 0，即

$$\begin{vmatrix} e_x - e_n & e_{xy} & e_{xz} \\ e_{yx} & e_y - e_n & e_{yz} \\ e_{zx} & e_{zy} & e_z - e_n \end{vmatrix} = 0 \tag{3.3.15}$$

和主应力的求解类似，将上式展开后得

$$e_n^3 - J_1'e_n^2 - J_2'e_n - J_3' = 0 \tag{3.3.16}$$

其中 $J_1'$、$J_2'$、$J_3'$ 分别为应变偏量的第一、第二、第三不变量，其公式形式和应力偏量的不变量 $J_1$、$J_2$、$J_3$ 类似，只需要把其中的应力偏量换成应变偏量即可。

$$J_1' = e_{11} + e_{22} + e_{33} = 0 \tag{3.3.17}$$

$$J_2' = -e_{11}e_{22} - e_{22}e_{33} - e_{33}e_{11} + e_{12}^2 + e_{23}^2 + e_{31}^2 = \frac{1}{2}e_{ij}e_{ij} \tag{3.3.18}$$

$$J_3' = |e_{ij}| \tag{3.3.19}$$

当用应变张量或应变偏张量的主值表示时，则有

$$J_1' = 0 \tag{3.3.20}$$

$$J_2' = \frac{1}{6}\left[(\varepsilon_1 - \varepsilon_2)^2 + (\varepsilon_2 - \varepsilon_3)^2 + (\varepsilon_3 - \varepsilon_1)^2\right] = \frac{1}{2}(e_1^2 + e_2^2 + e_3^2) \tag{3.3.21}$$

$$J_3' = (\varepsilon_1 - \varepsilon_m)(\varepsilon_2 - \varepsilon_m)(\varepsilon_3 - \varepsilon_m) = e_1 e_2 e_3 \tag{3.3.22}$$

### 3.3.3 八面体应变

和八面体应力类似，同样也有八面体应变，其定义为

$$\varepsilon_8 = \frac{1}{3}(\varepsilon_1 + \varepsilon_2 + \varepsilon_3) = \varepsilon_m = \frac{1}{3}I_1' \tag{3.3.23}$$

$$\gamma_8 = \frac{2}{3}\sqrt{(\varepsilon_1 - \varepsilon_2)^2 + (\varepsilon_2 - \varepsilon_3)^2 + (\varepsilon_3 - \varepsilon_1)^2} = \sqrt{\frac{8}{9}J_2'} \tag{3.3.24}$$

## 3.4 体积应变

物体变形后单位体积的改变量称为体积应变，考虑边长为 $\mathrm{d}x$、$\mathrm{d}y$、$\mathrm{d}z$ 的平行六面微元体，其体积为

$$V = \mathrm{d}x\mathrm{d}y\mathrm{d}z \tag{3.4.1}$$

在物体发生变形后，微元体的各棱边将伸长或缩短，棱边间的夹角也会改变。由于切应变引起的体积改变是高阶小量，所以变形后的体积为

$$\begin{aligned} V^* &= \mathrm{d}x(1+\varepsilon_x)\mathrm{d}y(1+\varepsilon_y)\mathrm{d}z(1+\varepsilon_z) \\ &\approx \mathrm{d}x\mathrm{d}y\mathrm{d}z(1+\varepsilon_x+\varepsilon_y+\varepsilon_z) \end{aligned} \tag{3.4.2}$$

于是体积应变为

$$\theta = \frac{V^* - V}{V} = \varepsilon_x + \varepsilon_y + \varepsilon_z \tag{3.4.3}$$

显然，其在数值上等于应变张量的第一不变量 $I_1'$，$\theta > 0$ 时体积膨胀，$\theta < 0$ 时体积缩小，$\theta = 0$ 时体积不变。

## 3.5 应变协调方程

式（3.1.10）表明，6 个应变分量是通过 3 个位移分量表示的，因此，6 个应变分量之间不是独立的，它们之间必然存在着一定的联系。我们可以根据式（3.1.10）由位移分量方便地求出应变分量；但是反过来，由应变分量求解位移分量时，式（3.1.14）则是包含 6 个方程而只有 3 个未知函数的偏微分方程组，由于方程的个数超过未知函数的个数，方程组可能是矛盾的。为使这个方程组不矛盾，则 6 个应变分量必须满足一定的条件，这个条件就是应变协调方程。从物理意义上理解，若把一个物体划分成许多网格，如果对应变不加任何约束，也就是不要求应变协调的话，网格在变形后可能出现"撕裂"或"套叠"的位移不协调现象，从而破坏物体的整体连续性。

为了得到应变协调方程，我们从式（3.1.10）中消去位移分量。例如，将 $\varepsilon_x(\varepsilon_{11})$ 的二阶导数和 $\varepsilon_y(\varepsilon_{22})$ 的二阶导数相加得

$$\frac{\partial^2 \varepsilon_x}{\partial y^2} + \frac{\partial^2 \varepsilon_y}{\partial x^2} = \frac{\partial^3 u}{\partial x \partial y^2} + \frac{\partial^3 v}{\partial y \partial x^2} = \frac{\partial^2}{\partial x \partial y}\left(\frac{\partial u}{\partial y} + \frac{\partial v}{\partial x}\right) = \frac{\partial^2 \gamma_{xy}}{\partial x \partial y} \tag{3.5.1}$$

即

$$\frac{\partial^2 \varepsilon_x}{\partial y^2} + \frac{\partial^2 \varepsilon_y}{\partial x^2} = \frac{\partial^2 \gamma_{xy}}{\partial x \partial y} \tag{3.5.2}$$

类似地可以得到一共 6 个应变协调方程：

$$\left. \begin{aligned} \frac{\partial^2 \varepsilon_x}{\partial y^2} + \frac{\partial^2 \varepsilon_y}{\partial x^2} &= \frac{\partial^2 \gamma_{xy}}{\partial x \partial y}, 2\frac{\partial^2 \varepsilon_x}{\partial y \partial z} = \frac{\partial}{\partial x}\left(-\frac{\partial \gamma_{yz}}{\partial x} + \frac{\partial \gamma_{zx}}{\partial y} + \frac{\partial \gamma_{xy}}{\partial z}\right) \\ \frac{\partial^2 \varepsilon_y}{\partial z^2} + \frac{\partial^2 \varepsilon_z}{\partial y^2} &= \frac{\partial^2 \gamma_{yz}}{\partial y \partial z}, 2\frac{\partial^2 \varepsilon_y}{\partial x \partial z} = \frac{\partial}{\partial y}\left(\frac{\partial \gamma_{yz}}{\partial x} - \frac{\partial \gamma_{zx}}{\partial y} + \frac{\partial \gamma_{xy}}{\partial z}\right) \\ \frac{\partial^2 \varepsilon_z}{\partial x^2} + \frac{\partial^2 \varepsilon_x}{\partial z^2} &= \frac{\partial^2 \gamma_{zx}}{\partial z \partial x}, 2\frac{\partial^2 \varepsilon_z}{\partial x \partial y} = \frac{\partial}{\partial z}\left(\frac{\partial \gamma_{yz}}{\partial x} + \frac{\partial \gamma_{zx}}{\partial y} - \frac{\partial \gamma_{xy}}{\partial z}\right) \end{aligned} \right\} \tag{3.5.3}$$

满足以上 6 个应变协调方程，就可以保证得到单值连续的位移函数。

应当指出，弹塑性力学问题求解时，如果先正确求出物体各点的位移函数 $u$、$v$、$w$，再根据式（3.1.10）求出应变分量，则应变协调方程自然满足；但是如果先求解的是应变分量，然后再由应变分量求解位移时，需要同时考虑应变协调方程。

## 3.6 等效应变

### 3.6.1 等效应变$\bar{\varepsilon}$

在复杂应力状态下，往往用与应变偏量的第二不变量（$J_2'$）相关的等效应变来度量变形程度，类似于用等效应力来度量复杂应力的大小。在简单拉伸中，如果拉伸方向的应变为 $\varepsilon$，且材料是不可压缩的，那么主应变 $\varepsilon_1 = \varepsilon$，$\varepsilon_2 = \varepsilon_3 = -\varepsilon/2$，根据式（3.3.21），此时：

$$J_2' = \frac{3}{4}\varepsilon^2$$

即

$$\varepsilon = \sqrt{\frac{4}{3}J_2'}$$

假定 $J_2'$ 相等的两个应变状态的力学效应相同，可定义等效应变如下：

$$\bar{\varepsilon} = \sqrt{\frac{4}{3}J_2'} = \sqrt{\frac{2}{9}\left[(\varepsilon_1 - \varepsilon_2)^2 + (\varepsilon_2 - \varepsilon_3)^2 + (\varepsilon_3 - \varepsilon_1)^2\right]} \tag{3.6.1}$$

由上式定义的等效应变又称为应变强度。

### 3.6.2 等效切应变$\bar{\gamma}$

在平面纯剪切应力状态情况下，如果切应变为 $\gamma$，则主应变为 $\varepsilon_1 = -\varepsilon_3 = \gamma/2$，$\varepsilon_2 = 0$，此时 $J_2' = \gamma^2/4$，即 $\gamma = 2\sqrt{J_2'}$，所以我们定义等效切应变为

$$\bar{\gamma} = 2\sqrt{J_2'} = \sqrt{3}\bar{\varepsilon} \tag{3.6.2}$$

### 3.6.3 $J_2'$意义下的等效应变量

迄今为止，我们接触的等效应变量汇总如下：

$$\left.\begin{array}{l} \gamma_8 = \sqrt{\dfrac{8}{9} J'_2} \\[3mm] \overline{\varepsilon} = \sqrt{\dfrac{4}{3} J'_2} \\[3mm] \overline{\gamma} = 2\sqrt{J'_2} \end{array}\right\} \tag{3.6.3}$$

这些量的引入，把复杂应变化作"等效"的单向应变状态，当然这些等效是 $J'_2$ 意义下的等效。

## 3.7　应变率的概念

固体材料的弹塑性变形有时和变形的速度有关，因此我们要引出应变率的概念。应变率反映了应变的变化规律，其定义为应变对时间的导数，即

$$\dot{\varepsilon}_{ij} = \frac{\partial \varepsilon_{ij}}{\partial t} \tag{3.7.1}$$

考虑到应变与位移的关系式（3.1.10），应变率可以由位移来表示：

$$\dot{\varepsilon}_{ij} = \frac{1}{2}(\dot{u}_{i,j} + \dot{u}_{j,i}) \tag{3.7.2}$$

其中

$$\dot{u}_{i,j} = \frac{\partial^2 u_i}{\partial t \partial x_j} \tag{3.7.3}$$

上式也可理解为速度在空间方向的变化率。考虑物理意义后，最终的应变率张量求解公式为

$$\dot{\varepsilon}_{ij} = \begin{bmatrix} \dot{\varepsilon}_x & \frac{1}{2}\dot{\gamma}_{xy} & \frac{1}{2}\dot{\gamma}_{xz} \\[2mm] \frac{1}{2}\dot{\gamma}_{xy} & \dot{\varepsilon}_y & \frac{1}{2}\dot{\gamma}_{yz} \\[2mm] \frac{1}{2}\dot{\gamma}_{xz} & \frac{1}{2}\dot{\gamma}_{yz} & \dot{\varepsilon}_z \end{bmatrix} = \begin{bmatrix} \frac{\partial}{\partial t}\left(\frac{\partial u}{\partial x}\right) & \frac{1}{2}\frac{\partial}{\partial t}\left(\frac{\partial u}{\partial y}+\frac{\partial v}{\partial x}\right) & \frac{1}{2}\frac{\partial}{\partial t}\left(\frac{\partial u}{\partial z}+\frac{\partial w}{\partial x}\right) \\[2mm] \frac{1}{2}\frac{\partial}{\partial t}\left(\frac{\partial u}{\partial y}+\frac{\partial v}{\partial x}\right) & \frac{\partial}{\partial t}\left(\frac{\partial v}{\partial y}\right) & \frac{1}{2}\frac{\partial}{\partial t}\left(\frac{\partial v}{\partial z}+\frac{\partial w}{\partial y}\right) \\[2mm] \frac{1}{2}\frac{\partial}{\partial t}\left(\frac{\partial u}{\partial z}+\frac{\partial w}{\partial x}\right) & \frac{1}{2}\frac{\partial}{\partial t}\left(\frac{\partial v}{\partial z}+\frac{\partial w}{\partial y}\right) & \frac{\partial}{\partial t}\left(\frac{\partial w}{\partial z}\right) \end{bmatrix} \tag{3.7.4}$$

## 习　　题

3.1　已知下列位移，试求指定点的应变状态。

(1) $u = (3x^2 + 20) \times 10^{-2}$，$v = (4xy) \times 10^{-2}$，在（0，3）点处的应变；

(2) $u = (6x^2 + 15) \times 10^{-2}$，$v = (8zy) \times 10^{-2}$，$w = (3z^2 - 2xy) \times 10^{-2}$ 在（2，6，8）点处的应变。

3.2　已知应变张量

$$\varepsilon_{ij} = \begin{bmatrix} -0.006 & -0.002 & 0 \\ -0.002 & -0.004 & 0 \\ 0 & 0 & 0 \end{bmatrix}$$

试求：

（1）主应变；

（2）应变主方向；

（3）应变不变量。

3.3 试说明下列应变状态是否可能

（1）$\varepsilon_{ij} = \begin{bmatrix} C(x^2+y^2) & Cxy & 0 \\ Cxy & Cy^2 & 0 \\ 0 & 0 & 0 \end{bmatrix}$；

（2）$\varepsilon_{ij} = \begin{bmatrix} C(x^2+y^2)z & Cxyz & 0 \\ Cxyz & Cy^2z & 0 \\ 0 & 0 & 0 \end{bmatrix}$。

3.4 在平面问题中，$\varepsilon_z = \gamma_{zx} = \gamma_{zy} = 0$ 情况下：

（1）试写出应变张量的不变量及主应变的表达式；

（2）如果已知 $0°$、$45°$、$90°$ 方向上的正应变，试求主应变的大小及方向。

3.5 已知某物体的应变分量为

$$\varepsilon_x = \varepsilon_y = -\nu\frac{pz}{E}, \varepsilon_z = \frac{pz}{E}, \gamma_{yz} = \gamma_{xz} = \gamma_{xy} = 0$$

式中：$E$、$\nu$ 分别表示弹性模量和泊松比；$p$ 表示物体的密度。试求：

（1）位移分量 $u$、$v$、$w$（任意常数不需定出）；

（2）等效应变$\bar{\varepsilon}$。

# 第 4 章 弹 性 本 构 关 系

第 2、第 3 章分别从静力学和几何学的观点出发，得到了平衡方程和几何方程。平衡方程代表了力（应力）的平衡，几何方程则是位移与应变之间的关系，由这两类方程还不能由已知的物体受力情况获得物体变形，因此，本章将考虑物体在受力与变形之间的内在联系，即应力和应变之间的关系，这种关系又可以称为物理方程或本构关系。本章将介绍物体在弹性变形阶段的本构关系。

## 4.1 广义胡克定律

### 4.1.1 广义胡克定律的一般形式

在单向应力状态下，理想弹性材料的应力与应变成正比，这就是材料力学中提出的胡克定律，其所适用的材料称为线弹性材料。在三维应力状态下，根据第 2、第 3 章的推导，一点的应力状态可以由应力张量（$\sigma_{ij}$）和应变张量（$\varepsilon_{ij}$）来描述，对于线弹性材料而言，应力和应变之间的线性——对应关系仍然存在，因此应力可由应变表示为

$$\left.\begin{aligned}
\sigma_x &= C_{11}\varepsilon_x + C_{12}\varepsilon_y + C_{13}\varepsilon_z + C_{14}\gamma_{xy} + C_{15}\gamma_{yz} + C_{16}\gamma_{zx} \\
\sigma_y &= C_{21}\varepsilon_x + C_{22}\varepsilon_y + C_{23}\varepsilon_z + C_{24}\gamma_{xy} + C_{25}\gamma_{yz} + C_{26}\gamma_{zx} \\
\sigma_z &= C_{31}\varepsilon_x + C_{32}\varepsilon_y + C_{33}\varepsilon_z + C_{34}\gamma_{xy} + C_{35}\gamma_{yz} + C_{36}\gamma_{zx} \\
\tau_{xy} &= C_{41}\varepsilon_x + C_{42}\varepsilon_y + C_{43}\varepsilon_z + C_{44}\gamma_{xy} + C_{45}\gamma_{yz} + C_{46}\gamma_{zx} \\
\tau_{yz} &= C_{51}\varepsilon_x + C_{52}\varepsilon_y + C_{53}\varepsilon_z + C_{54}\gamma_{xy} + C_{55}\gamma_{yz} + C_{56}\gamma_{zx} \\
\tau_{zx} &= C_{61}\varepsilon_x + C_{62}\varepsilon_y + C_{63}\varepsilon_z + C_{64}\gamma_{xy} + C_{65}\gamma_{yz} + C_{66}\gamma_{zx}
\end{aligned}\right\} \tag{4.1.1}$$

上式可以理解为单向应力状态下胡克定律在三维应力状态下的推广，因此称为广义胡克定律。式中的 $C_{ij}$（$i$，$j=1$，$2$，…，$6$）称为弹性常数，一共有 36 个，如果物体是由均匀材料组成的，那么 $C_{ij}$ 是与坐标无关的材料常数。可以证明，即使对于极端各向异性弹性体，由于应变能的存在，也只有 21 个独立的弹性常数。

事实上，当弹性体在外力作用下发生变形时，它的内力所做的功，将以弹性势能的形式储存于该弹性体内，这种弹性势能称为应变能。用 $U_0(\varepsilon_{ij})$ 表示单位体积的应变能（简称应变能密度函数），它是应变分量的函数，且有

$$\frac{\partial U_0}{\partial \varepsilon_{ij}} = \sigma_{ij} \tag{4.1.2}$$

将 $\dfrac{\partial U_0}{\partial \varepsilon_y} = \sigma_y$ 与式（4.1.1）的第 2 式联立，得

$$\frac{\partial U_0}{\partial \varepsilon_y} = C_{21}\varepsilon_x + C_{22}\varepsilon_y + C_{23}\varepsilon_z + C_{24}\gamma_{xy} + C_{25}\gamma_{yz} + C_{26}\gamma_{zx}$$

上式等号两边对应变分量 $\gamma_{yz}$ 求偏导数，得

$$\frac{\partial^2 U_0}{\partial \varepsilon_y \partial \gamma_{yz}} = C_{25} \tag{a}$$

再将式 $\frac{\partial U_0}{\partial \gamma_{yz}} = \tau_{yz}$ 与式（4.1.1）的第 5 式联立，有

$$\frac{\partial U_0}{\partial \gamma_{yz}} = C_{51}\varepsilon_x + C_{52}\varepsilon_y + C_{53}\varepsilon_z + C_{54}\gamma_{xy} + C_{55}\gamma_{yz} + C_{56}\gamma_{xz}$$

上式等号两边对 $\varepsilon_y$ 求偏导数，得

$$\frac{\partial^2 U_0}{\partial \gamma_{yz} \partial \varepsilon_y} = C_{52} \tag{b}$$

比较式（a）和式（b），由于等号左边相等，所以有

$$C_{25} = C_{52}$$

若重复同样的做法，可证明式（4.1.1）中的弹性常数具有对称性，即

$$C_{ij} = C_{ji}, i, j = 1, 2, \cdots, 6$$

这样就证明了极端各向异性弹性体具有 21 个独立的弹性常数的结论。

张量分析表明，弹性常数 $C_{ij}$ 是一个四阶张量，因此式（4.1.1）可简写为

$$\sigma_{ij} = C_{ijkl}\varepsilon_{kl} \tag{4.1.3}$$

**4.1.2　具有一个弹性对称面的弹性体**

如果物体内的每一点都存在这样一个平面，和该面对称的两个方向具有相同的弹性，

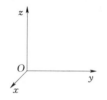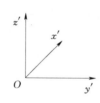

则该平面称为物体的弹性对称面，而垂直于弹性对称面的方向，称为物体的弹性主方向。我们设 $Oyz$ 平面为弹性对称面，即 $x$ 轴为弹性主方向，于是，作如图 4.1.1 所示的坐标变换后，应力和应变关系应保持不变。新坐标系的 $x'$、$y'$、$z'$ 轴在老坐标系中的方向矢量见表 4.1.1。

图 4.1.1　新旧坐标系（1）

表 4.1.1　　　　　　　　　　新旧坐标系之间的关系（1）

| 坐标 | $x$ | $y$ | $z$ |
| --- | --- | --- | --- |
| $x'$ | $l_{1'1} = -1$ | $l_{1'2} = 0$ | $l_{1'3} = 0$ |
| $y'$ | $l_{2'1} = 0$ | $l_{2'2} = 1$ | $l_{2'3} = 0$ |
| $z'$ | $l_{3'1} = 0$ | $l_{3'2} = 0$ | $l_{3'3} = 1$ |

由式（2.2.11）和式（3.2.3），得到下列新坐标系下的应力分量和应变分量：

$$\left.\begin{array}{l} \sigma_{x'} = \sigma_x, \sigma_{y'} = \sigma_y, \sigma_{z'} = \sigma_z \\ \tau_{y'z'} = \tau_{yz}, \tau_{x'z'} = -\tau_{xz}, \tau_{x'y'} = -\tau_{xy} \end{array}\right\} \tag{a}$$

$$\left.\begin{array}{l} \varepsilon_{x'} = \varepsilon_x, \varepsilon_{y'} = \varepsilon_y, \varepsilon_{z'} = \varepsilon_z \\ \gamma_{y'z'} = \gamma_{yz}, \gamma_{x'z'} = -\gamma_{xz}, \gamma_{x'y'} = -\gamma_{xy} \end{array}\right\} \tag{b}$$

将它们代入式（4.1.1），得

$$\left.\begin{array}{l}\sigma_{x'}=C_{11}\varepsilon_{x'}+C_{12}\varepsilon_{y'}+C_{13}\varepsilon_{z'}-C_{14}\gamma_{x'y'}+C_{15}\gamma_{y'z'}-C_{16}\gamma_{z'x'}\\[4pt]\sigma_{y'}=C_{21}\varepsilon_{x'}+C_{22}\varepsilon_{y'}+C_{23}\varepsilon_{z'}-C_{24}\gamma_{x'y'}+C_{25}\gamma_{y'z'}-C_{26}\gamma_{z'x'}\\[4pt]\sigma_{z'}=C_{31}\varepsilon_{x'}+C_{32}\varepsilon_{y'}+C_{33}\varepsilon_{z'}-C_{34}\gamma_{x'y'}+C_{35}\gamma_{y'z'}-C_{36}\gamma_{z'x'}\\[4pt]-\tau_{x'y'}=C_{41}\varepsilon_{x'}+C_{42}\varepsilon_{y'}+C_{43}\varepsilon_{z'}-C_{44}\gamma_{x'y'}+C_{45}\gamma_{y'z'}-C_{46}\gamma_{z'x'}\\[4pt]\tau_{y'z'}=C_{51}\varepsilon_{x'}+C_{52}\varepsilon_{y'}+C_{53}\varepsilon_{z'}-C_{54}\gamma_{x'y'}+C_{55}\gamma_{y'z'}-C_{56}\gamma_{z'x'}\\[4pt]-\tau_{z'x'}=C_{61}\varepsilon_{x'}+C_{62}\varepsilon_{y'}+C_{63}\varepsilon_{z'}-C_{64}\gamma_{x'y'}+C_{65}\gamma_{y'z'}-C_{66}\gamma_{z'x'}\end{array}\right\}\tag{c}$$

将式（c）与式（4.1.1）进行比较，要使变换后的应力与应变关系不变，则必须有

$$C_{14}=C_{16}=C_{24}=C_{26}=C_{34}=C_{36}=C_{45}=C_{56}=0\tag{d}$$

这样，弹性常数从 21 个减少到 13 个。式（4.1.1）简化为

$$\left.\begin{array}{l}\sigma_x=C_{11}\varepsilon_x+C_{12}\varepsilon_y+C_{13}\varepsilon_z+C_{15}\gamma_{yz}\\[4pt]\sigma_y=C_{21}\varepsilon_x+C_{22}\varepsilon_y+C_{23}\varepsilon_z+C_{25}\gamma_{yz}\\[4pt]\sigma_z=C_{31}\varepsilon_x+C_{32}\varepsilon_y+C_{33}\varepsilon_z+C_{35}\gamma_{yz}\\[4pt]\tau_{xy}=C_{44}\gamma_{xy}+C_{46}\gamma_{zx}\\[4pt]\tau_{yz}=C_{51}\varepsilon_x+C_{52}\varepsilon_y+C_{53}\varepsilon_z+C_{55}\gamma_{yz}\\[4pt]\tau_{zx}=C_{64}\gamma_{xy}+C_{66}\gamma_{zx}\end{array}\right\}\tag{4.1.4}$$

### 4.1.3 正交各向异性弹性体

我们假定 $Oxz$ 平面也为弹性对称面，即 $y$ 轴为弹性主方向，于是，作如图 4.1.2 所示的坐标变换后，应力与应变关系应保持不变。

按照得式（a）和式（b）同样的理由，可得

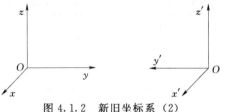

图 4.1.2 新旧坐标系 (2)

$$\left.\begin{array}{l}\sigma_{x'}=\sigma_x,\sigma_{y'}=\sigma_y,\sigma_{z'}=\sigma_z\\[4pt]\tau_{y'z'}=-\tau_{yz},\tau_{z'x'}=\tau_{zx},\tau_{x'y'}=-\tau_{xy}\end{array}\right\}\tag{e}$$

$$\left.\begin{array}{l}\varepsilon_{x'}=\varepsilon_x,\varepsilon_{y'}=\varepsilon_y,\varepsilon_{z'}=\varepsilon_z\\[4pt]\gamma_{y'z'}=-\gamma_{yz},\gamma_{z'x'}=\gamma_{zx},\gamma_{x'y'}=-\gamma_{xy}\end{array}\right\}\tag{f}$$

将式（e）和式（f）代入式（4.1.4），与上面一样，要使经过这样的变换后应力与应变关系不变，则必须有

$$C_{15}=C_{25}=C_{35}=C_{46}=0\tag{g}$$

于是，式（4.1.4）简化为

$$\left.\begin{array}{l}\sigma_x=C_{11}\varepsilon_x+C_{12}\varepsilon_y+C_{13}\varepsilon_z\\[4pt]\sigma_y=C_{21}\varepsilon_x+C_{22}\varepsilon_y+C_{23}\varepsilon_z\\[4pt]\sigma_z=C_{31}\varepsilon_x+C_{32}\varepsilon_y+C_{33}\varepsilon_z\\[4pt]\tau_{xy}=C_{44}\gamma_{xy}\\[4pt]\tau_{yz}=C_{55}\gamma_{yz}\\[4pt]\tau_{zx}=C_{66}\gamma_{zx}\end{array}\right\}\tag{4.1.5}$$

如果再设 $Oxy$ 平面为弹性对称面，而 $z$ 轴为弹性主方向，则经过与上面相同的推演，

发现不会得到新的结果。这表明，如果互相垂直的 3 个平面中有 2 个是弹性对称面，则第 3 个平面必然也是弹性对称面。到此，弹性常数只有 9 个。这种弹性体，称为正交各向异性弹性体。式（4.1.5）表明，当坐标轴方向与弹性主方向一致时，正应力只与正应变有关，切应力只与对应的切应变有关，因此，拉压与剪切之间，以及不同平面内的切应力与切应变之间，不存在耦合作用。各种增强纤维复合材料和木材等属于这种弹性体。

### 4.1.4 横观各向同性弹性体

在正交各向异性的基础上，如果物体内每一点都有一个弹性对称轴，也就是说，每一点都有一个各向同性平面，在这个平面内，沿各个方向具有相同的弹性。这种弹性体，称为横观各向同性弹性体。

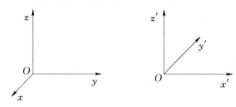

图 4.1.3 新旧坐标系（3）

我们不妨假设 $Oxy$ 平面为各向同性平面，即 $z$ 轴为弹性对称轴。从式（4.1.5）出发，先让坐标系绕 $z$ 轴旋转 $90°$，如图 4.1.3 所示。新坐标系的 $x'$、$y'$、$z'$ 轴在老坐标系中的方向矢量见表 4.1.2。

**表 4.1.2** 　　　　　　　　　　新旧坐标系之间的关系（2）

| 坐标 | $x$ | $y$ | $z$ |
|---|---|---|---|
| $x'$ | $l_{1'1}=0$ | $l_{1'2}=1$ | $l_{1'3}=0$ |
| $y'$ | $l_{2'1}=-1$ | $l_{2'2}=0$ | $l_{2'3}=0$ |
| $z'$ | $l_{3'1}=0$ | $l_{3'2}=0$ | $l_{3'3}=1$ |

由式（2.2.11）和式（3.2.3）得

$$\left.\begin{array}{l}\sigma_{x'}=\sigma_y,\sigma_{y'}=\sigma_x,\sigma_{z'}=\sigma_z \\ \tau_{y'z'}=-\tau_{xz},\tau_{x'z'}=\tau_{yz},\tau_{x'y'}=-\tau_{xy}\end{array}\right\} \tag{h}$$

$$\left.\begin{array}{l}\varepsilon_{x'}=\varepsilon_y,\varepsilon_{y'}=\varepsilon_x,\varepsilon_{z'}=\varepsilon_z \\ \gamma_{y'z'}=-\gamma_{xz},\gamma_{x'z'}=\gamma_{yz},\gamma_{x'y'}=-\gamma_{xy}\end{array}\right\} \tag{i}$$

将式（h）和式（i）代入式（4.1.5），得

$$\left.\begin{array}{l}\sigma_{y'}=C_{11}\varepsilon_{y'}+C_{12}\varepsilon_{x'}+C_{13}\varepsilon_{z'} \\ \sigma_{x'}=C_{12}\varepsilon_{y'}+C_{22}\varepsilon_{x'}+C_{23}\varepsilon_{z'} \\ \sigma_{z'}=C_{13}\varepsilon_{y'}+C_{23}\varepsilon_{x'}+C_{33}\varepsilon_{z'} \\ -\tau_{x'y'}=-C_{44}\gamma_{x'y'} \\ \tau_{z'x'}=C_{55}\gamma_{z'x'} \\ -\tau_{y'z'}=-C_{66}\gamma_{y'z'}\end{array}\right\} \tag{j}$$

比较式（j）和式（4.1.5）可以发现，要使经过这一变换后应力与应变关系不变，必须有

$$C_{11}=C_{22},C_{13}=C_{23},C_{55}=C_{66} \tag{k}$$

可见，弹性常数现在减少到 6 个，而式（4.1.5）简化为

$$
\left.
\begin{aligned}
\sigma_x &= C_{11}\varepsilon_x + C_{12}\varepsilon_y + C_{13}\varepsilon_z \\
\sigma_y &= C_{12}\varepsilon_x + C_{11}\varepsilon_y + C_{13}\varepsilon_z \\
\sigma_z &= C_{13}\varepsilon_x + C_{13}\varepsilon_y + C_{33}\varepsilon_z \\
\tau_{xy} &= C_{44}\gamma_{xy} \\
\tau_{yz} &= C_{55}\gamma_{yz} \\
\tau_{zx} &= C_{55}\gamma_{zx}
\end{aligned}
\right\}
\tag{1}
$$

现在，再将坐标系绕 $z$ 轴旋转一任意角 $\varphi$，如图 4.1.4 所示。新坐标系的 $x'$、$y'$、$z'$ 轴在老坐标系中的方向矢量见表 4.1.3。

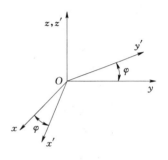

图 4.1.4  新旧坐标系（4）

表 4.1.3　　　新旧坐标系之间的关系（3）

| 坐标 | $x$ | $y$ | $z$ |
|---|---|---|---|
| $x'$ | $l_{1'1}=\cos\varphi$ | $l_{1'2}=\sin\varphi$ | $l_{1'3}=0$ |
| $y'$ | $l_{2'1}=-\sin\varphi$ | $l_{2'2}=\cos\varphi$ | $l_{2'3}=0$ |
| $z'$ | $l_{3'1}=0$ | $l_{3'2}=0$ | $l_{3'3}=1$ |

由式（2.2.11）和式（3.2.3）得

$$
\left.
\begin{aligned}
\tau_{x'y'} &= \frac{1}{2}(\sigma_y - \sigma_x)\sin 2\varphi + \tau_{xy}\cos 2\varphi \\
\gamma_{x'y'} &= (\varepsilon_y - \varepsilon_x)\sin 2\varphi + \gamma_{xy}\cos 2\varphi
\end{aligned}
\right\}
\tag{m}
$$

经过上述变换后，式（1）的第 4 个关系仍应成立，即

$$
\tau_{x'y'} = C_{44}\gamma_{x'y'}
\tag{n}
$$

将式（m）代入，有

$$
\frac{1}{2}(\sigma_y - \sigma_x)\sin 2\varphi + \tau_{xy}\cos 2\varphi = C_{44}\left[(\varepsilon_y - \varepsilon_x)\sin 2\varphi + \gamma_{xy}\cos 2\varphi\right]
\tag{o}
$$

利用式（1）的第 4 式，即

$$
\tau_{xy} = C_{44}\gamma_{xy}
\tag{p}
$$

则上式简化为

$$
\sigma_y - \sigma_x = 2C_{44}(\varepsilon_y - \varepsilon_x)
\tag{q}
$$

将式（1）的第 2 式减去其第 1 式，得

$$
\sigma_y - \sigma_x = (C_{11} - C_{12})(\varepsilon_y - \varepsilon_x)
\tag{r}
$$

比较式（q）和式（r），可得

$$
2C_{44} = (C_{11} - C_{12})
\tag{s}
$$

可见横观各向同性弹性体有 5 个独立的弹性常数。将式（s）代入式（1），得到应力与应变的关系如下：

$$\left.\begin{aligned}
\sigma_x &= C_{11}\varepsilon_x + C_{12}\varepsilon_y + C_{13}\varepsilon_z \\
\sigma_y &= C_{12}\varepsilon_x + C_{11}\varepsilon_y + C_{13}\varepsilon_z \\
\sigma_z &= C_{13}\varepsilon_x + C_{13}\varepsilon_y + C_{33}\varepsilon_z \\
\tau_{xy} &= \frac{1}{2}(C_{11} - C_{12})\gamma_{xy} \\
\tau_{yz} &= C_{55}\gamma_{yz} \\
\tau_{zx} &= C_{55}\gamma_{zx}
\end{aligned}\right\} \tag{4.1.6}$$

层状结构的地壳，可认为是横观各向同性的。

### 4.1.5　各向同性弹性体

所谓各向同性弹性体，从物理意义上说，就是沿物体各个方向看，弹性性质是完全相同的。这一物理意义上完全对称的特性，反映在数学上，就是应力与应变的关系在所有方位不同的坐标系中都一样。下面，我们要从式（4.1.6）出发，经过进一步的简化，建立各向同性弹性体的应力与应变的关系。

从以上的推导可知，式（4.1.6）反映的是这样一个弹性体，$Oxy$ 平面既是它的各向同性面，又是它的弹性对称面，这样，既保证了沿 $Oxy$ 平面内任一方向具有相同的弹性，又保证了沿 $z$ 轴的正负两个方向也具有相同的弹性。但须注意，$Oxy$ 平面内的弹性性质和 $z$ 轴方向的弹性性质对非各向同性体是不同的；对各向同性体来说，它们应该相同。为此，我们以式（4.1.6）为基础，再作如图 4.1.5 所示的坐标变换；如果在这样的变换下应力应变关系保持不变，则就可保证是各向同性了。

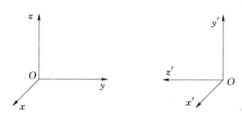

图 4.1.5　新旧坐标系（5）

相应于图 4.1.5 的坐标变换，应力分量和应变分量的变换关系如下：

$$\left.\begin{aligned}
\sigma_{x'} &= \sigma_x, \sigma_{y'} = \sigma_z, \sigma_{z'} = \sigma_y \\
\tau_{y'z'} &= -\tau_{yz}, \tau_{x'z'} = -\tau_{xy}, \tau_{x'y'} = \tau_{zx}
\end{aligned}\right\} \tag{t}$$

$$\left.\begin{aligned}
\varepsilon_{x'} &= \varepsilon_x, \varepsilon_{y'} = \varepsilon_z, \varepsilon_{z'} = \varepsilon_y \\
\gamma_{y'z'} &= -\gamma_{yz}, \gamma_{x'z'} = -\gamma_{xy}, \gamma_{x'y'} = \gamma_{zx}
\end{aligned}\right\} \tag{u}$$

将式（t）和式（u）代入式（4.1.6），有

$$\left.\begin{aligned}
\sigma_{x'} &= C_{11}\varepsilon_{x'} + C_{12}\varepsilon_{z'} + C_{13}\varepsilon_{y'} \\
\sigma_{z'} &= C_{12}\varepsilon_{x'} + C_{11}\varepsilon_{z'} + C_{13}\varepsilon_{y'} \\
\sigma_{y'} &= C_{13}\varepsilon_{x'} + C_{13}\varepsilon_{z'} + C_{33}\varepsilon_{y'} \\
-\tau_{x'z'} &= -\frac{1}{2}(C_{11} - C_{12})\gamma_{x'z'} \\
-\tau_{y'z'} &= -C_{55}\gamma_{y'z'} \\
\tau_{x'y'} &= C_{55}\gamma_{x'y'}
\end{aligned}\right\} \tag{v}$$

将式（v）与式（4.1.6）进行比较，要求经上述变换后应力应变关系不变，则得

$$C_{12} = C_{13}, C_{11} = C_{33}, C_{55} = \frac{1}{2}(C_{11} - C_{12}) \tag{w}$$

因此，对于各向同性的弹性体，只有 2 个独立的弹性常数。

将式（w）代入式（4.1.6），稍加整理，有

$$
\left.
\begin{aligned}
\sigma_x &= C_{12}\theta + (C_{11}-C_{12})\varepsilon_x \\
\sigma_y &= C_{12}\theta + (C_{11}-C_{12})\varepsilon_y \\
\sigma_z &= C_{12}\theta + (C_{11}-C_{12})\varepsilon_z \\
\tau_{xy} &= (C_{11}-C_{12})\gamma_{xy}/2 \\
\tau_{yz} &= (C_{11}-C_{12})\gamma_{yz}/2 \\
\tau_{zx} &= (C_{11}-C_{12})\gamma_{zx}/2
\end{aligned}
\right\}
\tag{x}
$$

这里

$$\theta = \varepsilon_x + \varepsilon_y + \varepsilon_z \tag{y}$$

为使表达式简洁起见，令

$$C_{12}=\lambda,\ (C_{11}-C_{12})=2\mu \tag{z}$$

则式（x）可改写为

$$
\left.
\begin{aligned}
\sigma_x &= \lambda\theta + 2\mu\varepsilon_x \\
\sigma_y &= \lambda\theta + 2\mu\varepsilon_y \\
\sigma_z &= \lambda\theta + 2\mu\varepsilon_z \\
\tau_{yz} &= \mu\gamma_{yz} \\
\tau_{zx} &= \mu\gamma_{zx} \\
\tau_{xy} &= \mu\gamma_{xy}
\end{aligned}
\right\}
\tag{4.1.7}
$$

或

$$\sigma_{ij} = \lambda\varepsilon_{kk}\delta_{ij} + 2\mu\varepsilon_{ij} \tag{4.1.8}$$

式（4.1.7）或式（4.1.8）是各向同性弹性体的广义胡克定律，$\lambda$、$\mu$ 称为拉梅（G. Lame）常数。

从式（4.1.7）容易看出，在各向同性体内的各点，应力主方向和应变主方向是一致的。事实上，如果将坐标轴取得与物体内某点的应变主方向重合，此时，所有的切应变分量为 0。但由式（4.1.7）的后 3 式可知，此时切应力分量也必须为 0，因此，这 3 个坐标轴的方向又是应力主方向，也即两者是一致的。

### 4.1.6 弹性常数的测定

广义胡克定律中的弹性常数需要由实验测定，以各向同性材料为例，其弹性常数可以由简单拉伸实验和纯剪切实验确定。

首先，在简单拉伸的情况下，如果将试件拉伸方向作为 $x$ 轴方向，则

$$\sigma_y = \sigma_z = \tau_{yz} = \tau_{zx} = \tau_{xy} = 0 \tag{a}$$

将它们代入式（4.1.7），可以求得

$$
\left.
\begin{aligned}
\varepsilon_x &= \frac{\lambda+\mu}{\mu(3\lambda+2\mu)}\sigma_x \\
\varepsilon_y &= \varepsilon_z = -\frac{\lambda}{2\mu(3\lambda+2\mu)}\sigma_x \\
\gamma_{yz} &= \gamma_{zx} = \gamma_{xy} = 0
\end{aligned}
\right\}
\tag{b}
$$

另一方面，根据简单拉伸试验的结果，有如下的关系：

$$
\left.
\begin{aligned}
\varepsilon_x &= \frac{\sigma_x}{E} \\
\varepsilon_y &= \varepsilon_z = -\frac{\nu}{E}\sigma_x \\
\gamma_{yz} &= \gamma_{zx} = \gamma_{xy} = 0
\end{aligned}
\right\}
$$ (c)

这里的 $E$ 是杨氏弹性模量，$\nu$ 是泊松比。比较上面的式（b）和式（c），有

$$ E = \frac{\mu(3\lambda+2\mu)}{\lambda+\mu}, \nu = \frac{\lambda}{2(\lambda+\mu)} $$ (4.1.9)

或

$$ \lambda = \frac{E\nu}{(1+\nu)(1-2\nu)}, \mu = \frac{E}{2(1+\nu)} $$ (4.1.10)

根据试验有

$$ E > 0, 0 < \nu < \frac{1}{2} $$ (4.1.11)

所以

$$ \lambda > 0, \mu > 0 $$ (4.1.12)

再考虑纯剪切情况，假定切应力作用在 $Oxy$ 平面内，于是有

$$ \sigma_x = \sigma_y = \sigma_z = \tau_{yz} = \tau_{zx} = 0 $$ (d)

代入式（4.1.7），求得

$$
\left.
\begin{aligned}
\varepsilon_x &= \varepsilon_y = \varepsilon_z = \gamma_{yz} = \gamma_{zx} = 0 \\
\gamma_{xy} &= \frac{\tau_{xy}}{\mu}
\end{aligned}
\right\}
$$ (e)

另一方面，由纯剪切试验得

$$
\left.
\begin{aligned}
\varepsilon_x &= \varepsilon_y = \varepsilon_z = \gamma_{yz} = \gamma_{zx} = 0 \\
\gamma_{xy} &= \frac{\tau_{xy}}{G}
\end{aligned}
\right\}
$$ (f)

$G$ 为切变模量，比较式（e）和式（f），并参考式（4.1.10），得

$$ \mu = G = \frac{E}{2(1+\nu)} $$ (4.1.13)

因此 $E$、$\nu$、$G$ 3 个参数中独立的只有两个。

将式（4.1.10）和式（4.1.13）代入式（4.1.7），经过推导，各向同性体的广义胡克定律式（4.1.7）又可写成以往在材料力学中出现的形式，即

$$
\left.
\begin{aligned}
\varepsilon_x &= \frac{1}{E}[\sigma_x - \nu(\sigma_y + \sigma_z)], \gamma_{yz} = \frac{\tau_{yz}}{G} \\
\varepsilon_y &= \frac{1}{E}[\sigma_y - \nu(\sigma_x + \sigma_z)], \gamma_{zx} = \frac{\tau_{zx}}{G} \\
\varepsilon_z &= \frac{1}{E}[\sigma_z - \nu(\sigma_x + \sigma_y)], \gamma_{xy} = \frac{\tau_{xy}}{G}
\end{aligned}
\right\}
$$ (4.1.14)

上式可用张量形式表示为

$$\varepsilon_{ij} = \frac{1}{E} \left[ (1+\nu)\sigma_{ij} - \nu\sigma_{kk}\delta_{ij} \right] \text{ 或 } \varepsilon_{ij} = \frac{\sigma_{ij}}{2G} - \frac{3\nu}{E}\delta_{ij}\sigma_m \tag{4.1.15}$$

反之也可以用应变来表示应力，表达式为

$$\sigma_{ij} = \frac{E}{1+\nu}\varepsilon_{ij} + \frac{\nu E \delta_{ij}\varepsilon_{kk}}{(1+\nu)(1-2\nu)} \tag{4.1.16}$$

上式也可以表示为式（4.1.3）的形式，即

$$\sigma_{ij} = C_{ij}\varepsilon_{kl}$$

其中

$$C_{ijkl} = 2G\left( \delta_{ik}\delta_{jl} + \frac{\nu}{1-2\nu}\delta_{ij}\delta_{kl} \right) \tag{4.1.17}$$

## 4.2　广义胡克定律的推论

本节针对各向同性材料的广义胡克定律，推导弹性与塑性力学中的一些重要推论。

### 4.2.1　广义胡克定律的偏量表达式

应力偏量和应变偏量代表了单元体的形状改变，往往与物体的塑性变形有关，因此有必要将广义胡克定律用偏量来表示，根据广义胡克定律的全量表达式（4.1.16），得

$$\sigma_{ii} = \frac{E}{1+\nu}\varepsilon_{ii} + \frac{3\nu E\varepsilon_{ii}}{(1+\nu)(1-2\nu)} = \frac{E}{(1-2\nu)}\varepsilon_{ii} \tag{4.2.1}$$

考虑到平均应力和平均应变的定义：

$$\sigma_m = \frac{\sigma_{ii}}{3}, \varepsilon_m = \frac{\varepsilon_{ii}}{3} \tag{4.2.2}$$

得到应变球张量的广义胡克定律：

$$\sigma_m = 3K\varepsilon_m \tag{4.2.3}$$

其中

$$K = \frac{E}{3(1-2\nu)} \tag{4.2.4}$$

称为体积模量。根据体积应变的定义式（3.4.3）：

$$\theta = \varepsilon_{ii} = 3\varepsilon_m \tag{4.2.5}$$

得

$$K = \frac{\sigma_m}{\theta} \tag{4.2.6}$$

所以体积模量是平均正应力和体积应变的比值。

将应力张量表示为球张量和偏张量之和，并将式（4.2.3）代入广义胡克定律表达式（4.1.16），得到

$$s_{ij} + \sigma_m\delta_{ij} = s_{ij} + 3K\varepsilon_m\delta_{ij} = \frac{E}{1+\nu}\varepsilon_{ij} + \frac{\nu E\delta_{ij}\varepsilon_{kk}}{(1+\nu)(1-2\nu)} \tag{4.2.7}$$

上式经过化简可得

$$s_{ij} = \frac{E}{1+\nu}(\varepsilon_{ij} - \varepsilon_m\delta_{ij}) \tag{4.2.8}$$

考虑到应变偏量的定义式（3.3.13）、剪切弹性模量与拉压弹性模量之间的关系式（4.1.13），上式可以进一步化简为

$$s_{ij} = 2Ge_{ij} \qquad (4.2.9)$$

式（4.2.9）即为广义胡克定律的偏量表达式。

由于存在偏量关系式 $s_{ii} = 0$，式（4.2.9）的 6 个等式中只有 5 个是独立的，因此需要补充应变球张量的广义胡克定律式（4.2.3），才能得到完整的广义胡克定律的偏量表达式。

### 4.2.2  应力应变关系的等效应力-等效应变表示

由广义胡克定律的偏量表达式（4.2.9）得

$$s_{ij}s_{ij} = 4G^2 e_{ij}e_{ij} \qquad (4.2.10)$$

根据应力偏量的第二不变量 $J_2$ 的定义式（2.6.10）和应变偏量的第二不变量 $J_2'$ 的定义式（3.3.18），得

$$J_2 = 4G^2 J_2' \qquad (4.2.11)$$

再根据 2.7 节等效应力 $\bar{\sigma}$ 的定义式（2.7.1），以及 3.6 节等效应变 $\bar{\varepsilon}$ 的定义式（3.6.1），代入上式，得

$$\bar{\sigma} = 3G\bar{\varepsilon} \qquad (4.2.12)$$

由此得到用等效应力和等效应变表示的剪切弹性模量：

$$G = \frac{\bar{\sigma}}{3\bar{\varepsilon}} \qquad (4.2.13)$$

将上式代入式（4.2.9），得

$$s_{ij} = \frac{2}{3}\frac{\bar{\sigma}}{\bar{\varepsilon}}e_{ij} \qquad (4.2.14)$$

式（4.2.14）即为应力应变关系的等效应力-等效应变表达式。需要指出，式（4.2.14）将应力应变关系的关系式（4.2.9）推广到了非线性的情形，因此可以在塑性阶段的力学分析中得到应用。

## 4.3  线弹性应变能密度函数

对于线弹性体，它的应力和应变呈线性关系，如式（4.1.15）所示，根据功能定理，可以得到单位体积内的应变能，即应变能密度，等于外力所引起的单元体内应力所做的功，由此可以推导得到应变能密度的表达式：

$$U_0 = \frac{1}{2}(\sigma_x \varepsilon_x + \sigma_y \varepsilon_y + \sigma_z \varepsilon_z + \tau_{xy}\gamma_{xy} + \tau_{yz}\gamma_{yz} + \tau_{zx}\gamma_{zx}) \qquad (4.3.1)$$

即

$$U_0 = \frac{1}{2}\sigma_{ij}\varepsilon_{ij}$$

且有

$$\frac{\partial U_0}{\partial \varepsilon_{ij}} = \sigma_{ij} \qquad (4.3.2)$$

对于各向同性线弹性体，将相应的广义胡克定律表达式（4.1.15）或式（4.1.16），代入应变能密度函数的一般表达式（4.3.1），得

$$U_0 = \frac{1}{2}\sigma_{ij}\left(\frac{1+\nu}{E}\sigma_{ij} - \frac{\nu}{E}\delta_{ij}\sigma_{kk}\right) \tag{4.3.3}$$

或者

$$U_0 = \frac{1}{2}\varepsilon_{ij}\left[\frac{E}{1+\nu}\varepsilon_{ij} + \frac{\nu E\delta_{ij}\varepsilon_{kk}}{(1+\nu)(1-2\nu)}\right] \tag{4.3.4}$$

由上述两式也可以证明：

$$\frac{\partial U_0(\sigma_{ij})}{\partial \sigma_{ij}} = \varepsilon_{ij}, \frac{\partial U_0(\varepsilon_{ij})}{\partial \varepsilon_{ij}} = \sigma_{ij} \tag{4.3.5}$$

应变能密度函数又称为弹性势。应变能密度可以分解为体积改变应变能密度和形状改变应变能密度，对于线弹性体，体积改变应变能（体变能）密度为

$$U_{0V} = \frac{3\varepsilon_m\sigma_m}{2} \tag{4.3.6}$$

式中：$\varepsilon_m$ 为平均正应变；$\sigma_m$ 为平均正应力。

根据体积模量 $K$ 的定义式（4.2.6），上式又可以表示为

$$U_{0V} = \frac{(\sigma_m)^2}{2K} \tag{4.3.7}$$

考虑到平均正应力与应力张量的第一不变量之间的关系：

$$I_1 = 3\sigma_m \tag{4.3.8}$$

式（4.3.7）也可表示为

$$U_{0V} = \frac{I_1^2}{18K} \tag{4.3.9}$$

由上式可知，体积改变应变能密度仅仅是应力张量的第一不变量的函数，因此与坐标系的选择无关。

形状改变应变能（畸变能）密度与应力、应变的偏张量有关，为

$$U_{0d} = \frac{1}{2}s_{ij}e_{ij} \tag{4.3.10}$$

根据广义胡克定律的偏量表达式（4.2.9），以及应力偏量的第二不变量的表达式（2.6.10），上式可以表示为

$$U_{0d} = \frac{J_2}{2G} \tag{4.3.11}$$

因此，形状改变应变能密度仅仅是应力偏量的第二不变量的函数，也与坐标系的选择无关。

考虑到等效应力的定义式（2.7.1），以及等效应变的定义式（3.6.1），以及两者之间的关系式，也可以将式（4.3.11）表示为

$$U_{0d} = \frac{1}{2}\bar{\sigma}\bar{\varepsilon} \tag{4.3.12}$$

可以证明，体积改变应变能密度与形状改变应变能密度之和即为单元体总的应变能密度，即

$$U_0 = U_{0V} + U_{0d} = \frac{I_1^2}{18K} + \frac{J_2}{2G} \qquad (4.3.13)$$

因此，应变能密度与坐标系的选择无关。

# 习　题

4.1　橡皮立方块放在同样大小的铁盒内，在上面用铁盖封闭，铁盖上受均布压力 $q$ 作用，如习题 4.1 图所示；设铁盒和铁盖可以作为刚体看待，而且橡皮与铁盒之间无摩擦力。试求铁盒内侧面所受的压力、橡皮块的体应变和橡皮中的最大切应力。

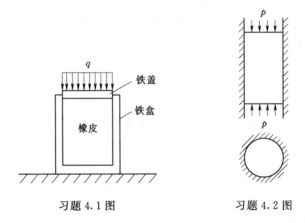

习题 4.1 图　　　　　　习题 4.2 图

4.2　在柱状弹性体的轴向施加均匀压力 $p$，且横向变形完全被限制住，如习题 4.2 图所示。试求应力与应变的比值（称为名义杨氏模量，以 $E_c$ 表示）。

4.3　用电阻应变花测得某点在 0°、45°和 90°方向上的应变值为 $\varepsilon_0 = -130 \times 10^{-6}$、$\varepsilon_{45} = 75 \times 10^{-6}$、$\varepsilon_{90} = 130 \times 10^{-6}$。试求该点的主应变、最大切应变和主应力（$\nu = 0.3$，$E = 2.1 \times 10^5 \text{N/mm}^2$）。

4.4　已知应力与应变之间满足广义胡克定律，证明

$$\varepsilon_x = \frac{\partial \nu_\varepsilon}{\partial \sigma_x}, \varepsilon_y = \frac{\partial \nu_\varepsilon}{\partial \sigma_y}, \varepsilon_z = \frac{\partial \nu_\varepsilon}{\partial \sigma_z}, \gamma_{yz} = \frac{\partial \nu_\varepsilon}{\partial \tau_{yz}}, \gamma_{zx} = \frac{\partial \nu_\varepsilon}{\partial \tau_{zx}}, \gamma_{xy} = \frac{\partial \nu_\varepsilon}{\partial \tau_{xy}}$$

$\nu_\varepsilon$ 为应变能密度。

4.5　试证明下列两个等式成立：

(1) $\sigma_{ij} \mathrm{d}\varepsilon_{ij} = s_{ij} \mathrm{d}e_{ij} + \dfrac{1}{3} \sigma_{kk} \mathrm{d}\varepsilon_{jj}$；

(2) $\dfrac{\partial J_2}{\partial \sigma_{ij}} = \dfrac{\partial J_2}{\partial s_{ij}} = s_{ij}$。

# 第5章 塑性本构关系

第4章的本构关系局限在物体的弹性变形阶段，该阶段所发生的变形在外部作用卸除后可以完全恢复。但是当外部作用超过一定限度（弹性极限）后，物体的变形在外力全部卸除后不能完全恢复，那些残余的永久变形称为塑性变形。本章将介绍塑性变形阶段的本构关系。

## 5.1 屈服条件的概念

### 5.1.1 一般应力状态下的屈服条件

在低碳钢的单向拉伸实验中，当试件横截面上的拉应力超过屈服极限（$\sigma_s$）时，材料将进入应力不变，而应变快速发展的屈服阶段（图1.1.2），此时判断材料屈服的条件为

$$\sigma_1 = \sigma_s \tag{5.1.1}$$

式中：$\sigma_1$ 为试件横截面上的应力，也是单元体的最大拉应力。

在一般的三维应力状态下，屈服条件可以表示为一点的应力状态的函数，即

$$f(\sigma_{ij}) = 0 \tag{5.1.2}$$

式中：$f(\sigma_{ij})$ 为屈服函数。

由于一般应力状态下屈服函数的自变量 $\sigma_{ij}$ 中独立的分量有 6 个，所以式（5.1.2）表示在一个六维应力空间内的超曲面方程。根据前面的论述，球形应力状态往往只引起弹性体积变化，不影响材料的屈服，所以也可以将屈服函数表示为应力偏量的函数：

$$f(s_{ij}) = 0 \tag{5.1.3}$$

如果材料是各向同性的，那么屈服函数与坐标轴的选取无关，此时式（5.1.2）的自变量可以用 3 个主应力代替，即

$$f(\sigma_1, \sigma_2, \sigma_3) = 0 \tag{5.1.4}$$

上式的 $\sigma_1$、$\sigma_2$、$\sigma_3$ 构成的三维空间称为主应力空间，式（5.1.4）表示主应力空间中的一个曲面，即屈服面。

### 5.1.2 屈服面的特性

屈服面是屈服条件的直观表示，为了考察屈服面的特征，过坐标原点作与 3 个坐标轴等倾斜的直线 $On$，如图 5.1.1 所示。

该直线可用参数方程表示为

$$\left.\begin{array}{l}\sigma_1 = \sigma_m \\ \sigma_2 = \sigma_m \\ \sigma_3 = \sigma_m\end{array}\right\} \tag{5.1.5}$$

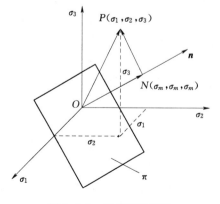

图 5.1.1 屈服面的特性

第 5 章 塑 性 本 构 关 系

直线上任一点都处于静水应力状态，即应力偏量的分量都为 0，因此该直线称为静水应力状态线。

进一步考虑过坐标原点且与静水应力状态线垂直的平面，可以用点法式方程求解得

$$\sigma_1 + \sigma_2 + \sigma_3 = 0 \qquad (5.1.6)$$

该平面称为 $\pi$ 平面。

如图 5.1.1 所示，屈服面上的点 $P(\sigma_1, \sigma_2, \sigma_3)$ 在静水应力状态线上的投影为 $N(\sigma_m, \sigma_m, \sigma_m)$，则矢量 $\overrightarrow{OP}$ 与 $\overrightarrow{ON}$ 之间的夹角为

$$\cos\theta = \frac{\overrightarrow{OP} \cdot \overrightarrow{ON}}{|\overrightarrow{OP}||\overrightarrow{ON}|} \qquad (5.1.7)$$

根据投影关系式：

$$|\overrightarrow{ON}| = |\overrightarrow{OP}|\cos\theta \qquad (5.1.8)$$

将式（5.1.7）代入式（5.1.8），化简后可以求得

$$\sigma_m = \frac{\sigma_1 + \sigma_2 + \sigma_3}{3} \qquad (5.1.9)$$

因此屈服面上的点 $P(\sigma_1, \sigma_2, \sigma_3)$ 在静水应力状态线上的投影 $N(\sigma_m, \sigma_m, \sigma_m)$ 是其静水应力分量，而其在 $\pi$ 平面上的投影则为应力偏量。

根据前面的讨论，屈服函数只包含应力偏量，而与静水应力无关，如果我们通过 $P$ 点做一条与静水应力状态线平行的直线，那么该直线上的点的应力偏量都相同，因此该条直线是组成屈服面的一条线，而整个屈服面必定是平行于静水应力状态线的柱体表面。

屈服面在 $\pi$ 平面上的投影为一条封闭曲线，称为屈服曲线，该曲线具有以下性质：

（1）屈服曲线是包含原点的封闭曲线。屈服曲线内部代表弹性应力状态，可变形固体不可能在无应力状态下屈服，因此原点必然包含在屈服曲线内部。

（2）屈服曲线与任一从坐标原点出发的射线必相交一次，且只有一次。屈服曲线与从坐标原点出发的射线的交点是屈服面上的点，如果不存在交点，意味着该加载方向上材料永远不会屈服；如果存在 2 个以上交点，则意味着该加载方向上材料有 2 次或以上屈服，屈服应力相差若干倍，在屈服点之间还存在弹性应力状态。这两种情况都不符合物理规律。

（3）屈服曲线对 3 个坐标轴的正负方向均对称。这种对称只适用于拉压屈服性能相同的材料。

（4）屈服曲线为外凸曲线，屈服面为外凸曲面。屈服面的外凸性是屈服函数的重要特性，将在 5.4.1 节证明。

## 5.2 常用的屈服条件

不同的工程材料有其适用的屈服条件，以下介绍 4 种常用屈服条件。

### 5.2.1 Tresca 屈服条件

Tresca 屈服条件又称为最大切应力条件，由法国人 Tresca 提出，它假设最大切应力是材料屈服的原因，因此屈服条件可以表示为

$$\tau_{max} = \tau_0 \qquad (5.2.1)$$

44

式中：$\tau_0$ 为材料的剪切屈服应力；$\tau_{max}$ 为微元体的最大切应力，由式（2.5.16），可用主应力表示为

$$\tau_{max} = \frac{\sigma_1 - \sigma_3}{2} \tag{5.2.2}$$

式中：$\sigma_1$、$\sigma_3$ 分别为单元体的最大、最小主应力。

因为剪切实验比拉伸实验困难得多，所以往往由式（5.2.2），结合单向拉伸实验的结果，间接确定剪切屈服应力，即

$$\tau_0 = \frac{\sigma_0}{2} \tag{5.2.3}$$

式中：$\sigma_0$ 为单向拉伸实验中的屈服应力。

如果不考虑主应力的大小顺序，根据最大切应力是主切应力中的最大值，有

$$\tau_{max} = \tau_0 = \frac{1}{2} \max\{|\sigma_1 - \sigma_2|, |\sigma_2 - \sigma_3|, |\sigma_3 - \sigma_1|\} \tag{5.2.4}$$

因此 Tresca 屈服条件又可以表示为

$$\sigma_{Tresca} - \sigma_0 = 0 \tag{5.2.5}$$

其中

$$\sigma_{Tresca} = \max\{|\sigma_1 - \sigma_2|, |\sigma_2 - \sigma_3|, |\sigma_3 - \sigma_1|\} \tag{5.2.6}$$

在主应力空间中，Tresca 屈服条件对应的图形是与静水应力状态线平行的六角柱体，如图 5.2.1 所示。当应力点在六角柱的内部时，材料处于弹性状态；当应力点达到六角柱表面（屈服面）时，材料开始进入塑性状态。

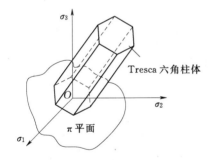

图 5.2.1 Tresca 屈服条件

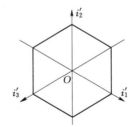

图 5.2.2 Tresca 六角柱体
在 π 平面的投影

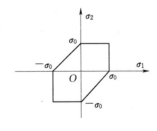

图 5.2.3 平面问题的
Tresca 屈服条件

Tresca 六角柱体在 π 平面的投影是一个正六边形，如图 5.2.2 所示，所对应的表达式为

$$\left.\begin{array}{l} \sigma_1 - \sigma_2 = \pm\sigma_0 \\ \sigma_2 - \sigma_3 = \pm\sigma_0 \\ \sigma_3 - \sigma_1 = \pm\sigma_0 \end{array}\right\} \tag{5.2.7}$$

在平面问题中，若 $\sigma_3 = 0$，则 Tresca 屈服条件可以简化为

$$\left.\begin{array}{ll}\sigma_1 = \sigma_0, & \sigma_1 \geqslant \sigma_2 \geqslant 0 \\ \sigma_2 = \sigma_0, & \sigma_2 \geqslant \sigma_1 \geqslant 0 \\ \sigma_1 - \sigma_2 = -\sigma_0, & \sigma_2 > 0 > \sigma_1 \\ \sigma_1 - \sigma_2 = \sigma_0, & \sigma_1 > 0 > \sigma_2 \\ \sigma_1 = -\sigma_0, & 0 \geqslant \sigma_2 \geqslant \sigma_1 \\ \sigma_2 = -\sigma_0, & 0 \geqslant \sigma_1 \geqslant \sigma_2 \end{array}\right\} \tag{5.2.8}$$

其在 $\sigma_1$、$\sigma_2$ 平面内的屈服曲线如图 5.2.3 所示。

### 5.2.2　Mises 屈服条件

Mises 屈服条件又称为最大畸变能条件，由德国人 Mises 提出，它假设最大畸变能是材料屈服的原因。根据畸变能的表达式（4.3.11），最大畸变能条件可以表示为

$$J_2 = k^2 \tag{5.2.9}$$

如果用主应力表示应力张量的第二不变量 $J_2$，上式可以写成

$$\frac{1}{6}\left[(\sigma_1 - \sigma_2)^2 + (\sigma_2 - \sigma_3)^2 + (\sigma_3 - \sigma_1)^2\right] = k^2 \tag{5.2.10}$$

其中 $k$ 为材料参数，由实验确定。在简单拉伸实验中，当材料屈服时：

$$J_2 = \frac{1}{6}\left[(\sigma_0 - 0)^2 + 0 + (0 - \sigma_0)^2\right] = k^2 \tag{5.2.11}$$

上式中 $\sigma_0$ 为屈服应力，所以

$$k = \frac{1}{\sqrt{3}}\sigma_0 \tag{5.2.12}$$

因此畸变能条件可写为

$$\frac{1}{6}\left[(\sigma_1 - \sigma_2)^2 + (\sigma_2 - \sigma_3)^2 + (\sigma_3 - \sigma_1)^2\right] = \frac{\sigma_0^2}{3} \tag{5.2.13}$$

如果我们定义 Mises 应力为

$$\sigma_{\text{Mises}} = \sqrt{3J_2} = \sqrt{\frac{1}{2}\left[(\sigma_1 - \sigma_2)^2 + (\sigma_2 - \sigma_3)^2 + (\sigma_3 - \sigma_1)^2\right]} \tag{5.2.14}$$

那么 Mises 屈服条件可以表达成与 Tresca 屈服条件类似的形式，即

$$\sigma_{\text{Mises}} - \sigma_0 = 0 \tag{5.2.15}$$

一般情况下 Mises 应力的表达式为

$$\sigma_{\text{Mises}} = \sqrt{\frac{1}{2}\left[(\sigma_x - \sigma_y)^2 + (\sigma_y - \sigma_z)^2 + (\sigma_z - \sigma_x)^2 + 6(\tau_{xy}^2 + \tau_{yz}^2 + \tau_{zx}^2)\right]} \tag{5.2.16}$$

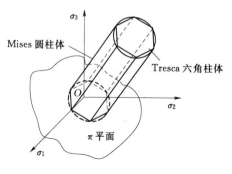

图 5.2.4　Mises 屈服条件

在主应力空间中，Mises 屈服条件对应的图形是与静水应力状态线平行的圆柱体，如图 5.2.4 所示。当应力点在圆柱体内部时，材料处于弹性状态；当应力点达到圆柱体表面时，材料进入塑性状态。可以证明，Mises 圆柱体外接于 Tresca 六角柱体，实际上最初 Mises 屈服条件的提出也是基于此，后来才有畸变能的解释。Mises 圆柱体在 π 平面的投影为圆，其半径为 $\sqrt{2/3}\sigma_0$，外接于 Tresca 六角柱体在 π 平面的投

影，如图 5.2.5 所示。

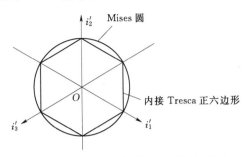

图 5.2.5　Mises 圆柱体在 π 平面的投影

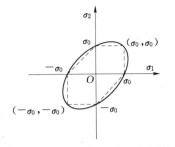

图 5.2.6　平面问题的 Mises 屈服条件

在平面问题中，若 $\sigma_3 = 0$，Mises 圆成为椭圆，也外接于 Tresca 屈服六边形，如图 5.2.6 所示。

上述 Tresca 屈服条件和 Mises 屈服条件都是适用于低碳钢等塑性材料的屈服条件。Tresca 屈服条件忽略了中间主应力的影响，Mises 屈服条件则克服了这一缺点，实验证明，Mises 屈服条件更接近实验结果。在实际工程中，这两种屈服条件都有应用。

### 5.2.3　混凝土材料的 Mohr-Coulomb 屈服条件

对于混凝土、岩石等脆性材料而言，其屈服特征往往不像塑性材料那样有一个明显的屈服极限，因此，对其屈服极限就要另行规定。对于混凝土材料，如图 5.2.7 所示，以与应力应变曲线的初始切线相平行的直线截割 ε 轴为 0.002 的点，该直线与应力应变曲线的交点的应力作为屈服极限 $\sigma_0$。

混凝土材料的屈服条件是在总结大量实验的基础上确定的，相对于一般的三维应力状态，二维平面应

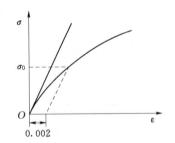

图 5.2.7　混凝土的应力应变关系

力状态下混凝土材料的屈服条件研究更为成熟。实验表明，在平面应力状态下，混凝土材料的屈服曲线如图 5.2.8 所示，图中黑点为实验点，实线为拟合的屈服曲线，虚线为线性化的近似屈服条件。显然，图 5.2.8 中近似屈服条件与最大切应力条件（图 5.2.3）类似，两者间主要的区别是混凝土的抗压强度比抗拉强度高得多。如令 $\sigma_0'$、$\sigma_0''$ 分别为混凝土简单拉伸与压缩时的屈服应力，则其线性化的近似屈服条件为式（5.2.17）。

$$
\left.
\begin{aligned}
\sigma_1 &= \sigma_0', & \sigma_1 \geqslant \sigma_2 \geqslant 0 \\
\sigma_2 &= \sigma_0', & \sigma_2 \geqslant \sigma_1 \geqslant 0 \\
\frac{\sigma_2}{\sigma_0'} - \frac{\sigma_1}{\sigma_0''} &= 1, & \sigma_2 > 0 > \sigma_1 \\
\frac{\sigma_1}{\sigma_0'} - \frac{\sigma_2}{\sigma_0''} &= 1, & \sigma_1 > 0 > \sigma_2 \\
-\sigma_1 &= \sigma_0'', & 0 \geqslant \sigma_2 \geqslant \sigma_1 \\
-\sigma_2 &= \sigma_0'', & 0 \geqslant \sigma_1 \geqslant \sigma_2
\end{aligned}
\right\}
\tag{5.2.17}
$$

式（5.2.17）即为 Mohr-Coulomb（莫尔-库仑）屈服条件的表达式，其图形如图 5.2.9 所示。

47

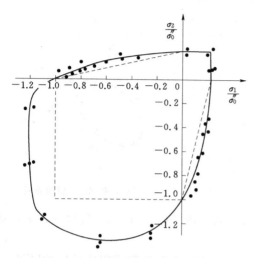

图 5.2.8 混凝土材料的屈服曲线

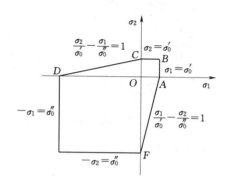

图 5.2.9 Mohr-Coulomb 屈服条件

### 5.2.4 岩土材料的 Drucker-Prager 屈服条件

Drucker-Prager（德鲁克-普拉格）屈服条件是对 Mises 屈服条件的改进，该条件中增加了应力张量的第一不变量，其屈服条件表达式为

$$f(I_1, J_2) = \alpha I_1 + \sqrt{J_2} = k \tag{5.2.18}$$

其中 $\alpha$ 和 $k$ 均为常数，表达式为

$$\alpha = \frac{2\sin\varphi}{\sqrt{3}(3 - \sin^2\varphi)}, \quad k = \frac{6c\cos\varphi}{\sqrt{3}(3 - \sin^2\varphi)} \tag{5.2.19}$$

式中：$c$、$\varphi$ 分别为材料的黏性系数和内摩擦角。

式（5.2.18）中的屈服函数是应力张量的第一不变量和应力偏量的第二不变量的函数。应力张量的第一不变量反映了应力球张量的影响，可以体现材料拉压情况下屈服性能的差异；应力偏量的第二不变量反映了应力偏张量的影响，可以反映材料的形状改变。式（5.2.18）中当 $\alpha = 0$ 时，Drucker-Prager 屈服条件即退化为 Mises 屈服条件。

Drucker-Prager 屈服条件在主应力空间中的屈服面如图 5.2.10 所示，由于其反映了材料拉压性能的不同，所以是一个圆锥体。在二维情况下，$\sigma_3 = 0$，屈服条件式（5.2.18）简化为

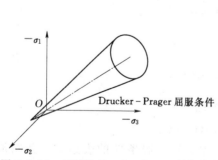

图 5.2.10 三维的 Drucker-Prager 屈服条件

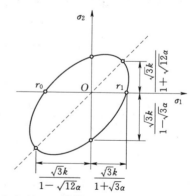

图 5.2.11 二维的 Drucker-Prager 屈服条件

$$\alpha(\sigma_1 + \sigma_2) + \sqrt{\frac{1}{3}(\sigma_1^2 - \sigma_1\sigma_2 + \sigma_2^2)} = k \qquad (5.2.20)$$

如图 5.2.11 所示，其图形为一偏离原点的椭圆。

在屈服条件上，还有许多对不同材料的屈服函数，我国学者俞茂宏提出的双剪应力屈服准则也是其中比较有影响的成果。

**【例 5.2.1】** 有一圆形截面的均匀直杆，处于弯扭复合应力状态，如图 5.2.12 所示，其简单拉伸时的屈服应力为 300MPa。设弯矩为 $M = 10$kN·m，扭矩 $M_i = 30$kN·m，要求安全系数为 1.2，则直径 $d$ 为多少才不致屈服？

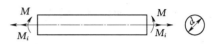

图 5.2.12　[例 5.2.1] 图

**解：** 直杆处于弯扭作用下，杆内主应力为

$$\sigma_{1,2} = \frac{\sigma}{2} \pm \frac{1}{2}\sqrt{\sigma^2 + 4\tau^2}, \sigma_3 = 0 \qquad (a)$$

其中

$$\sigma = \frac{My}{J} = \frac{32M}{\pi d^3} \qquad (b)$$

$$\tau = \frac{M_i r}{J_0} = \frac{16M_i}{\pi d^3} \qquad (c)$$

（1）由最大切应力条件给出

$$\sigma_1 - \sigma_2 = \sigma_0$$

将式（a）代入，并考虑安全系数后得

$$\sqrt{\sigma^2 + 4\tau^2} = \frac{\sigma_0}{1.2}$$

或

$$\frac{32}{\pi d^3}\sqrt{M^2 + M_i^2} = \frac{300}{1.2}$$

代入给定数据并运算后得

$$d = 0.109\text{m}$$

则 $d$ 至少要 10.9cm。

（2）最大畸变能条件给出

$$\sqrt{\sigma^2 + 3\tau^2} = \frac{\sigma_0}{1.2}$$

将式（b）、式（c）代入运算后可得 $d$ 至少要 10.4cm。

## 5.3　后继屈服条件

### 5.3.1　概念

前面介绍了常用的屈服条件，回答了什么情况下材料会发生屈服，但是并没有说明材料发生屈服以后，屈服函数和屈服面的变化情况。

如果材料是理想塑性的，单向拉伸时的应力应变关系如图 5.3.1 所示，屈服以后应力保持为常数 $\sigma_s$，此时屈服条件所对应的屈服面保持不变，即初始屈服面，该屈服面也是材料满足弹性状态的边界，屈服面的方程则为初始屈服条件，如下式所示：

$$f(\sigma_{ij}) = 0 \tag{5.3.1}$$

式中：$f(\sigma_{ij})$ 为初始屈服函数。

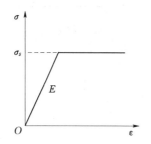

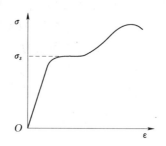

图 5.3.1　理想弹塑性材料　　　　图 5.3.2　强化材料的应力应变关系
　　　　的应力应变关系

如果材料是应变强化的，单向拉伸时的应力应变关系如图 5.3.2 所示，初始屈服应力为 $\sigma_s$，屈服以后应力还可以继续提高，如果在屈服变形以后卸载，再重新加载，则应力和应变之间仍然是弹性关系，直至应力到达卸载前曾经达到的最高应力点时，材料才再次屈服，这种屈服称为后继屈服，这个最高的应力就是材料在经历了塑性变形后的新的屈服应力，称为后继屈服应力，此时弹性范围的边界不再是初始屈服面，这个后继弹性范围的边界称为后继屈服面（加载面），其方程称为后继屈服条件。后继屈服条件的表达式为

$$\varphi(\sigma_{ij}, \xi_\alpha) = 0 \tag{5.3.2}$$

式中：$\varphi(\sigma_{ij}, \xi_\alpha)$ 为后继屈服函数；$\sigma_{ij}$ 为应力张量；$\xi_\alpha$ 为内变量，是用来描述物体变形历史的量。

描述连续介质的力学量可以分为外变量和内变量，外变量是可以从外部直接量测的量，例如总应变、总变形、应力（力）、温度等；内变量则是不能直接量测的，表征材料内部变化的量，例如塑性应变、塑性功（塑性变形中消耗的功）等。在满足一定的条件下，内变量可以通过外变量计算出来，例如塑性应变和塑性功。塑性应变可以由总应变减去弹性应变得到，对于各向同性材料，有

$$\varepsilon_{ij}^p = \varepsilon_{ij} - \varepsilon_{ij}^e = \varepsilon_{ij} - \left(\frac{\sigma_{ij}}{2G} - \frac{3\nu}{E}\delta_{ij}\sigma_m\right) \tag{5.3.3}$$

塑性功则可以由总的功减去弹性功得到，即

$$W^p = W_{\text{总}} - W^e = \int \sigma_{ij} \, \mathrm{d}\varepsilon_{ij} - \int \sigma_{ij} \, \mathrm{d}\varepsilon_{ij}^e = \int \sigma_{ij} \, \mathrm{d}\varepsilon_{ij} - \frac{1}{2}\sigma_{ij}\varepsilon_{ij}^e \tag{5.3.4}$$

需要指出的是，应变强化材料发生塑性变形后，不但是发生塑性变形的这个应力状态的屈服应力提高了，而且其他应力组合的屈服应力也将发生变化，变化后的屈服应力满足后继屈服条件。

### 5.3.2 常用的强化模型

对于单向拉伸来说,强化指的是塑性变形后屈服应力提高的现象。但是对于三维的一般受力状态,塑性变形之后,不仅屈服应力提高,主应力空间中的屈服面也会发生变化。根据强化后主应力空间中屈服面的不同,有 3 种常用的强化模型。

1. 等向强化模型

此模型中,当材料进入塑性以后,屈服面在应力空间的各个方向均匀地向外扩张,但其形状、中心及其在应力空间中的方位均保持不变。等向强化模型的后继屈服条件为

$$\varphi(\sigma_{ij}, \xi_a) = f(\sigma_{ij}) - K(\xi_a) = 0 \tag{5.3.5}$$

式中:$K(\xi_a)$ 为塑性变形以后的屈服应力,它是内变量 $\xi_a$ 的函数,在初始屈服时,$\xi_a = 0$,

$$K(0) = \sigma_0 \tag{5.3.6}$$

在后继屈服时,$\xi_a$ 可以取为塑性比功(塑性功增量)$\mathrm{d}W^P$ 的函数,即

$$K = F(W^P) \tag{5.3.7}$$

其中

$$W^P = \int \mathrm{d}W^P = \int \sigma_{ij} \, \mathrm{d}\varepsilon_{ij}^p \tag{5.3.8}$$

或者取为塑性应变增量的函数,即

$$K = g(\varepsilon^p) \tag{5.3.9}$$

其中

$$\varepsilon^p = \int |\mathrm{d}\varepsilon^p| \tag{5.3.10}$$

从函数性质上来看,$K$ 是单调递增函数,它是此前加载历史中所达到的最大值。

如果采用 Mises 屈服条件,则后继屈服函数可取为

$$\varphi(\sigma_{ij}, \xi_a) = \sigma_{\mathrm{Mises}} - \sigma_s(\bar{\varepsilon}_p) = 0 \tag{5.3.11}$$

$\sigma_{\mathrm{Mises}}$ 为 Mises 等效应力,后继屈服应力 $\sigma_s$ 取加载历史中屈服应力的最大值,它是等效塑性应变 $\bar{\varepsilon}^p$ 的函数:

$$\bar{\varepsilon}^p = \int \overline{\mathrm{d}\varepsilon^p} = \int \left(\frac{2}{3} \mathrm{d}\varepsilon_{ij}^p \, \mathrm{d}\varepsilon_{ij}^p\right)^{\frac{1}{2}} \tag{5.3.12}$$

屈服应力($\sigma_s$)与等效塑性应变($\bar{\varepsilon}^p$)之间的关系可以从材料单向拉伸实验时进入塑性状态后的应力($\sigma_s$)与应变($\varepsilon$)的关系曲线中得到。在材料的单向拉伸实验曲线中,假设材料是不可压缩的,那么 3 个方向的塑性主应变为

$$\varepsilon_1^p = \varepsilon^p, \quad \varepsilon_2^p = \varepsilon_3^p = -\frac{1}{2}\varepsilon^p \tag{5.3.13}$$

其中 $\varepsilon^p$ 为拉伸方向的塑性应变,由此得到等效塑性应变:

$$\bar{\varepsilon}^p = \sqrt{\frac{4}{3}J_2'} = \sqrt{\frac{2}{9}\left[(\varepsilon_1^p - \varepsilon_2^p)^2 + (\varepsilon_2^p - \varepsilon_3^p)^2 + (\varepsilon_3^p - \varepsilon_1^p)^2\right]} = \varepsilon^p \tag{5.3.14}$$

等效塑性应变与拉伸方向的塑性应变相等,所以 $\sigma_s - \bar{\varepsilon}^p$ 关系曲线即为 $\sigma_s - \varepsilon^p$ 关系曲线,其中

$$\varepsilon^p = \varepsilon - \frac{\sigma_s}{E} \tag{5.3.15}$$

而 $\sigma_s - \varepsilon^p$ 关系曲线可以由材料单向拉伸时的应力与应变实验曲线（$\sigma_s - \varepsilon$ 曲线）得到，只需根据式（5.3.15）将屈服应力 $\sigma_s$ 对应的应变 $\varepsilon$ 用 $\varepsilon^p$ 代替即可。

从屈服面来看，后继屈服条件所对应的空间曲面又称为后继屈服面，也称为加载面。在主应力坐标系中，后继屈服面与初始屈服面形状相似，中心位置不变，如图 5.3.3 所示。由于等向强化模型中后继屈服应力是加载历史中屈服应力的最大值，因此屈服面只能扩大，不能缩小。

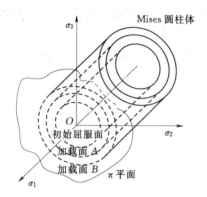

图 5.3.3 主应力空间中等向强化模型
对应的屈服面（Mises 屈服条件）

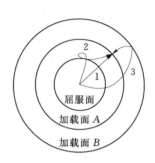

图 5.3.4 复杂应力状态下 π 平面上
的屈服圆（Mises 屈服条件）

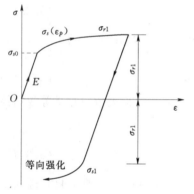

图 5.3.5 单向应力状态下等向
强化模型对应的应力应变关系

三维屈服面在 π 平面上的投影如图 5.3.4 所示。后继屈服面仅由加载路径中所达到的最大应力点决定，图中路径 1 和路径 2 得到的后继屈服面为 $A$，路径 3 得到的后继屈服面为 $B$。

在单向应力状态下，等向强化模型对应的应力应变关系如图 5.3.5 所示，屈服后反向加载时，屈服应力的绝对值与之前最大的屈服应力绝对值相等。

2. 随动强化模型

此模型中，当材料进入塑性以后，加载面在应力空间作刚体移动，但其形状、大小、外法线指向均保持不变。随动强化模型的后继屈服条件为

$$\varphi(\sigma_{ij}, \xi_a) = f(\sigma_{ij} - \overline{\sigma}_{ij}) = 0 \qquad (5.3.16)$$

式中：$f$ 为初始屈服函数；$\overline{\sigma}_{ij}$ 为后继屈服曲面的中心在应力空间中的位置（移动张量），它是加载历史的函数，这个函数可以通过单向拉伸实验确定。

以弹塑性线性强化材料为例，其单向拉伸时的应力-应变曲线如图 5.3.6 所示。如果采用随动强化模型，其后继屈服条件为

$$\varphi = f(\sigma_{ij} - \overline{\sigma}_{ij}) = f(\sigma_{ij} - C\varepsilon_{ij}^p) = 0 \qquad (5.3.17)$$

式中：$\varepsilon_{ij}^p$ 为塑性应变张量；$C$ 为正的常数，表征材料强化的大小。

具体到 Mises 屈服条件，其初始屈服条件为

$$f(\sigma_{ij}) = \sigma_{\text{Mises}} - \sigma_s = 0 \qquad (5.3.18)$$

式中：$\sigma_s$ 为单向拉伸试验得到的初始屈服强度。

由式（5.2.14），$f$ 还可写成应力偏量的函数，即

$$f(s_{ij})=\sqrt{\frac{3}{2}s_{ij}s_{ij}}-\sigma_s=0 \tag{5.3.19}$$

后继屈服条件只需要将初始屈服条件中的 $s_{ij}$ 代之以 $s_{ij}-C\varepsilon_{ij}^p$，即

$$\varphi=\sqrt{\frac{3}{2}(s_{ij}-C\varepsilon_{ij}^p)(s_{ij}-C\varepsilon_{ij}^p)}-\sigma_s=0 \tag{5.3.20}$$

上式中的常数 $C$ 可以通过简单拉伸实验得到。在简单拉伸实验中，应力偏量的 3 个主应力为

$$s_1=\frac{2}{3}\sigma,s_2=s_3=-\frac{1}{3}\sigma \tag{5.3.21}$$

式中：$\sigma$ 为拉伸方向的应力。

考虑塑性应变对应的体积应变为 0，则塑性应变张量的 3 个主应变为

$$\varepsilon_1^p=\varepsilon^p,\varepsilon_2^p=\varepsilon_3^p=-\frac{1}{2}\varepsilon^p \tag{5.3.22}$$

式中：$\varepsilon^p$ 为拉伸方向的塑性应变。

将式（5.3.21）和式（5.3.22）代入式（5.3.20），得到简单拉伸时的后继屈服条件为

$$\varphi=\sigma-\frac{3}{2}C\varepsilon^p-\sigma_s=0 \tag{5.3.23}$$

弹塑性线性强化材料在简单拉伸时（图 5.3.6）的屈服应力表达式为

$$\sigma=\sigma_s+E_p\varepsilon^p \tag{5.3.24}$$

将式（5.3.23）与式（5.3.24）相比较，可得

$$C=\frac{2}{3}E_p \tag{5.3.25}$$

由此可以完全确定后继屈服条件表达式（5.3.20）。

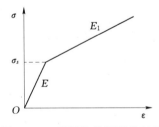

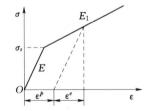

图 5.3.6　弹塑性线性强化材料　　图 5.3.7　弹塑性线性强化材料应力计算

需要指出的是，式（5.3.24）中的 $E_p$ 并不是塑性强化阶段实验曲线的斜率 $E_1$，而是需要由弹性与塑性阶段的应力-应变实验曲线共同确定。如图 5.3.7 所示，对于弹塑性线性强化材料，强化阶段的应力为

$$\sigma=\sigma_s+E_1\left(\varepsilon-\frac{\sigma_s}{E}\right) \tag{5.3.26}$$

考虑到

$$\varepsilon = \varepsilon^e + \varepsilon^p = \frac{\sigma}{E} + \varepsilon^p \tag{5.3.27}$$

式（5.3.26）可写成

$$\sigma = \left(\frac{E - E_1}{E}\right)\sigma_s + E_1\varepsilon^p + \frac{E_1\sigma}{E} \tag{5.3.28}$$

化简后得

$$\sigma = \sigma_s + E_p\varepsilon_p \tag{5.3.29}$$

其中

$$E_p = \frac{EE_1}{E - E_1} \tag{5.3.30}$$

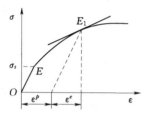

图 5.3.8　一般弹塑性强化
材料应力计算

以上为弹塑性线性强化材料的后继屈服条件，推广到一般强化材料，如图 5.3.8 所示，其后继屈服条件的表达式仍然可以采用式（5.3.17），但是其中 $C$ 的数值随着应力应变曲线中点的位置而变化，所以后继屈服条件是一个积分表达式。具体到 Mises 屈服条件，可以写成和式（5.3.20）类似的形式，即

$$\varphi = \sqrt{\frac{3}{2}\left(s_{ij} - \int C d\varepsilon_{ij}^p\right)\left(s_{ij} - \int C d\varepsilon_{ij}^p\right)} - \sigma_s = 0 \tag{5.3.31}$$

上式中 $C$ 也可以通过简单拉伸实验得到，将式（5.3.21）和式（5.3.22）代入式（5.3.31），化简后得

$$\varphi = \sigma - \frac{3}{2}\int C d\varepsilon^p - \sigma_s = 0 \tag{5.3.32}$$

考虑到单向拉伸时，一般强化材料的应力应变关系的积分表达式：

$$\sigma = \int E_p d\varepsilon^p + \sigma_s \tag{5.3.33}$$

所以

$$C = \frac{2}{3}E_p \tag{5.3.34}$$

其中 $E_p$ 由弹性与塑性阶段的应力-应变实验曲线共同确定。如图 5.3.8 所示，强化阶段的应力增量为

$$d\sigma = E_1 d\varepsilon = E_1(d\varepsilon^e + d\varepsilon^p) = E_1\left(\frac{d\sigma}{E} + d\varepsilon^p\right) \tag{5.3.35}$$

所以

$$d\sigma = E_p d\varepsilon^p \tag{5.3.36}$$

其中 $E_p$ 见式（5.3.30），但是因为一般强化材料在强化阶段应力应变曲线的斜率 $E_1$ 随着应力的增加而变化，所以对应的 $E_p$ 也不是一个常数。

从屈服面来看，随动强化模型的后继屈服面与初始屈服面大小、形状相同，但是中心位置变化，其在 $\pi$ 平面上的投影如图 5.3.9 所示。

在单向应力状态下，随动强化模型对应的应力应变关系如图 5.3.10 所示，屈服后反向加载时的屈服应力与卸载时应力之差是初始屈服应力的 2 倍。

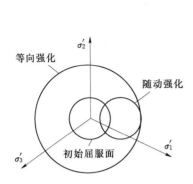 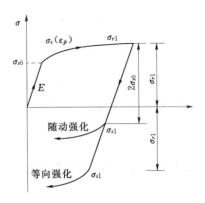

图 5.3.9　随动强化模型屈服面
在 π 平面上的投影

图 5.3.10　单向应力状态下随动强化
模型对应的应力应变关系

3. 组合强化模型

将等向强化模型和随动强化模型结合起来，得到更一般的组合强化模型，其后继屈服函数为

$$\varphi = f[\sigma_{ij} - (1-M)\bar{\sigma}_{ij}] - \sigma_s(\bar{\varepsilon}_p, M) = 0 \tag{5.3.37}$$

其中屈服面中心 $\bar{\sigma}_{ij}$ 和屈服应力 $\sigma_s$ 都随塑性加载历史而变化，$M$ 是 $-1\sim1$ 之间的材料参数，它表示等向强化特性在全部强化特性中所占的比例。从几何上看，组合强化材料的加载过程中屈服面的大小、中心位置同时发生变化。具体到 Mises 屈服条件：

$$\sigma_s(\bar{\varepsilon}_p, M) = \sigma_{s0} + \int M \mathrm{d}\sigma_s(\bar{\varepsilon}_p) \tag{5.3.38}$$

$$f = \sqrt{\frac{3}{2}\left[s_{ij} - \frac{2}{3}(1-M)\int E_p \mathrm{d}\varepsilon_{ij}^p\right]\left[s_{ij} - \frac{2}{3}(1-M)\int E_p \mathrm{d}\varepsilon_{ij}^p\right]} \tag{5.3.39}$$

所以

$$\varphi = \sqrt{\frac{3}{2}\left[s_{ij} - \frac{2}{3}(1-M)\int E_p \mathrm{d}\varepsilon_{ij}^p\right]\left[s_{ij} - \frac{2}{3}(1-M)\int E_p \mathrm{d}\varepsilon_{ij}^p\right]} - \left[\sigma_{s0} + \int M \mathrm{d}\sigma_s(\bar{\varepsilon}_p)\right] = 0$$
$$\tag{5.3.40}$$

组合强化模型的屈服面在 π 平面上的投影如图 5.3.11 所示。

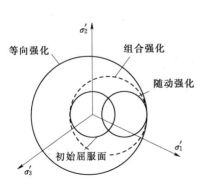 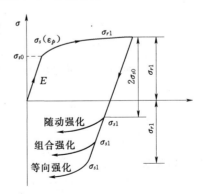

图 5.3.11　组合强化模型屈服面
在 π 平面上的投影

图 5.3.12　单向应力状态下组合强化
模型对应的应力应变关系

在单向应力状态下，组合强化模型材料在反向加载时的应力应变曲线在等向强化模型与随动强化模型之间，如图 5.3.12 所示。

不同材料，不同加载历史，可选用合适的强化模型。理论模型和实际总是有一定差异，有的试验结果显示接近随动强化模型，有的则在加载点附近加载面曲率有显著增大，出现尖点，加载面较不规则。一般来说，加载历史越复杂，后继屈服面就越不规则，需要结合实验来选用强化模型。

## 5.4 德鲁克公设和伊留申公设

上节介绍了后继屈服条件，回答了初始屈服以后，屈服函数和屈服面的变化情况，但是并没有说明屈服后应力和应变的发展规律，为此需要介绍德鲁克公设和伊留申公设。

### 5.4.1 德鲁克公设

德鲁克公设又称为塑性功不可逆公设，其主要内容是：材料质点在原有的状态之上，缓慢地施加并卸除一组附加应力，在这附加应力施加和卸除的循环内，外部作用所做的功是非负的。以下通过一个附加应力施加和卸除的循环来说明该公设。

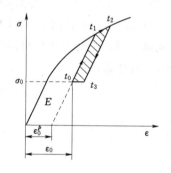

图 5.4.1 应力循环

如图 5.4.1 所示，从 $t_0$ 到 $t_3$ 是一个应力循环，其中 $t_0$、$t_3$ 对应的应力状态都为 $\sigma_{ij}^0$，$\varphi(\sigma_{ij}^0, \xi_a) < 0$，即 $\sigma_{ij}^0$ 在加载面内部，$t_1$、$t_2$ 对应的应力状态分别为 $\sigma_{ij}$、$\sigma_{ij} + d\sigma_{ij}$，它们在加载面上，$\varphi(\sigma_{ij}, \xi_a) = 0$，$\varphi(\sigma_{ij} + d\sigma_{ij}, \xi_a) = 0$。$t_0 \rightarrow t_1$ 为弹性加载过程，$t_1 \rightarrow t_2$ 为弹塑性加载过程，$t_2 \rightarrow t_3$ 为卸载过程。

根据德鲁克公设，在上述循环中，若 $\sigma_{ij}^+$ 是 $t_0 \rightarrow t_3$ 间任一时刻的应力状态，那么附加应力做功为

$$W_D = \oint_{\sigma_{ij}^0} (\sigma_{ij}^+ - \sigma_{ij}^0) d\varepsilon_{ij} \geqslant 0 \tag{5.4.1}$$

$\oint_{\sigma_{ij}^0}$ 表示从 $\sigma_{ij}^0$ 开始最后又回到 $\sigma_{ij}^0$。由于在闭合的应力循环中，应力在弹性应变上所作的功为 0，所以

$$W_D = W_D^p = \oint_{\sigma_{ij}^0} (\sigma_{ij}^+ - \sigma_{ij}^0) d\varepsilon_{ij}^p \geqslant 0 \tag{5.4.2}$$

$d\varepsilon_{ij}^p$ 仅产生于 $t_1 \rightarrow t_2$ 期间，即应力从 $\sigma_{ij}$ 变到 $\sigma_{ij} + d\sigma_{ij}$ 的过程中产生了 $d\varepsilon_{ij}^p$，所以

$$W_D = (\sigma_{ij} - \sigma_{ij}^0) d\varepsilon_{ij}^p + \frac{1}{2} d\sigma_{ij} d\varepsilon_{ij}^p \geqslant 0 \tag{5.4.3}$$

在一维情况下，$W_D$ 即为如图 5.4.1 所示阴影部分面积。当 $\sigma_{ij}^0$ 在屈服面内部时，式 (5.4.3) 可以略去高阶小量，简化为

$$(\sigma_{ij} - \sigma_{ij}^0) d\varepsilon_{ij}^p \geqslant 0 \tag{5.4.4}$$

当 $\sigma_{ij}^0$ 在屈服面上时，$\sigma_{ij} = \sigma_{ij}^0$，所以式 (5.4.3) 简化为

$$\mathrm{d}\sigma_{ij}\,\mathrm{d}\varepsilon_{ij}^{p}\geqslant 0 \qquad (5.4.5)$$

式（5.4.4）和式（5.4.5）合称为德鲁克不等式。

由德鲁克不等式可以得到以下几个重要推论。

**1. 塑性应变增量矢量$\overrightarrow{\mathrm{d}\varepsilon^{p}}$沿加载面的外法线方向$\vec{n}$**

在屈服面上，把塑性应变空间$\varepsilon_{ij}^{p}$和应力空间$\sigma_{ij}$重合起来，$\mathrm{d}\varepsilon_{ij}^{p}$的起点在$\sigma_{ij}$处，即图 5.4.2 中 $A$ 点，$\sigma_{ij}^{0}$ 为屈服面内部的 $A_0$ 点。用向量$\overrightarrow{A_0 A}$表示 $\sigma_{ij}-\sigma_{ij}^{0}$，向量$\overrightarrow{\mathrm{d}\varepsilon^{p}}$表示 $\mathrm{d}\varepsilon_{ij}^{p}$，则德鲁克不等式的第 1 式可以用向量表示为

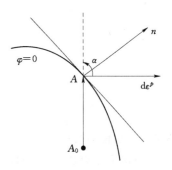

$$\overrightarrow{A_0 A}\cdot\overrightarrow{\mathrm{d}\varepsilon^{p}}\geqslant 0 \qquad (5.4.6)$$

假设$\overrightarrow{\mathrm{d}\varepsilon^{p}}$与加载面外法线$\vec{n}$不重合，那么总可以找到一点$A_0$，使$\overrightarrow{A_0 A}$与$\overrightarrow{\mathrm{d}\varepsilon^{p}}$的夹角大于 $90°$，从而使式（5.4.6）不成

图 5.4.2 塑性应变矢量方向

立。因此，塑性应变增量矢量$\overrightarrow{\mathrm{d}\varepsilon^{p}}$必然沿加载面的外法线方向$\vec{n}$，即塑性应变增量

$$\mathrm{d}\varepsilon_{ij}^{p}=\mathrm{d}\lambda\,\frac{\partial\varphi}{\partial\sigma_{ij}} \qquad (5.4.7)$$

式中：$\dfrac{\partial\varphi}{\partial\sigma_{ij}}$代表加载面的外法线方向$\vec{n}$；$\mathrm{d}\lambda$ 为一非负的比例系数。

**2. 加载面外凸**

如图 5.4.3 所示，$A_0$ 为加载面内部的点，$A$ 为加载面上的点，过 $A$ 点作垂直于塑性应变增量矢量$\overrightarrow{\mathrm{d}\varepsilon^{p}}$的平面，由式（5.4.6）可知，$A_0$ 必须在矢量$\overrightarrow{\mathrm{d}\varepsilon^{p}}$所指的另一侧，这只有在加载面外凸时才能保证。如果加载面有内凹情况，如图 5.4.4 所示，总能找到一点 $A_0$，使式（5.4.6）不成立。

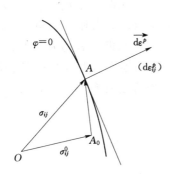

图 5.4.3 加载面的外凸特性

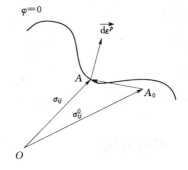

图 5.4.4 加载面外凸的证明

**3. 德鲁克稳定性条件**

满足式（5.4.5）的材料称为稳定材料，其在一维情况下的应力应变关系曲线如图 5.4.5（a）所示。

图 5.4.5（b）、（c）中由于曲线的后半段不满足式（5.4.5），因此是不稳定材料，但是其初始段也是稳定的，其中图 5.4.5（b）反映了岩石、土壤材料的软化现象。

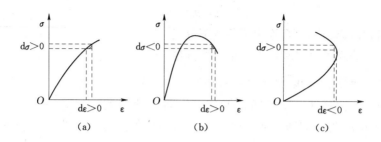

图 5.4.5　稳定与不稳定材料的应力应变曲线

(a) 稳定材料；(b) 不稳定材料；(c) 不稳定材料

### 5.4.2　伊留申公设

伊留申公设认为弹塑性材料的微元体在应变空间的任一应变循环中所做的功为非负，即

$$dW_I = \oint \sigma_{ij} \, d\varepsilon_{ij} \geqslant 0 \tag{5.4.8}$$

上式中当且仅当弹性循环时等号成立。

德鲁克公设和伊留申公设有以下的相同点和不同点。

(1) 德鲁克公设可得应力的屈服面具有外凸性，伊留申公设也可推出应变屈服面具有外凸性。

(2) 德鲁克公设是在应力空间讨论问题，伊留申公设则是在应变空间讨论问题。

(3) 德鲁克公设只适用于稳定性材料（应变强化材料）；而伊留申公设适用于应变强化和应变软化等特性的材料。

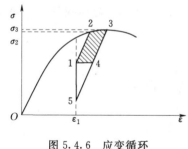

图 5.4.6　应变循环

(4) 应力循环完成的功（$dW_D$），总是小于应变循环完成的功 $dW_I$。即

$$dW_D < dW_I \tag{5.4.9}$$

如图 5.4.6 所示，应力循环为点 1→4，应变循环则为 1→5，因此，应力循环做功为四边形 1234 所包围面积，应变循环做功则为四边形 1235 所包围面积。

本书主要讨论应变强化材料，因此对伊留申公设只做简单介绍。

## 5.5　加载、卸载准则

在弹塑性力学中，当单元体产生新的塑性变形时，我们称为加载；而当单元体从塑性变形回到弹性状态时，我们称为卸载。加载、卸载准则就是这两个状态的判断准则。

根据式（5.4.7），应力主轴与塑性应变增量主轴相重合。因此加载过程中的德鲁克不等式（5.4.5），在主应力空间中用应力增量和塑性应变增量的向量表示为

$$\vec{d\sigma} \cdot \vec{d\varepsilon^p} \geqslant 0 \tag{5.5.1}$$

因为塑性应变增量与屈服面上一点的外法线 $\vec{n}$ 方向一致，所以

$$\overrightarrow{d\sigma} \cdot \vec{n} \geqslant 0 \qquad (5.5.2)$$

这说明如果有塑性应变增量的话，应力增量必然指向加载面外部（图 5.5.1）。也就是说，指向加载面外部的应力增量才能产生塑性变形。

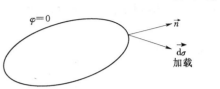

图 5.5.1　产生塑性变形的应力增量

（1）理想塑性材料的加载、卸载准则。根据前面的讨论，理想塑性材料的弹性区域范围不发生变化，即后继屈服面和初始屈服面一致，所以 $\varphi = f(\sigma_{ij}) = 0$。由于屈服面不变化，所以当应力点达到屈服面时，应力增量向量 $\overrightarrow{d\sigma}$ 就不能指向屈服面外，只能沿着屈服面移动。如图 5.5.2 所示，此时的加载、卸载准则为

$$
\text{弹性状态：} f(\sigma_{ij}) < 0
$$

$$
\left.
\begin{aligned}
\text{加载：} &\begin{cases} f(\sigma_{ij}) = 0 \\ \mathrm{d}f = \dfrac{\partial f}{\partial \sigma_{ij}} \mathrm{d}\sigma_{ij} = 0 \quad (\text{等价于}\ \overrightarrow{d\sigma} \cdot \vec{n} = 0) \end{cases} \\
\text{卸载：} &\begin{cases} f(\sigma_{ij}) = 0 \\ \mathrm{d}f = \dfrac{\partial f}{\partial \sigma_{ij}} \mathrm{d}\sigma_{ij} < 0 \quad (\text{等价于}\ \overrightarrow{d\sigma} \cdot \vec{n} < 0) \end{cases}
\end{aligned}
\right\}
\qquad (5.5.3)
$$

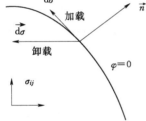

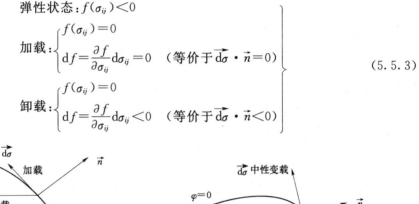

图 5.5.2　理想塑性材料的加卸载准则　　图 5.5.3　强化材料的加卸载准则

（2）强化材料的加载、卸载准则。对于强化材料，加载面（$\varphi = 0$）在应力空间中可以不断向外扩张或移动，因此应力增量向量（$\overrightarrow{d\sigma}$）可以指向加载面外。如图 5.5.3 所示，加载、卸载准则的表达为

$$
\left.
\begin{aligned}
\text{加载：} &\begin{cases} \varphi = 0 \\ \dfrac{\partial \varphi}{\partial \sigma_{ij}} \mathrm{d}\sigma_{ij} > 0 \quad (\text{等价于}\ \overrightarrow{d\sigma} \cdot \vec{n} > 0) \end{cases} \\[4pt]
\text{中性变载：} &\begin{cases} \varphi = 0 \\ \dfrac{\partial \varphi}{\partial \sigma_{ij}} \mathrm{d}\sigma_{ij} = 0 \quad (\text{等价于}\ \overrightarrow{d\sigma} \cdot \vec{n} = 0) \end{cases} \\[4pt]
\text{卸载：} &\begin{cases} \varphi = 0 \\ \dfrac{\partial \varphi}{\partial \sigma_{ij}} \mathrm{d}\sigma_{ij} < 0 \quad (\text{等价于}\ \overrightarrow{d\sigma} \cdot \vec{n} < 0) \end{cases}
\end{aligned}
\right\}
\qquad (5.5.4)
$$

其中中性变载相当于应力点沿着加载面切向变化，因而应力维持在塑性状态但加载面并不扩大。

## 5.6 增量理论（流动理论）

### 5.6.1 概述

材料进入塑性后，应力和应变之间一般不再存在一一对应关系，只能建立应力和应变增量之间的关系，这种用增量形式表示的塑性本构关系，称为增量理论或流动理论。

塑性变形时的应变增量可以分解为弹性应变增量和塑性应变增量，即

$$\mathrm{d}\varepsilon_{ij} = \mathrm{d}\varepsilon_{ij}^e + \mathrm{d}\varepsilon_{ij}^p \tag{5.6.1}$$

其中弹性应变增量满足胡克定律，对各向同性材料，可由式（4.1.15）得到

$$\mathrm{d}\varepsilon_{ij}^e = \frac{\mathrm{d}\sigma_{ij}}{2G} - \frac{3\nu}{E}\mathrm{d}\sigma_m\delta_{ij} \tag{5.6.2}$$

塑性应变增量则由德鲁克公设给出

$$\mathrm{d}\varepsilon_{ij}^p = \mathrm{d}\lambda\frac{\partial\varphi}{\partial\sigma_{ij}} \tag{5.6.3}$$

根据加载、卸载准则，塑性加载时 $\mathrm{d}\lambda > 0$，中性变载与卸载时 $\mathrm{d}\lambda = 0$。上式给出了塑性应变增量 $\mathrm{d}\varepsilon_{ij}^p$ 与加载函数 $\varphi$ 之间的关系，称为流动法则。

根据上述推导，总的应变增量为

$$\mathrm{d}\varepsilon_{ij} = \frac{\mathrm{d}\sigma_{ij}}{2G} - \frac{3\nu}{E}\mathrm{d}\sigma_m\delta_{ij} + \mathrm{d}\lambda\frac{\partial\varphi}{\partial\sigma_{ij}} \tag{5.6.4}$$

上式用到了德鲁克公设得到的表达式（5.4.7），实际上它可以看作是塑性势理论的一种，塑性势理论认为

$$\mathrm{d}\varepsilon_{ij}^p = \mathrm{d}\lambda\frac{\partial g}{\partial\sigma_{ij}} \tag{5.6.5}$$

$g(\sigma_{ij})$ 为塑性势函数，采用德鲁克公设时，$g = \varphi$（$\varphi$ 为加载面），这时上式称为与加载条件相关联的流动法则，常用于金属材料；当 $g \neq \varphi$ 时，称为非关联的流动法则，常用于岩土和某些复合材料。

### 5.6.2 理想弹塑性材料与 Mises 条件相关联的增量理论

对于理想弹塑性材料（图 5.3.1），取 Mises 屈服条件时，塑性应变增量的算法为

$$\mathrm{d}\varepsilon_{ij}^p = \mathrm{d}\lambda\frac{\partial f}{\partial\sigma_{ij}} \tag{5.6.6}$$

式中：$f$ 为 Mises 屈服函数，若取其为

$$f = J_2 - \tau_s^2 = 0 \tag{5.6.7}$$

则

$$\frac{\partial f}{\partial\sigma_{ij}} = \frac{\partial\left(\frac{1}{2}s_{kl}s_{kl}\right)}{\partial\sigma_{ij}} = \frac{\partial\left(\frac{1}{2}s_{kl}s_{kl}\right)}{\partial s_{mn}}\frac{\partial s_{mn}}{\partial\sigma_{ij}} = s_{ij} \tag{5.6.8}$$

所以

$$\mathrm{d}\varepsilon_{ij}^p = \mathrm{d}\lambda \cdot s_{ij} \tag{5.6.9}$$

这就是理想弹塑性材料与 Mises 条件相关联的流动法则，若考虑塑性应变的球张量为 0，上式也可改写为

$$de_{ij}^p = d\lambda \cdot s_{ij} \tag{5.6.10}$$

由此可得理想弹塑性材料的增量形式的本构关系，即 Prandtle-Reuss 关系

$$\left.\begin{aligned}
de_{ij} &= de_{ij}^e + de_{ij}^p = \frac{ds_{ij}}{2G} + d\lambda \cdot s_{ij} \\
d\varepsilon_{kk} &= \frac{1-2\nu}{E} d\sigma_{kk}
\end{aligned}\right\} \tag{5.6.11}$$

上式中的比例系数 $d\lambda$ 要结合屈服条件确定。考虑与形状改变相关联的弹塑性功增量为

$$dW_d = s_{ij} de_{ij} = s_{ij}(de_{ij}^e + de_{ij}^p) \tag{5.6.12}$$

其中弹性功增量为

$$dW_d^e = s_{ij} de_{ij}^e = s_{ij} \frac{ds_{ij}}{2G} = \frac{dJ_2}{2G} \tag{5.6.13}$$

塑性功增量为

$$dW^p = s_{ij} de_{ij}^p = s_{ij} d\lambda \cdot s_{ij} = 2J_2 d\lambda \tag{5.6.14}$$

由式（5.6.14）可得

$$d\lambda = \frac{dW^p}{2J_2} = \frac{dW^p}{2\tau_s^2} \tag{5.6.15}$$

对于理想弹塑性材料，由式（5.6.7）可知，屈服后 $J_2$ 保持不变，所以 $dW_d^e = 0$。

$$dW_d^p = dW_d \tag{5.6.16}$$

因此，当 $\sigma_{ij}$ 和 $d\varepsilon_{ij}$ 给定时，可以确定 $s_{ij}$ 和 $de_{ij}$，进而通过式（5.6.12）和式（5.6.15）确定 $d\lambda$，即

$$d\lambda = \frac{dW_d}{2\tau_s^2} = \frac{s_{ij} de_{ij}}{2\tau_s^2} \tag{5.6.17}$$

由上式可知，给定应力 $s_{ij}$ 和应变增量 $de_{ij}$ 时，可以求得比例系数 $d\lambda$，进而由 Prandtle-Reuss 关系求出应力增量。

但是如果给定应力 $s_{ij}$ 和应力增量 $ds_{ij}$，则定不出 $d\lambda$，也就求不出应变增量。也就是说，给定应力求不出应变增量，这正是理想塑性材料的特点。

### 5.6.3　强化材料与 Mises 条件相关联的增量本构关系

对于强化材料（图 5.3.8），其增量本构关系的推导要遵循以下原则：①一致性条件，即弹塑性加载时，新的应力点 $(\sigma_{ij} + d\sigma_{ij})$ 仍保留在屈服面（$\varphi = 0$）上；②流动法则，即式（5.4.7）；③应力应变关系，即式（5.6.1），其中弹性应变增量 $d\varepsilon_{ij}^e$ 仍然服从广义胡克定律。

下面以等向强化材料为例，推导其与 Mises 屈服条件相关联的增量本构关系。首先根据一致性条件，塑性加载时的应力点满足如下 Mises 后继屈服条件：

$$\varphi = \frac{1}{2} s_{ij} s_{ij} - \frac{1}{3} \sigma_s^2(\bar{\varepsilon}_p) = 0 \tag{5.6.18}$$

对上式全微分，得

$$\frac{\partial \varphi}{\partial \sigma_{ij}} d\sigma_{ij} - \frac{2}{3} \sigma_s E_p d\bar{\varepsilon}_p = 0 \tag{5.6.19}$$

上式考虑到了

$$\frac{\partial \varphi}{\partial \sigma_{ij}} = \frac{\partial}{\partial \sigma_{ij}} \left( \frac{1}{2} s_{ij} s_{ij} \right)$$

且其中

$$E_p = \frac{\mathrm{d}\sigma_s}{\mathrm{d}\bar{\varepsilon}_p} \qquad (5.6.20)$$

对于强化材料，可由单向拉伸时的应力-应变关系曲线得到，即 5.3.2 节式（5.3.30）。

在 Mises 屈服条件下，由流动法则：

$$\mathrm{d}\varepsilon_{ij}^p = \mathrm{d}\lambda \frac{\partial \varphi}{\partial \sigma_{ij}} \qquad (5.6.21)$$

得到

$$\mathrm{d}\bar{\varepsilon}_p = \sqrt{\frac{2}{3} \mathrm{d}\varepsilon_{ij}^p \mathrm{d}\varepsilon_{ij}^p} = \sqrt{\frac{2}{3} (\mathrm{d}\lambda)^2 \frac{\partial \varphi}{\partial \sigma_{ij}} \frac{\partial \varphi}{\partial \sigma_{ij}}} \qquad (5.6.22)$$

上式用到了式（3.6.1），即

$$\bar{\varepsilon} = \sqrt{\frac{4}{3} J_2'} = \sqrt{\frac{2}{3} e_{ij} e_{ij}}$$

在等向强化情况下：

$$\frac{\partial \varphi}{\partial \sigma_{ij}} = \frac{\partial \varphi}{\partial s_{ij}} = s_{ij} \qquad (5.6.23)$$

结合式（5.6.18），得

$$\mathrm{d}\bar{\varepsilon}_p = \sqrt{\frac{2}{3} (\mathrm{d}\lambda)^2 s_{ij} s_{ij}} = \frac{2}{3} \mathrm{d}\lambda \sigma_s \qquad (5.6.24)$$

上式即为 Mises 屈服条件对应的流动法则。

以下确定比例系数 $\mathrm{d}\lambda$。在小应变情况下，由式（5.6.1）得

$$\mathrm{d}\sigma_{ij} = C_{ijkl}^e \mathrm{d}\varepsilon_{kl}^e = C_{ijkl}^e \mathrm{d}\varepsilon_{kl} - C_{ijkl}^e \mathrm{d}\varepsilon_{kl}^p \qquad (5.6.25)$$

再将式（5.4.7）代入，得

$$\mathrm{d}\sigma_{ij} = C_{ijkl}^e \mathrm{d}\varepsilon_{kl} - C_{ijkl}^e \mathrm{d}\lambda \frac{\partial \varphi}{\partial \sigma_{kl}} \qquad (5.6.26)$$

其中 $C_{ijkl}^e$ 是线弹性材料弹性系数的张量表达式，其形式参见式（4.1.17），即

$$C_{ijkl}^e = 2G \left( \delta_{ik} \delta_{jl} + \frac{\nu}{1-2\nu} \delta_{ij} \delta_{kl} \right) \qquad (5.6.27)$$

式（5.6.25）中的 $\mathrm{d}\varepsilon_{ij}^p$ 实际上可以看作是初应变，将式（5.6.26）代入一致性条件表达式（5.6.19），得

$$\frac{\partial \varphi}{\partial \sigma_{ij}} \left( C_{ijkl}^e \mathrm{d}\varepsilon_{kl} - C_{ijkl}^e \mathrm{d}\lambda \frac{\partial \varphi}{\partial \sigma_{kl}} \right) - \frac{2}{3} \sigma_s E_p \mathrm{d}\bar{\varepsilon}_p = 0 \qquad (5.6.28)$$

再将式（5.6.24）代入式（5.6.28），化简以后得

$$\mathrm{d}\lambda = \frac{\dfrac{\partial \varphi}{\partial \sigma_{ij}} C_{ijkl}^e \mathrm{d}\varepsilon_{kl}}{\dfrac{\partial \varphi}{\partial \sigma_{ij}} C_{ijkl}^e \dfrac{\partial \varphi}{\partial \sigma_{kl}} + \dfrac{4}{9} \sigma_s^2 E_p} \qquad (5.6.29)$$

将 $C_{ijkl}^e$ 的表达式（5.6.27）代入，上式可以化简为

$$d\lambda = \frac{\dfrac{\partial \varphi}{\partial \sigma_{ij}} d\varepsilon_{ij}}{\dfrac{2\sigma_s^2}{9G}(3G+E_p)} \tag{5.6.30}$$

将 $d\lambda$ 的表达式代入式（5.6.26），得到应力增量与应变增量的关系式：

$$d\sigma_{ij} = C_{ijkl}^{ep} d\varepsilon_{kl} \tag{5.6.31}$$

其中

$$C_{ijkl}^{ep} = C_{ijkl}^{e} - C_{ijkl}^{p} \tag{5.6.32}$$

$$C_{ijkl}^{p} = \frac{\dfrac{\partial \varphi}{\partial \sigma_{ij}}\dfrac{\partial \varphi}{\partial \sigma_{kl}}}{\dfrac{\sigma_s^2}{9G^2}(3G+E_p)} \tag{5.6.33}$$

对于等向强化材料，$\dfrac{\partial \varphi}{\partial \sigma_{ij}} = s_{ij}$，所以

$$d\lambda = \frac{s_{ij} d\varepsilon_{ij}}{\dfrac{2\sigma_s^2}{9G}(3G+E_p)} \tag{5.6.34}$$

$$C_{ijkl}^{p} = \frac{s_{ij} s_{kl}}{\dfrac{\sigma_s^2}{9G^2}(3G+E_p)} \tag{5.6.35}$$

至此，Mises 屈服条件下等向强化材料的应力应变关系已经完全确定。

对于随动强化材料和组合强化材料的增量本构关系，只需在等向强化材料本构关系基础上稍加修改即可得到。对于随动强化，只需要考虑以下关系：

$$\frac{\partial \varphi}{\partial \sigma_{ij}} = s_{ij} - \bar{\sigma}_{ij} \tag{5.6.36}$$

$$\sigma_s = \sigma_{s0} \tag{5.6.37}$$

得

$$d\lambda = \frac{(s_{ij} - \bar{\sigma}_{ij}) d\varepsilon_{ij}}{\dfrac{2\sigma_{s0}^2}{9G}(3G+E_p)} \tag{5.6.38}$$

$$C_{ijkl}^{p} = \frac{(s_{ij} - \bar{\sigma}_{ij})(s_{kl} - \bar{\sigma}_{kl})}{\dfrac{\sigma_{s0}^2}{9G^2}(3G+E_p)} \tag{5.6.39}$$

用式（5.6.38）、式（5.6.39）代替式（5.6.34）、式（5.6.35），即可使式（5.6.31）表示的增量型本构关系仍然适用。对于组合强化材料，则有

$$\frac{\partial \varphi}{\partial \sigma_{ij}} = s_{ij} - (1-M)\bar{\sigma}_{ij} \tag{5.6.40}$$

$$\sigma_s = \sigma_s(\bar{\varepsilon}_p, M) \tag{5.6.41}$$

由此可得

$$d\lambda = \frac{[s_{ij} - (1-M)\bar{\sigma}_{ij}] d\varepsilon_{ij}}{\dfrac{2\sigma_s^2(\bar{\varepsilon}_p, M)}{9G}(3G+E_p)} \tag{5.6.42}$$

$$C_{ijkl}^p = \frac{[s_{ij} - (1-M)\bar{\sigma}_{ij}][s_{kl} - (1-M)\bar{\sigma}_{kl}]}{\dfrac{\sigma_s^2(\bar{\varepsilon}_p, M)}{9G^2}(3G + E_p)} \qquad (5.6.43)$$

## 5.7 全量理论

全量理论认为应力和应变之间存在着一一对应的关系，因而用应力和应变的终值（全量）建立塑性本构关系。

### 5.7.1 尹留申全量理论

历史上，尹留申在总结前人工作的基础上，系统提出了弹塑性材料小变形条件下的全量理论。该理论有 3 个基本假定：

(1) 材料是各向同性的。

(2) 体积改变服从弹性定律。即

$$\sigma_m = 3K\varepsilon_m, \quad K = \frac{E}{3(1-2\nu)} \qquad (5.7.1)$$

(3) 应力偏量与应变偏量成正比。即

$$e_{ij} = \psi s_{ij} \qquad (5.7.2)$$

式中：$\psi$ 为比例系数。

实验证明，假定（2）比较符合实际情况。假定（3）说明，$e_{ij}$ 和 $s_{ij}$ 是同轴的，在弹性范围内根据式（4.2.9），有

$$e_{ij} = \frac{1}{2G}s_{ij} \qquad (5.7.3)$$

即 $\psi = 1/2G$，所以假定（3）是胡克定律的一个简单推广。由式（5.7.3），以及应力与应变张量的不变量的定义可以得

$$J_2' = \frac{1}{4G^2}J_2 \qquad (5.7.4)$$

引入第 2、第 3 章等效应力（$\bar{\sigma}$）、等效应变的定义 $\bar{\varepsilon}$，式（5.7.4）即为

$$\frac{3}{4}\bar{\varepsilon}^2 = \frac{1}{4G^2}\frac{\bar{\sigma}^2}{3} \qquad (5.7.5)$$

所以

$$G = \frac{\bar{\sigma}}{3\bar{\varepsilon}} \qquad (5.7.6)$$

将式（5.7.6）代入式（5.7.3），得

$$s_{ij} = \frac{2}{3}\frac{\bar{\sigma}}{\bar{\varepsilon}}e_{ij} \qquad (5.7.7)$$

式（5.7.7）即为全量理论中弹塑性条件下的应力应变关系。其中 $\bar{\sigma}$ 是 $\bar{\varepsilon}$ 的函数，可以由单向拉伸的应力应变关系曲线得到。单向拉伸时 3 个主应变为

$$\varepsilon_1 = \varepsilon, \varepsilon_2 = \varepsilon_3 = -\nu\varepsilon \qquad (5.7.8)$$

式中：$\varepsilon$ 为拉伸方向的应变。由此可以得到应变偏量的主应变 $e_1$、$e_2$、$e_3$，进一步求得

$$\bar{\varepsilon} = \sqrt{\frac{2(1+2\nu^2)}{3}} \varepsilon \tag{5.7.9}$$

3 个主应力为

$$\sigma_1 = \sigma, \sigma_2 = \sigma_3 = 0 \tag{5.7.10}$$

式中：$\sigma$ 为拉伸方向的应变。由此得到

$$\bar{\sigma} = \sigma \tag{5.7.11}$$

根据式 (5.7.9) 和式 (5.7.11)，可以由 $\sigma$-$\varepsilon$ 曲线得到 $\bar{\sigma}$-$\bar{\varepsilon}$ 曲线，如果假定材料不可压缩，$\nu = 0.5$，那么 $\sigma$-$\varepsilon$ 曲线即为 $\bar{\sigma}$-$\bar{\varepsilon}$ 曲线。

综合以上推导，全量理论的本构关系用应力应变偏量表示为

$$\left.\begin{array}{l} s_{ij} = \dfrac{2}{3}\dfrac{\bar{\sigma}}{\bar{\varepsilon}} e_{ij} \\[3mm] \sigma_m = 3K\varepsilon_m, K = \dfrac{E}{3(1-2\nu)} \end{array}\right\} \tag{5.7.12}$$

式 (5.7.12) 的第 1 式是用应变表示应力，如果用应力表示应变，也可写成

$$e_{ij} = \frac{1}{2G} s_{ij} + \Phi s_{ij} \tag{5.7.13}$$

等号右边分别为弹性应变分量和塑性应变分量，其中 $\Phi$ 为

$$\Phi = \frac{3}{2}\frac{\bar{\varepsilon}}{\bar{\sigma}} - \frac{1}{2G} \tag{5.7.14}$$

尹留申还提出了一种应力应变偏量之间的关系式。如果把等效应力 $\bar{\sigma}$ 和等效应变 $\bar{\varepsilon}$ 之间的关系写成

$$\bar{\sigma} = E\bar{\varepsilon}[1 - \omega(\bar{\varepsilon})] \tag{5.7.15}$$

其中 $\omega$ 是 $\bar{\varepsilon}$ 的函数。当材料不可压缩时：

$$E = 2G(1+\nu) = 3G \tag{5.7.16}$$

所以

$$\bar{\sigma} = 3G\bar{\varepsilon}[1 - \omega(\bar{\varepsilon})] \tag{5.7.17}$$

将式 (5.7.17) 代入式 (5.7.7)，得

$$s_{ij} = 2G[1 - \omega(\bar{\varepsilon})]e_{ij} \tag{5.7.18}$$

全量理论的本构关系用应力应变全量表示则为

$$\sigma_{ij} = s_{ij} + \sigma_m \delta_{ij} = \frac{2}{3}\frac{\bar{\sigma}}{\bar{\varepsilon}} e_{ij} + 3K\varepsilon_m \delta_{ij} \tag{5.7.19}$$

### 5.7.2 全量理论的适用范围

全量理论虽然简单，但是具有一定的适用范围。下面我们要说明，在简单加载情况下，全量理论与增量理论是等效的，因此能保证分析的精度。

所谓简单加载，是指单元体的应力张量各分量之间的比值保持不变，按同一参量单调增长，即

$$\sigma_{ij} = k(t)\sigma_{ij}^0 \tag{5.7.20}$$

式中：$\sigma_{ij}^0$ 为初始应力张量；$k(t)$ 为比例因子；$t$ 为过程参数（例如时间）。

在简单加载过程中，应力的主方向保持不变，且根据德鲁克公设，该主方向与塑性应

变的主方向一致，所以有

$$d\varepsilon_{ij} = d\varepsilon_{ij}^e + d\varepsilon_{ij}^p = \frac{1}{2G}d\sigma_{ij} - \frac{3\nu}{E}d\sigma_m\delta_{ij} + d\lambda \cdot s_{ij} \tag{5.7.21}$$

或者

$$\left.\begin{array}{l} de_{ij} = \dfrac{ds_{ij}}{2G} + d\lambda \cdot s_{ij} \\[3mm] d\varepsilon_{kk} = \dfrac{1-2\nu}{E}d\sigma_{kk} \end{array}\right\} \tag{5.7.22}$$

其中的 $d\lambda$ 可由增量理论中的公式确定。考虑到简单加载条件式（5.7.20），即

$$s_{ij} = k(t)s_{ij}^0 \tag{5.7.23}$$

代入式（5.7.22）的第 1 式，并从 0 到 $t_1$ 时刻积分，得

$$\int_0^{t_1} de_{ij} = \frac{1}{2G}\int_0^{t_1} ds_{ij} + s_{ij}^0 \int_0^{t_1} k(t)d\lambda \tag{5.7.24}$$

化简后得到 $t_1$ 时刻的应变表达式：

$$e_{ij} = \frac{s_{ij}}{2G} + \frac{s_{ij}}{k(t_1)}\int_0^{t_1} k(t)d\lambda \tag{5.7.25}$$

令

$$\Phi = \frac{\int_0^{t_1} k(t)d\lambda}{k(t_1)} \tag{5.7.26}$$

式（5.7.25）即与尹留申全量理论的应力应变关系式（5.7.13）相同。上述推导说明，增量理论沿简单加载路径积分，即可得到尹留申全量理论，所以简单加载情况下全量理论和增量理论等效。

实验证实，在简单加载或偏离简单加载不大的情况下，可以用简单拉伸的 $\sigma$-$\varepsilon$ 曲线来代替 $\bar{\sigma}$-$\bar{\varepsilon}$ 曲线，这就是单一曲线假定。这样，全量理论的应用更为方便。

现在考虑什么情况下，可以保证物体内部的每一个单元体都处于简单加载情况，即满足式（5.7.20）。尹留申在 1946 年提出了简单加载定理，如果满足下面一组充分条件，物体内部每个单元体都处于简单加载之中，这组条件是：

（1）小变形。

（2）材料不可压缩，即 $\nu = 1/2$。

（3）荷载按比例单调增长，如果有位移边界条件，只能是零位移边界条件。

（4）材料的 $\bar{\sigma}$-$\bar{\varepsilon}$ 曲线具有幂函数的形式，即 $\bar{\sigma} = A\bar{\varepsilon}^m$，$A$、$m$ 为材料常数。

简单加载定理是简单加载的充分条件，但不是必要条件。

与增量理论相比，全量理论应用方便，因为它无须按照加载路径逐步积分。但严格说来，其成立的条件（例如简单加载定理）常常难以满足，所以许多情况下有误差。随着计算技术的发展，基于增量理论的计算已经不太难于实现，但全量理论因其简单性继续在工程中得到一些应用。

## 习　　题

5.1　若已知 $s_1$、$s_2$、$s_3$ 为应力偏量，试证明用应力偏量表示 Mises 条件时，其形

式为

$$\sqrt{\frac{3}{2}(s_1^2 + s_2^2 + s_3^2)} = \sigma_s$$

5.2　已知两端封闭的薄壁圆筒受内压 $p$ 的作用，薄壁筒的直径为 40cm，厚度为 4mm，材料的屈服极限为 $250\text{N}/\text{mm}^2$，试分别用 Mises 屈服条件和 Tresca 屈服条件求出薄壁筒的屈服压力 $p$，如考虑 $\sigma_r$ 的作用时，试分析它对屈服压强 $p$ 的影响将有多大？

5.3　给出受压弯作用的杆的 Tresca 条件与 Mises 条件（杆的截面为矩形截面，材料为理想弹塑性）。

5.4　试阐述常用的 3 种强化模型，写出其与 Mises 屈服条件相对应的后继屈服条件，并绘制三维的后继屈服面和一维的后继屈服曲线。

5.5　已知一两端封闭的薄壁圆筒，平均半径为 $r$，壁厚为 $t$，承受内压 $p$ 的作用而产生塑性变形，假设材料是各项同性的，并忽略弹性应变，试求屈服时周向、轴向和径向应变增量之比。

5.6　在如下两种情况下，试求塑性应变增量的比值。

(1) 单向拉伸应力状态，$\sigma_1 = \sigma_s$；

(2) 纯剪切应力状态 $\tau_2 = \sigma_s/\sqrt{3}$。

5.7　已知两端封闭的薄圆管容器，由内压 $p$ 引起塑性变形，如轴向塑性应变为 $\varepsilon_z^p$，周向塑性应变为 $\varepsilon_\theta^p$，径向塑性应变为 $\varepsilon_r^p$，试求 $\varepsilon_z^p$、$\varepsilon_\theta^p$ 和 $\varepsilon_r^p$ 的比值，并求出 $\varepsilon_\theta^p$ 和压力 $p$ 之间的关系，设材料的塑性应力应变关系为

$$\varepsilon_i^p = [(\sigma_i - \sigma_s)/E_1]^{\frac{1}{n}}$$

式中：$\sigma_i$ 为应力强度，即等效应力 $\bar{\sigma}$；$\varepsilon_i^p$ 为应变强度，即等效应变 $\bar{\varepsilon}$。

# 第6章　弹性与塑性力学问题的建立与基本解法

在前几章中，我们导出了应力、应变、本构关系等弹塑性力学的基本方程和常用公式，现在可以讨论如何求解弹塑性力学问题了。本章将汇总弹塑性力学的基本方程，并按照边界条件将其分类；然后介绍弹塑性力学基本解法，以及求解中用到的一些基本原理。

## 6.1　弹性力学基本方程与边界条件

### 6.1.1　基本方程

首先分析对应于弹性变形的弹性力学基本方程，可以分为平衡方程、几何方程、本构方程。在三维问题中，这 3 类方程如下所述。

（1）平衡方程。

$$\left.\begin{aligned}
\frac{\partial \sigma_x}{\partial x}+\frac{\partial \tau_{yx}}{\partial y}+\frac{\partial \tau_{zx}}{\partial z}+F_{bx}=0\\
\frac{\partial \tau_{xy}}{\partial x}+\frac{\partial \sigma_y}{\partial y}+\frac{\partial \tau_{zy}}{\partial z}+F_{by}=0\\
\frac{\partial \tau_{xz}}{\partial x}+\frac{\partial \tau_{yz}}{\partial y}+\frac{\partial \sigma_z}{\partial z}+F_{bz}=0
\end{aligned}\right\} \tag{6.1.1}$$

上式可用张量公式表示为

$$\sigma_{ij,j}+F_{bi}=0 \tag{6.1.2}$$

（2）几何方程。

$$\left.\begin{aligned}
\varepsilon_x=\frac{\partial u}{\partial x},\quad &\gamma_{xy}=\frac{\partial u}{\partial y}+\frac{\partial v}{\partial x}\\
\varepsilon_y=\frac{\partial v}{\partial y},\quad &\gamma_{yz}=\frac{\partial v}{\partial z}+\frac{\partial w}{\partial y}\\
\varepsilon_z=\frac{\partial w}{\partial z},\quad &\gamma_{zx}=\frac{\partial w}{\partial x}+\frac{\partial u}{\partial z}
\end{aligned}\right\} \tag{6.1.3}$$

上式可用张量公式表示为

$$\varepsilon_{ij}=\frac{1}{2}(u_{i,j}+u_{j,i}) \tag{6.1.4}$$

此外还可补充应变协调方程：

$$\left.\begin{aligned}
\frac{\partial^2 \varepsilon_x}{\partial y^2}+\frac{\partial^2 \varepsilon_y}{\partial x^2}=\frac{\partial^2 \gamma_{xy}}{\partial x \partial y},\quad & 2\frac{\partial^2 \varepsilon_x}{\partial y \partial z}=\frac{\partial}{\partial x}\left(-\frac{\partial \gamma_{yz}}{\partial x}+\frac{\partial \gamma_{zx}}{\partial y}+\frac{\partial \gamma_{xy}}{\partial z}\right)\\
\frac{\partial^2 \varepsilon_y}{\partial z^2}+\frac{\partial^2 \varepsilon_z}{\partial y^2}=\frac{\partial^2 \gamma_{yz}}{\partial y \partial z},\quad & 2\frac{\partial^2 \varepsilon_y}{\partial z \partial x}=\frac{\partial}{\partial y}\left(\frac{\partial \gamma_{yz}}{\partial x}-\frac{\partial \gamma_{zx}}{\partial y}+\frac{\partial \gamma_{xy}}{\partial z}\right)\\
\frac{\partial^2 \varepsilon_z}{\partial x^2}+\frac{\partial^2 \varepsilon_x}{\partial z^2}=\frac{\partial^2 \gamma_{zx}}{\partial z \partial x},\quad & 2\frac{\partial^2 \varepsilon_z}{\partial x \partial y}=\frac{\partial}{\partial z}\left(\frac{\partial \gamma_{yz}}{\partial x}+\frac{\partial \gamma_{zx}}{\partial y}-\frac{\partial \gamma_{xy}}{\partial z}\right)
\end{aligned}\right\} \tag{6.1.5}$$

（3）本构方程。由于弹性力学中变形体处于弹性阶段，其本构方程也是弹性本构方程。对于线弹性材料，其本构方程为广义胡克定律，即

$$\left.\begin{aligned}
\varepsilon_x &= \frac{1}{E}[\sigma_x - \nu(\sigma_y + \sigma_z)], \quad \gamma_{xy} = \frac{\tau_{xy}}{G} \\
\varepsilon_y &= \frac{1}{E}[\sigma_y - \nu(\sigma_z + \sigma_x)], \quad \gamma_{yz} = \frac{\tau_{yz}}{G} \\
\varepsilon_z &= \frac{1}{E}[\sigma_z - \nu(\sigma_x + \sigma_y)], \quad \gamma_{zx} = \frac{\tau_{zx}}{G}
\end{aligned}\right\} \tag{6.1.6}$$

上式可用张量公式表示为

$$\varepsilon_{ij} = \frac{1+\nu}{E}\sigma_{ij} - \frac{\nu}{E}\delta_{ij}\sigma_{kk} \tag{6.1.7}$$

### 6.1.2 边界条件

根据第 2 章的介绍，弹塑性力学中的边界条件如下所述。

（1）应力边界条件。

$$\left.\begin{aligned}
\overline{p}_x &= \sigma_x n_x + \tau_{yx} n_y + \tau_{zx} n_z \\
\overline{p}_y &= \tau_{xy} n_x + \sigma_y n_y + \tau_{zy} n_z \\
\overline{p}_z &= \tau_{zx} n_x + \tau_{yz} n_y + \sigma_z n_z
\end{aligned}\right\} \tag{6.1.8}$$

上式可用张量公式表示为

$$\overline{p}_i = \sigma_{ij} n_j \tag{6.1.9}$$

（2）位移边界条件。

$$\overline{\boldsymbol{u}} = \boldsymbol{u} \tag{6.1.10}$$

其中 $\boldsymbol{u} = (u, v, w)$ 为矢量，上式可用分量表示为

$$u_i = \overline{u}_i, i = 1, 2, 3 \tag{6.1.11}$$

（3）混合边界条件。混合边界条件即为部分给定应力、部分给定位移的边界条件，即

$$\overline{p}_i = \sigma_{ij} n_j, 在 S_\sigma 上 \tag{6.1.12}$$

$$u_i = \overline{u}_i, 在 S_u 上 \tag{6.1.13}$$

总的来说，对于弹性力学问题，一共有 15 个方程，即 3 个平衡方程、6 个几何方程、6 个本构方程；需要求解的变量也是 15 个，即 3 个位移分量、6 个应变分量、6 个应力分量，在给定边界条件时，问题可解。

### 6.1.3 弹性力学问题的提法

求解弹性力学问题的目的，是在给定物体边界或内部的作用（包括温度、外力等）下，求解物体内因此而产生的应力、应变和位移场。求解方法需要结合弹性力学的基本方程和边界条件，这种在给定的边界条件下求解偏微分方程组的问题，称为偏微分方程组的边值问题。对应于应力边界条件的边值问题称为第一类边值问题，对应于位移边界条件的边值问题称为第二类边值问题，对应于混合边界条件的边值问题称为第三类边值问题。

## 6.2 弹性力学问题的基本解法

弹性力学问题求解时，根据基本变量的不同，可以分为位移法和应力法。

### 6.2.1　位移法

位移法是以位移为基本未知量的解法，为此需要将平衡方程式（6.1.1）转化为用位移表示的形式。首先引入拉梅常数表示的广义胡克定律式（4.1.7），将应力用应变来表示；然后引入几何方程式（6.1.3），将应变用位移来表示；最后，将位移表示的应力分量代入平衡方程（6.1.1），得到用位移表示的平衡方程：

$$\left.\begin{aligned}(\lambda+\mu)\frac{\partial\theta}{\partial x}+\mu\,\nabla^2 u+F_{bx}=0\\[4pt](\lambda+\mu)\frac{\partial\theta}{\partial y}+\mu\,\nabla^2 v+F_{by}=0\\[4pt](\lambda+\mu)\frac{\partial\theta}{\partial z}+\mu\,\nabla^2 w+F_{bz}=0\end{aligned}\right\} \tag{6.2.1}$$

式中：$\theta$ 为体积应变，$\theta=\varepsilon_x+\varepsilon_y+\varepsilon_z$；$\nabla^2$ 是拉普拉斯算子。

$$\nabla^2=\frac{\partial^2}{\partial x^2}+\frac{\partial^2}{\partial y^2}+\frac{\partial^2}{\partial z^2} \tag{6.2.2}$$

方程式（6.2.1）可以用张量符号简写为

$$(\lambda+\mu)u_{j,ji}+\mu u_{i,jj}+f_i=0 \tag{6.2.3}$$

方程式（6.2.3）的推导包含了平衡方程、几何方程和本构方程的信息，求解时只需补充边界条件。当边界条件为给定位移时，可以直接使用；当边界条件为给定面力时，则可通过广义胡克定律和几何方程，将其中的应力用位移来表示。

当不计体力时，位移法基本方程为

$$\left.\begin{aligned}(\lambda+\mu)\frac{\partial\theta}{\partial x}+\mu\,\nabla^2 u=0\\[4pt](\lambda+\mu)\frac{\partial\theta}{\partial y}+\mu\,\nabla^2 v=0\\[4pt](\lambda+\mu)\frac{\partial\theta}{\partial z}+\mu\,\nabla^2 w=0\end{aligned}\right\} \tag{6.2.4}$$

上式称为拉梅-纳维方程。

### 6.2.2　应力法

应力法是以应力为基本未知量的方法，应力要满足平衡方程：

$$\left.\begin{aligned}\frac{\partial\sigma_x}{\partial x}+\frac{\partial\tau_{yx}}{\partial y}+\frac{\partial\tau_{zx}}{\partial z}+F_{bx}=0\\[4pt]\frac{\partial\tau_{xy}}{\partial x}+\frac{\partial\sigma_y}{\partial y}+\frac{\partial\tau_{zy}}{\partial z}+F_{by}=0\\[4pt]\frac{\partial\tau_{xz}}{\partial x}+\frac{\partial\tau_{yz}}{\partial y}+\frac{\partial\sigma_z}{\partial z}+F_{bz}=0\end{aligned}\right\} \tag{6.2.5}$$

由应力求得的应变还需要满足应变协调方程，因此需要将应变协调方程式（6.1.5）用应力表示。以下式为例：

$$\frac{\partial^2\varepsilon_y}{\partial z^2}+\frac{\partial^2\varepsilon_z}{\partial y^2}=\frac{\partial^2\gamma_{yz}}{\partial y\partial z} \tag{6.2.6}$$

用广义胡克定律式（6.1.6）将其中的应变用应力表示，得

$$(1+\nu)\left(\frac{\partial^2\sigma_y}{\partial z^2}+\frac{\partial^2\sigma_z}{\partial y^2}\right)-\nu\left(\frac{\partial^2\sigma}{\partial z^2}+\frac{\partial^2\sigma}{\partial y^2}\right)=2(1+\nu)\frac{\partial^2\tau_{yz}}{\partial y\partial z} \tag{6.2.7}$$

式中：$\sigma=\sigma_x+\sigma_y+\sigma_z$。

利用平衡方程式（6.1.1）得

$$\begin{aligned}
\frac{\partial^2\tau_{zy}}{\partial y\partial z}&=\frac{\partial}{\partial z}\left(\frac{\partial\tau_{zy}}{\partial y}\right)=\frac{\partial}{\partial z}\left(-\frac{\partial\tau_{zx}}{\partial x}-\frac{\partial\sigma_z}{\partial z}-F_{bz}\right)\\
&=\frac{\partial}{\partial y}\left(\frac{\partial\tau_{zy}}{\partial z}\right)=\frac{\partial}{\partial y}\left(-\frac{\partial\sigma_y}{\partial y}-\frac{\partial\tau_{yx}}{\partial x}-F_{by}\right)
\end{aligned} \tag{6.2.8}$$

因此式（6.2.7）可写为

$$\begin{aligned}
&(1+\nu)\left(\frac{\partial^2}{\partial z^2}+\frac{\partial^2}{\partial y^2}\right)(\sigma_y+\sigma_z)-\nu\left(\frac{\partial^2\sigma}{\partial z^2}+\frac{\partial^2\sigma}{\partial y^2}\right)\\
&=-(1+\nu)\left[\frac{\partial}{\partial x}\left(\frac{\partial\tau_{zx}}{\partial z}+\frac{\partial\tau_{xy}}{\partial y}\right)+\frac{\partial F_{bz}}{\partial z}+\frac{\partial F_{by}}{\partial y}\right]
\end{aligned} \tag{6.2.9}$$

化简后得

$$(1+\nu)\left(\nabla^2\sigma-\nabla^2\sigma_x-\frac{\partial^2\sigma}{\partial x^2}\right)-\nu\left(\nabla^2\sigma-\frac{\partial^2\sigma}{\partial x^2}\right)=(1+\nu)\left(\frac{\partial F_{bx}}{\partial x}-\frac{\partial F_{by}}{\partial y}-\frac{\partial F_{bz}}{\partial z}\right) \tag{6.2.10}$$

同理由 $\dfrac{\partial^2\varepsilon_x}{\partial y^2}+\dfrac{\partial^2\varepsilon_y}{\partial x^2}=\dfrac{\partial^2\gamma_{xy}}{\partial x\partial y}$ 可得

$$(1+\nu)\left(\nabla^2\sigma-\nabla^2\sigma_z-\frac{\partial^2\sigma}{\partial z^2}\right)-\nu\left(\nabla^2\sigma-\frac{\partial^2\sigma}{\partial z^2}\right)=(1+\nu)\left(\frac{\partial F_{bz}}{\partial z}-\frac{\partial F_{bx}}{\partial x}-\frac{\partial F_{by}}{\partial y}\right) \tag{6.2.11}$$

由 $\dfrac{\partial^2\varepsilon_z}{\partial x^2}+\dfrac{\partial^2\varepsilon_x}{\partial z^2}=\dfrac{\partial^2\gamma_{zx}}{\partial z\partial x}$ 可得

$$(1+\nu)\left(\nabla^2\sigma-\nabla^2\sigma_y-\frac{\partial^2\sigma}{\partial y^2}\right)-\nu\left(\nabla^2\sigma-\frac{\partial^2\sigma}{\partial y^2}\right)=(1+\nu)\left(\frac{\partial F_{by}}{\partial y}-\frac{\partial F_{bz}}{\partial z}-\frac{\partial F_{bx}}{\partial x}\right) \tag{6.2.12}$$

将式（6.2.10）～式（6.2.12）3式相加，得

$$\nabla^2\sigma=-\frac{1+\nu}{1-\nu}\left(\frac{\partial F_{bx}}{\partial x}+\frac{\partial F_{by}}{\partial y}+\frac{\partial F_{bz}}{\partial z}\right) \tag{6.2.13}$$

将式（6.2.13）代入式（6.2.10），得

$$\nabla^2\sigma_x+\frac{1}{1+\nu}\frac{\partial^2\sigma}{\partial x^2}=-\frac{\nu}{1-\nu}\left(\frac{\partial F_{bx}}{\partial x}+\frac{\partial F_{by}}{\partial y}+\frac{\partial F_{bz}}{\partial z}\right)-2\frac{\partial F_{bx}}{\partial x} \tag{6.2.14}$$

类似还可以得到其他 5 个方程，于是获得 6 个用应力表示的应变协调方程：

$$\left.\begin{aligned}
&\nabla^2\sigma_x+\frac{1}{1+\nu}\frac{\partial^2\sigma}{\partial x^2}=-\frac{\nu}{1-\nu}\left(\frac{\partial F_{bx}}{\partial x}+\frac{\partial F_{by}}{\partial y}+\frac{\partial F_{bz}}{\partial z}\right)-2\frac{\partial F_{bx}}{\partial x}\\
&\nabla^2\sigma_y+\frac{1}{1+\nu}\frac{\partial^2\sigma}{\partial y^2}=-\frac{\nu}{1-\nu}\left(\frac{\partial F_{bx}}{\partial x}+\frac{\partial F_{by}}{\partial y}+\frac{\partial F_{bz}}{\partial z}\right)-2\frac{\partial F_{by}}{\partial y}\\
&\nabla^2\sigma_y+\frac{1}{1+\nu}\frac{\partial^2\sigma}{\partial y^2}=-\frac{\nu}{1-\nu}\left(\frac{\partial F_{bx}}{\partial x}+\frac{\partial F_{by}}{\partial y}+\frac{\partial F_{bz}}{\partial z}\right)-2\frac{\partial F_{by}}{\partial y}\\
&\nabla^2\tau_{xy}+\frac{1}{1+\nu}\frac{\partial^2\sigma}{\partial x\partial y}=-\left(\frac{\partial F_{by}}{\partial x}+\frac{\partial F_{bx}}{\partial y}\right)\\
&\nabla^2\tau_{yz}+\frac{1}{1+\nu}\frac{\partial^2\sigma}{\partial y\partial z}=-\left(\frac{\partial F_{bz}}{\partial y}+\frac{\partial F_{by}}{\partial z}\right)\\
&\nabla^2\tau_{zx}+\frac{1}{1+\nu}\frac{\partial^2\sigma}{\partial z\partial x}=-\left(\frac{\partial F_{bx}}{\partial z}+\frac{\partial F_{bz}}{\partial x}\right)
\end{aligned}\right\} \tag{6.2.15}$$

以上 6 式也称为米切尔方程，当体力为常数（包括 0）时，米切尔方程与体力无关，写成张量形式为

$$\nabla^2 \sigma_{ij} + \frac{1}{1+\nu} \sigma_{,ij} = 0 \tag{6.2.16}$$

因此，应力法求解弹性力学问题，归结为求满足 3 个平衡方程，6 个应变协调方程以及边界条件的 6 个应力分量 $\sigma_{ij}$。

## 6.3　塑性力学基本方程与求解方法

### 6.3.1　基本方程

塑性力学的基本方程也可以分为平衡方程、几何方程、本构方程。此外求解时还需要配合边界条件。增量理论和全量理论的基本方程与边界条件有所不同，可以用张量公式表示如下。

（1）平衡方程。增量理论的平衡方程为

$$\mathrm{d}\sigma_{ij,j} + \mathrm{d}F_{bi} = 0 \tag{6.3.1}$$

式中：$\mathrm{d}\sigma_{ij}$ 为应力增量；$\mathrm{d}F_{bi}$ 为体力增量。

全量理论的平衡方程与弹性力学的平衡方程相同

$$\sigma_{ij,j} + F_{bi} = 0 \tag{6.3.2}$$

式中：$\sigma_{ij}$ 为应力；$F_{bi}$ 为体力。

（2）几何方程。增量理论中采用的增量型几何方程为

$$\mathrm{d}\varepsilon_{ij} = \frac{1}{2}(\mathrm{d}u_{i,j} + \mathrm{d}u_{j,i}) \tag{6.3.3}$$

式中：$\mathrm{d}\varepsilon_{ij}$ 为应变增量；$\mathrm{d}u_i$ 为位移增量。

全量理论的几何方程与弹性力学的几何方程相同：

$$\varepsilon_{ij} = \frac{1}{2}(u_{i,j} + u_{j,i}) \tag{6.3.4}$$

（3）本构方程。物体在弹性变形阶段的本构方程为式（6.1.7），在塑性变形阶段，材料已经发生屈服，此时本构方程可采用增量理论或全量理论。

当采用增量理论时，对应的增量型本构方程为

$$\mathrm{d}\varepsilon_{ij} = \mathrm{d}\varepsilon_{ij}^e + \mathrm{d}\varepsilon_{ij}^p \tag{6.3.5}$$

其中的弹性应变增量满足广义胡克定律：

$$\mathrm{d}\varepsilon_{ij}^e = \frac{\mathrm{d}\sigma_{ij}}{2G} - \frac{3\nu}{E}\mathrm{d}\sigma_m \delta_{ij} \tag{6.3.6}$$

塑性应变增量则根据德鲁克公设求解：

$$\mathrm{d}\varepsilon_{ij}^p = \mathrm{d}\lambda \frac{\partial \varphi}{\partial \sigma_{ij}}, \mathrm{d}\lambda = \frac{3\mathrm{d}\bar{\varepsilon}_p}{2\sigma_s} \tag{6.3.7}$$

当采用全量理论时，本构方程为

$$\left.\begin{array}{l} e_{ij} = \dfrac{3}{2}\dfrac{\bar{\varepsilon}}{\bar{\sigma}} s_{ij} \\[2mm] \varepsilon_m = \dfrac{\sigma_m}{3K}, K = \dfrac{E}{3(1-2\nu)} \end{array}\right\} \tag{6.3.8}$$

除上述方程外，塑性力学问题还需要增加一个屈服条件方程，即

$$\varphi(\sigma_{ij}, \xi_a) = 0 \tag{6.3.9}$$

当 $\varphi(\sigma_{ij}, \xi_a) < 0$ 时，为弹性区；当 $\varphi(\sigma_{ij}, \xi_a) = 0$ 时，为塑性区。对于初始屈服情况，式（6.3.9）退化为式（5.1.2）。

（4）边界条件。增量理论的边界条件在给定面力时为

$$\mathrm{d}\,\overline{p}_i = \mathrm{d}\sigma_{ij} n_j \tag{6.3.10}$$

给定位移时为

$$\mathrm{d}u_i = \mathrm{d}\,\overline{u}_i \tag{6.3.11}$$

全量理论的边界条件与弹性力学时相同，即给定面力时为

$$\overline{p}_i = \sigma_{ij} n_j \tag{6.3.12}$$

给定位移时为

$$u_i = \overline{u}_i \tag{6.3.13}$$

总的来说，对塑性力学问题，则一共有 16 个方程，即 3 个平衡方程、6 个几何方程、6 个本构方程、1 个屈服条件方程；需要求解的变量也是 16 个，即 3 个位移分量、6 个应变分量、6 个应力分量、1 个塑性参数 $\mathrm{d}\lambda$，因此在给定边界条件时，问题可解。

### 6.3.2 塑性力学问题的基本解法

塑性力学问题求解时，对应于增量理论和全量理论，也采用不同的求解方法。

（1）增量理论对应的解法。在增量理论中，塑性力学问题的提法为：已知 $t$ 时刻物体的加载历史、应力场（$\sigma_{ij}$）、应变场（$\varepsilon_{ij}$）、位移场（$u_i$）、加载面方程，以及 $t$ 时刻作用于物体上的体力增量（$\mathrm{d}F_{bi}$）、边界面力增量（$\mathrm{d}p_i$，在 $S_\sigma$ 边界上）、边界位移增量（$\mathrm{d}u_{bi}$，在 $S_u$ 边界上），求解 $t+\Delta t$ 时刻的位移场、应变场和应力场。

求解时，要根据增量理论的平衡方程、几何方程、本构方程、屈服条件、边界条件，求出 $t+\Delta t$ 时刻的应力增量（$\mathrm{d}\sigma_{ij}$）、应变增量（$\mathrm{d}\varepsilon_{ij}$）、位移增量（$\mathrm{d}u_i$），从而获得 $t+\Delta t$ 时刻的应力、应变和位移场：

$$\left. \begin{array}{l} \sigma_{ij}|_{t+\Delta t} = \sigma_{ij}|_t + \mathrm{d}\sigma_{ij} \\ \varepsilon_{ij}|_{t+\Delta t} = \varepsilon_{ij}|_t + \mathrm{d}\varepsilon_{ij} \\ u_i|_{t+\Delta t} = u_i|_t + \mathrm{d}u_i \end{array} \right\} \tag{6.3.14}$$

由此也可确定新的加载面方程。根据以上关系，在实际求解过程中，可以将加载过程划分为小段增量，分步加载计算，得到最终的位移、应变和应力。

（2）全量理论对应的解法。在全量理论中，塑性力学问题的提法为：已知作用于物体上的体力（$F_{bi}$）、边界面力（$p_i$，在 $S_\sigma$ 边界上）、边界位移（$u_{bi}$，在 $S_u$ 边界上）的加载历史，求解某一时刻物体的应力场（$\sigma_{ij}$）、应变场（$\varepsilon_{ij}$）、位移场（$u_i$）。

求解时，根据全量理论的平衡方程、几何方程、本构方程、屈服条件、边界条件，获得某一时刻的应力、应变和位移场。全量理论边值问题的实际解法与弹性问题一样，有两种基本方法，即位移法和应力法。

在全量理论适用并按位移法求解弹塑性力学问题时，尹留申提出的弹性解方法很便于应用。他把应力应变偏量之间的关系式（5.7.18）代入位移法平衡方程的推导中，经过与 6.2.1 节类似的推导过程，得

$$(\lambda+\mu)u_{j,ji}+\mu u_{i,jj}-2\mu(\omega e_{ij})_{,j}+f_i=0 \qquad (6.3.15)$$

上式可以改写为

$$(\lambda+\mu)u_{j,ji}+\mu u_{i,jj}+f_i=2\mu(\omega e_{ij})_{,j} \qquad (6.3.16)$$

首先令 $\omega=0$，式（6.3.16）退化为线弹性方程，求得弹性解；再将弹性解作为第一次近似解，代入式（6.3.16）右端项作为已知量，再求解式（6.3.16），求得二次近似解。重复以上过程，直到前后两次近似解的值差别很小，即可认为得到弹塑性解。

## 6.4　解的唯一性定理、圣维南原理、叠加原理

### 6.4.1　解的唯一性定理

可以证明，弹塑性力学基本方程在给定边界条件情况下，其解是存在且唯一的。解的存在性由于证明过程繁复，这里不拟介绍。解的唯一性对于弹性和塑性情况下也都成立，但是我们只在小变形、线弹性条件下来证明。

假设 $\sigma_{ij}^{(1)}$ 和 $\sigma_{ij}^{(2)}$ 是同一弹性力学问题的两组应力解，它们的差为

$$\sigma_{ij}^{*}=\sigma_{ij}^{(1)}-\sigma_{ij}^{(2)} \qquad (6.4.1)$$

由

$$\sigma_{ij,j}^{(1)}+F_{bi}=0,\sigma_{ij,j}^{(2)}+F_{bi}=0 \qquad (6.4.2)$$

得

$$\sigma_{ij,j}^{*}=0 \qquad (6.4.3)$$

所以 $\sigma_{ij}^{*}$ 满足体力为 0 情况下的平衡方程。同理也可推出 $\sigma_{ij}^{*}$ 满足体力为 0 情况下的协调方程，即

$$\nabla^2\sigma_{ij}^{*}+\frac{1}{1+v}\sigma_{,ij}^{*}=0 \qquad (6.4.4)$$

再由边界条件

$$\sigma_{ij}^{(1)}n_j=P_i,\sigma_{ij}^{(2)}n_j=P_i \qquad (6.4.5)$$

得

$$\sigma_{ij}^{*}n_j=0 \qquad (6.4.6)$$

即 $\sigma_{ij}^{*}$ 满足无面力情况下的边界条件。

综上所述，$\sigma_{ij}^{*}$ 满足无体力、无面力的自然状态下的平衡方程和边界条件，此时

$$\sigma_{ij}^{*}=0 \qquad (6.4.7)$$

所以

$$\sigma_{ij}^{(1)}-\sigma_{ij}^{(2)}=\sigma_{ij}^{*}=0 \qquad (6.4.8)$$

即 $\sigma_{ij}^{(1)}$ 和 $\sigma_{ij}^{(2)}$ 实际上是同一组解，由此说明弹性力学问题的解是唯一的。

解的唯一性定理可以简化弹塑性力学问题的求解。一般情况下，我们很难得到弹塑性力学问题的解析解，因此人们往往采用逆解法或者半逆解法来求解。所谓逆解法，就是预先选取一组表示位移或应力的函数，然后验证其是否满足弹塑性基本方程和边界条件；所谓半逆解法，就是在所有的未知量中，预先假设一部分已知，另一部分则根据基本方程和边界条件求出，从而得到全部的未知量。解的唯一性定理为逆解法和半逆解法提供了理论

依据，它表明由这两种方法得到的解答就是弹塑性力学问题的唯一解。

### 6.4.2 圣维南原理

在求解弹塑性问题时，在边界上我们经常碰到不知道应力的确切分布，而只知道其合力和合力矩的情况。这种不完全精确的边界条件对物体内部应力应变的影响程度可以由圣维南原理来回答。

圣维南原理可表述为：作用在弹性体表面局部面积上的力系，如果被同一作用面上的等效力系所代替，只会影响与荷载作用处很近处的应力，对荷载较远处只有极小的影响。

以下用 3 个例子说明圣维南原理的应用。如图6.4.1 所示为钳子夹住一根直杆，那么直杆上加上了一组平衡力系，实验证明，无论作用的力有多大，在 A 区域以外的应力很小。这一现象可以用圣维南原理来解释，钳子的作用只会影响作用点很近处的应力，对荷载较远处影响极小。研究表明，影响区域的大小，大致与外力作用区的大小相当。

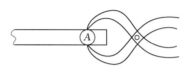

图 6.4.1 应用圣维南原理确定
局部平衡力系的影响区域

如图 6.4.2（a）所示为杆件的轴向拉伸试验，杆件端部用夹具施加拉力，图 6.4.2（b）为受力分析图。由于实验中端部拉力的施加方式既不是集中力，也不是均布力，因此按照均布压力考虑的受力分析图与实际情况存在一定的差异。但是根据圣维南原理，这种端部局部受力情况的差异只会影响力作用点附近的应力，其影响范围与杆件横截面的尺度接近，如图 6.4.2（b）所示，即使端部应力分布不均匀，到距离受力端超过 $b$ 以后，杆件横截面上应力接近均匀分布，可以视为实验中的工作段。

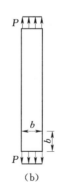
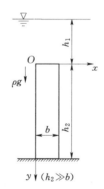

（a）　　　　　　（b）

图 6.4.2 应用圣维南原理确定轴向拉伸实验的工作段
（a）加载试件与夹具；（b）受力分析图

图 6.4.3 应用圣维南原理
获得应力边界条件

如图 6.4.3 所示为厚度 $\delta=1$，宽度为 $b$，高度为 $h_2$ 的六面体，其暴露于水中部分的边界条件可用应力边界条件表示，底部边界条件则可用位移边界条件表示为

$$(u)_{y=h_2}=0,(v)_{y=h_2}=0 \tag{6.4.9}$$

也可以用应力边界来表示，此时可以根据固定段的约束反力：

$$F_s=0,F_N=-\rho g h_1 b,M=0 \tag{6.4.10}$$

结合圣维南原理，获得积分形式的应力边界条件：

$$\int_0^b (\tau_{xy})_{y=h_2} \, \mathrm{d}x = 0$$

$$\int_0^b (\sigma_y)_{y=h_2} \, \mathrm{d}x = -\rho g h_1 b$$

$$\int_0^b (\sigma_y)_{y=h_2} \left(x - \frac{b}{2}\right) \mathrm{d}x = 0 \tag{6.4.11}$$

### 6.4.3　叠加原理

在弹性力学中，我们可以将复杂荷载作用分解为多个简单荷载的叠加，复杂荷载下的弹性力学解（应力和变形）也是简单荷载单独作用下解的叠加，这就是叠加原理。

在叠加原理成立时，如果 $\sigma_{ij}^{(1)}$ 是面力 $p_i^{(1)}$ 和体力 $F_{bi}^{(1)}$ 作用下的弹性力学问题的解，$\sigma_{ij}^{(2)}$ 是面力 $p_i^{(2)}$ 和体力 $F_{bi}^{(2)}$ 作用下的弹性力学问题的解，那么 $\sigma_{ij}^{(1)} + \sigma_{ij}^{(2)}$ 是面力 $p_i^{(1)} + p_i^{(2)}$ 和体力 $F_{bi}^{(1)} + F_{bi}^{(2)}$ 作用下的弹性力学问题的解，这一结论可以简证如下。

由基本方程 $\sigma_{ij,j}^{(1)} + F_{bi}^{(1)} = 0$ 和 $\sigma_{ij,j}^{(2)} + F_{bi}^{(2)} = 0$ 得

$$\left[\sigma_{ij}^{(1)} + \sigma_{ij}^{(2)}\right]_{,j} + \left[F_{bi}^{(1)} + F_{bi}^{(2)}\right] = 0 \tag{6.4.12}$$

由边界条件 $\sigma_{ij}^{(1)} n_j = p_i^{(1)}$，$\sigma_{ij}^{(2)} n_j = p_i^{(2)}$ 得

$$\left[\sigma_{ij}^{(1)} + \sigma_{ij}^{(2)}\right] n_j = p_i^{(1)} + p_i^{(2)} \tag{6.4.13}$$

同样，协调方程也可以合并。因此，$\sigma_{ij}^{(1)} + \sigma_{ij}^{(2)}$ 是面力 $p_i^{(1)} + p_i^{(2)}$ 和体力 $F_{bi}^{(1)} + F_{bi}^{(2)}$ 作用下的弹性力学问题解。

需要指出的是，小变形、线弹性本构方程是叠加原理成立的条件。大变形情况下，位移和应变之间是非线性关系；塑性情况下，应力和应变之间是非线性关系，因此这两种情况下叠加原理都不适用。

# 习　题

6.1　试写出弹性力学的基本方程，它们可以分为哪几类？

6.2　弹性力学问题的边界条件有哪几类？并用公式表示。

6.3　位移法求解弹性力学问题时，需要使用应变协调方程吗？为什么？

6.4　塑性力学的本构方程可以分为哪两类？

6.5　与弹性力学相比，塑性力学的方程与未知数有什么变化？

6.6　塑性力学的基本解法有哪两类？

6.7　逆解法、半逆解法的理论根据是什么？

6.8　叠加原理的使用条件是什么，为什么？

6.9　试提出圣维南原理在力学分析中应用的 2 个例子。

6.10　列出如习题 6.10 图所示问题的全部边界条件。提示：端部可利用应用圣维南原理列边界条件。

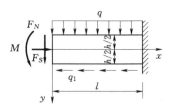

习题 6.10 图

# 第7章 平 面 问 题

当工程问题中某些结构的形状和受力情况具有一定特点时，可以将三维的弹塑性力学问题简化为二维的平面问题，方便问题的求解。

## 7.1 平面问题的基本方程

按照几何形状、受力与变形方式的不同，平面问题可以分成平面应力问题和平面应变问题。

### 7.1.1 平面应力问题

薄板如图 7.1.1 所示，厚度为 $t$，其所受外力都平行于薄板平面，并沿厚度方向不变，在板的上下表面（$z = \pm t/2$ 处）不受外力作用，即有

$$(\sigma_z)_{z=\pm t/2} = 0, (\tau_{yz})_{z=\pm t/2} = 0, (\tau_{zx})_{z=\pm t/2} = 0$$

$$(7.1.1)$$

由于薄板上下表面（与 $z$ 轴垂直）的外力为 0，侧面 $z$ 轴方向的外力也为 0，所以在板的内部，$\sigma_z$、$\tau_{yz}$、$\tau_{zx}$ 都很小；并且由于薄板所受的平行于薄板平面的外力沿厚度方向不变，所以 $\sigma_x$、$\sigma_y$、$\tau_{xy}$ 沿厚度（$z$ 轴）方向的变化也很小，即有

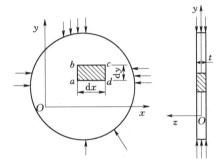

图 7.1.1 薄板的平面应力问题

$$\sigma_z = \tau_{zx} = \tau_{yz} = 0, \sigma_x = \sigma_x(x,y), \sigma_y = \sigma_y(x,y), \tau_{xy} = \tau_{xy}(x,y) \qquad (7.1.2)$$

因为应力都是在 $Oxy$ 平面内发生的，且与 $z$ 坐标无关，因此该类问题称为平面应力问题。

平力应力问题的平衡方程可以简化为

$$\left.\begin{array}{l} \dfrac{\partial \sigma_x}{\partial x} + \dfrac{\partial \tau_{yx}}{\partial y} + F_{bx} = 0 \\[3mm] \dfrac{\partial \tau_{xy}}{\partial x} + \dfrac{\partial \sigma_y}{\partial y} + F_{by} = 0 \end{array}\right\} \qquad (7.1.3)$$

边界条件为

$$\left.\begin{array}{l} p_x = \sigma_x n_x + \tau_{xy} n_y \\[2mm] p_y = \tau_{xy} n_x + \sigma_y n_y \end{array}\right\} \qquad (7.1.4)$$

式中：$p_x$、$p_y$ 分别为面力在 $x$、$y$ 方向的分量；$n_x$、$n_y$ 分别为侧面边界外法线 $\boldsymbol{n}$ 与 $x$、$y$ 轴夹角的余弦。

弹性本构方程为

$$\left. \begin{aligned} \varepsilon_x &= \frac{1}{E}(\sigma_x - \nu\sigma_y), \quad \gamma_{xy} = \frac{\tau_{xy}}{G} \\ \varepsilon_y &= \frac{1}{E}(\sigma_y - \nu\sigma_x), \quad \gamma_{yz} = 0 \\ \varepsilon_z &= -\frac{\nu}{E}(\sigma_x + \sigma_y), \quad \gamma_{zx} = 0 \end{aligned} \right\}$$ (7.1.5)

应变协调方程为

$$\frac{\partial^2 \varepsilon_x}{\partial y^2} + \frac{\partial^2 \varepsilon_y}{\partial x^2} = \frac{\partial^2 \gamma_{xy}}{\partial y \partial x}$$ (7.1.6)

利用平衡方程和胡克定律，将上式中的应变用 $\sigma_x$ 和 $\sigma_y$ 表示，最终可以得到

$$\left(\frac{\partial^2}{\partial y^2} + \frac{\partial^2}{\partial x^2}\right)(\sigma_x + \sigma_y) = -(1+\nu)\left(\frac{\partial F_{bx}}{\partial x} + \frac{\partial F_{by}}{\partial y}\right)$$ (7.1.7)

上式为用应力分量表示的应变协调方程，常用于应力解法。如果体力为常数，式（7.1.7）可化为

$$\left(\frac{\partial^2}{\partial y^2} + \frac{\partial^2}{\partial x^2}\right)(\sigma_x + \sigma_y) = 0$$ (7.1.8)

即为

$$\nabla^2(\sigma_x + \sigma_y) = 0$$ (7.1.9)

式中：$\nabla^2$ 为拉普拉斯算子。式（7.1.9）称为莱维方程。

### 7.1.2 平面应变问题

以图 7.1.2 所示水坝为例，柱形体 $z$ 轴为其母线方向，其所受外力与 $z$ 轴垂直，而且它们的分布规律不随坐标 $z$ 而变化。在上述条件下，可以认为该柱形体是无限长的，如果从中任意取出一个横截面，那么柱形水坝的形状和受载情况对此截面是对称的，因此，变形时截面上各点只能在其自身平面（$Oxy$ 平面）内移动，而沿 $z$ 轴的位移为 0；另外，不同的横截面都是对称面，具有完全相同的位移，因此面内位移与 $z$ 坐标无关。

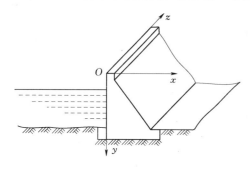

图 7.1.2　柱形水坝的平面应变问题

综上所述，如图 7.1.2 所示柱形水坝的位移函数可表示为

$$u = u(x,y), \quad v = v(x,y), \quad w = 0$$ (7.1.10)

根据几何方程式（3.1.10），可得

$$\left. \begin{aligned} \varepsilon_x &= \frac{\partial u}{\partial x} = f_1(x,y), \quad \varepsilon_y = \frac{\partial v}{\partial y} = f_2(x,y), \quad \gamma_{xy} = \frac{\partial u}{\partial y} + \frac{\partial v}{\partial x} = f_3(x,y) \\ \varepsilon_z &= 0, \qquad\qquad\quad \gamma_{yz} = 0, \qquad\qquad\quad \gamma_{zx} = 0 \end{aligned} \right\}$$ (7.1.11)

由此可见，应变也是在 $Oxy$ 平面内发生的，且与 $z$ 坐标无关，因此该类问题称为平面应变问题。

根据广义胡克定律式（4.1.14），结合式（7.1.11）中应变的表达式，平面应变问题

中应力也与 $z$ 坐标无关，其中：

$$\tau_{yz}=0,\tau_{zx}=0$$

且由

$$\varepsilon_z=\frac{1}{E}\left[\sigma_z-\nu(\sigma_x+\sigma_y)\right]=0 \tag{7.1.12}$$

可得

$$\sigma_z=\nu(\sigma_x+\sigma_y) \tag{7.1.13}$$

上式表明，平面应变问题中虽然 $z$ 方向的位移和应变为 0，但 $z$ 方向的正应力是存在的。将式（7.1.13）代入式（4.1.14）中 $\varepsilon_x$、$\varepsilon_y$ 的表达式，得到

$$\varepsilon_x=\frac{1}{E_1}(\sigma_x-\nu_1\sigma_y),\varepsilon_y=\frac{1}{E_1}(\sigma_y-\nu_1\sigma_x) \tag{7.1.14}$$

其中

$$E_1=\frac{E}{1-\nu^2},\nu_1=\frac{\nu}{1-\nu} \tag{7.1.15}$$

根据以上结果，平面应变问题的平衡方程简化为

$$\left.\begin{array}{l}\dfrac{\partial\sigma_x}{\partial x}+\dfrac{\partial\tau_{yx}}{\partial y}+F_{bx}=0\\[2mm]\dfrac{\partial\tau_{xy}}{\partial x}+\dfrac{\partial\sigma_y}{\partial y}+F_{by}=0\end{array}\right\} \tag{7.1.16}$$

边界条件为

$$\left.\begin{array}{l}p_x=\sigma_xn_x+\tau_{xy}n_y\\[1mm]p_y=\tau_{xy}n_x+\sigma_yn_y\end{array}\right\} \tag{7.1.17}$$

弹性本构方程为

$$\left.\begin{array}{ll}\varepsilon_x=\dfrac{1}{E_1}(\sigma_x-\nu_1\sigma_y),&\gamma_{xy}=\dfrac{\tau_{xy}}{G}\\[2mm]\varepsilon_y=\dfrac{1}{E_1}(\sigma_y-\nu_1\sigma_x),&\gamma_{yz}=0\\[2mm]\varepsilon_z=0,&\gamma_{zx}=0\end{array}\right\} \tag{7.1.18}$$

应变协调方程为

$$\frac{\partial^2\varepsilon_x}{\partial y^2}+\frac{\partial^2\varepsilon_y}{\partial x^2}=\frac{\partial^2\gamma_{xy}}{\partial y\partial x} \tag{7.1.19}$$

利用平面应变问题的平衡方程和胡克定律，将上式中的应变用 $\sigma_x$ 和 $\sigma_y$ 表示，最终可以得到

$$\left(\frac{\partial^2}{\partial y^2}+\frac{\partial^2}{\partial x^2}\right)(\sigma_x+\sigma_y)=-\frac{1}{1-\nu}\left(\frac{\partial F_{bx}}{\partial x}+\frac{\partial F_{by}}{\partial y}\right) \tag{7.1.20}$$

上式即为用应力分量表示的应变协调方程，如果体力为常数，上式可简化为与式（7.1.9）相同的莱维方程。

比较平面应变与平面应力的平衡方程、边界条件、广义胡克定律、应变协调方程，发现如果将平面应力的 $E$ 和 $\nu$ 换成

$$E_1 = \frac{E}{1-\nu^2} , \nu_1 = \frac{\nu}{1-\nu} \tag{7.1.21}$$

即可用平面应力的公式表示平面应变情况。

当体力为常数时，除弹性本构方程外，两种平面问题的基本方程相同，此时对于不同材料的物体，只要它们的几何条件、荷载条件相同，不论其为平面应力或者平面应变问题，在平面内的应力分布规律是相同的，这一结论给光弹性试验等模型试验提供了理论基础。当然，此时平面外的 $\sigma_z$，应变和位移还是不同的。

## 7.2 应力函数

平面问题在用应力法求解时，应力函数是一个常用的概念。

### 7.2.1 不计体力时的应力函数

根据前面的讨论，当不计体力时，平面问题的平衡方程为

$$\left.\begin{array}{l} \dfrac{\partial \sigma_x}{\partial x} + \dfrac{\partial \tau_{yx}}{\partial y} = 0 \\[2mm] \dfrac{\partial \tau_{xy}}{\partial x} + \dfrac{\partial \sigma_y}{\partial y} = 0 \end{array}\right\} \tag{7.2.1}$$

协调方程为

$$\nabla^2 (\sigma_x + \sigma_y) = 0 \tag{7.2.2}$$

边界条件为

$$\left.\begin{array}{l} p_x = \sigma_x n_x + \tau_{xy} n_y \\[2mm] p_y = \tau_{xy} n_x + \sigma_x n_y \end{array}\right\} \tag{7.2.3}$$

上述方程求解时，如果引进一个函数 $\phi(x, y)$，使得

$$\left.\begin{array}{l} \sigma_x = \dfrac{\partial^2 \phi}{\partial y^2} \\[3mm] \sigma_y = \dfrac{\partial^2 \phi}{\partial x^2} \\[3mm] \tau_{xy} = -\dfrac{\partial^2 \phi}{\partial x \partial y} \end{array}\right\} \tag{7.2.4}$$

代入平衡方程，自然满足。代入应变协调方程，得到

$$\left(\frac{\partial^2}{\partial y^2} + \frac{\partial^2}{\partial x^2}\right)\left(\frac{\partial^2}{\partial y^2} + \frac{\partial^2}{\partial x^2}\right)\phi = \nabla^2 \nabla^2 \phi = \nabla^4 \phi = 0 \tag{7.2.5}$$

上式称为双调和方程，函数 $\phi$ 称为艾里应力函数

$$\nabla^4 = \left(\frac{\partial^2}{\partial y^2} + \frac{\partial^2}{\partial x^2}\right)\left(\frac{\partial^2}{\partial y^2} + \frac{\partial^2}{\partial x^2}\right) = \frac{\partial^4}{\partial x^4} + 2\frac{\partial^4}{\partial x^2 \partial y^2} + \frac{\partial^4}{\partial y^4} \tag{7.2.6}$$

由此可知，平面问题的应力分量可用艾里应力函数 $\phi$ 来表示，$\phi$ 应满足双调和方程。当然 $\phi$ 的选取也应使其满足边界条件。

### 7.2.2 考虑体力时的应力函数

在考虑体力情况下，也可以用应力函数来求解，此时假定体力是有势的，即

$$F_{bx} = -\frac{\partial V}{\partial x}, F_{by} = -\frac{\partial V}{\partial y} \tag{7.2.7}$$

式中：$V$ 为势函数，那么平衡方程简化为

$$\left.\begin{array}{l} \dfrac{\partial}{\partial x}(\sigma_x - V) + \dfrac{\partial \tau_{yx}}{\partial y} = 0 \\[3mm] \dfrac{\partial \tau_{xy}}{\partial x} + \dfrac{\partial}{\partial y}(\sigma_y - V) = 0 \end{array}\right\} \tag{7.2.8}$$

如果引进一个函数 $\phi(x, y)$ 使得

$$\left.\begin{array}{l} \sigma_x - V = \dfrac{\partial^2 \phi}{\partial y^2} \\[3mm] \sigma_y - V = \dfrac{\partial^2 \phi}{\partial x^2} \\[3mm] \tau_{xy} = -\dfrac{\partial^2 \phi}{\partial x \partial y} \end{array}\right\} \tag{7.2.9}$$

那么平衡方程自然满足。分别代入平面应力和平面应变情况下的应变协调方程，得

$$\nabla^4 \phi = -(1-\nu)\nabla^2 V \tag{7.2.10}$$

$$\nabla^4 \phi = -\frac{1-2\nu}{1-\nu}\nabla^2 V \tag{7.2.11}$$

式（7.2.10）、式（7.2.11）分别为考虑体力时平面应力和平面应变情况下的应变协调方程。

### 7.2.3 应力函数方法的求解特点

一般来说，直接求解应力函数往往很困难，因此经常采用逆解法或者半逆解法。用逆解法时，要先假定满足协调方程的应力函数 $\phi$，然后确定应力分量，再根据物体的边界条件来反求面力，由此判定所选的应力函数可以求解什么样的问题。用半逆解法时，针对所求问题的几何形状和荷载特点，假定部分或全部应力分量为某种形式的双调和函数，从而导出应力函数 $\phi$，然后由边界条件等确定应力函数中的待定系数，获得问题的解。

由于双调和方程是四阶的，所以低于四阶的多项式都是双调和函数，但至少必须二次或以上才能得出非零的应力解。由此，在应力函数中增减 $x$ 和 $y$ 的一次项，并不影响应力分量。此外，应力函数为二次多项式时可得均匀应力状态，三次多项式可得线性分布的应力状态。

## 7.3 梁的平面弯曲

梁是工程结构中的常用构件，也是以平面弯曲为主要变形特征的构件，本节以此为例，介绍弹塑性力学平面问题的解法。

### 7.3.1 悬臂梁一端受集中力作用

如图 7.3.1 所示悬臂梁，端部受集中力作用，不计自重，分析梁的应力和变形。

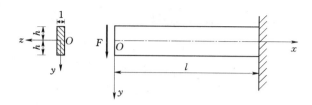

图 7.3.1 悬臂梁一端受集中力图

这是一个平面应力问题，可以考虑用上节所述应力函数方法求解。根据材料力学可知，梁横截面上的弯矩方程为

$$M = Fx \tag{a}$$

由于梁横截面上的正应力与弯矩成正比，所以假设：

$$\sigma_x = C_1 xy \tag{b}$$

式中：$C_1$ 为待定常数。根据应力函数的定义，有

$$\frac{\partial^2 \phi}{\partial y^2} = \sigma_x = C_1 xy \tag{c}$$

式中：$\phi$ 为艾里应力函数。上式对 $y$ 积分二次，得

$$\phi = \frac{1}{6} C_1 xy^3 + y f_1(x) + f_2(x) \tag{d}$$

式中：$f_1(x)$、$f_2(x)$ 为以 $x$ 为自变量的待定函数。

将艾里应力函数代入双调和方程式（7.2.5），经过化简得到

$$y \frac{\partial^4 f_1(x)}{\partial x^4} + \frac{\partial^4 f_2(x)}{\partial x^4} = 0 \tag{e}$$

上式对于任意 $y$ 坐标都成立，所以有

$$\frac{\partial^4 f_1}{\partial x^4} = 0, \frac{\partial^4 f_2}{\partial x^4} = 0 \tag{f}$$

假设 $f_1(x)$、$f_2(x)$ 为 $x$ 的多项式，则有

$$f_1 = C_2 x^3 + C_3 x^2 + C_4 x + C_5 \tag{g}$$

$$f_2 = C_6 x^3 + C_7 x^2 + C_8 x + C_9 \tag{h}$$

式中：$C_i (i=1, \cdots, 9)$ 为积分常数，将上述两式代入式（d），得到

$$\phi = \frac{1}{6} C_1 xy^3 + y(C_2 x^3 + C_3 x^2 + C_4 x + C_5) + C_6 x^3 + C_7 x^2 + C_8 x + C_9 \tag{i}$$

式（i）中的待定系数由以下边界条件确定：

$$\left.\begin{array}{l} (\sigma_x)_{x=0} = 0 \\ (\tau_{xy})_{y=\pm h} = 0 \\ (\sigma_y)_{y=\pm h} = 0 \\ F = -\int_{-h}^{h} \tau_{xy} t \, \mathrm{d}y \end{array}\right\} \tag{j}$$

其中 $\sigma_x$ 的表达式为式（c），其余为

$$\sigma_y = \frac{\partial^2 \phi}{\partial x^2} = 6(C_2 xy + C_6 x) + 2(C_3 y + C_7) \tag{k}$$

$$\tau_{xy} = -\frac{\partial^2 \varphi}{\partial x \partial y} = -\frac{1}{2}C_1 y^2 - 3C_2 x^2 - 2C_3 x - C_4 \tag{l}$$

由边界条件式（j）可以求得

$$C_1 = -\frac{F}{I}, C_4 = -\frac{Fh^2}{2I}, C_2 = C_3 = C_6 = C_7 = 0 \tag{m}$$

式中：$I$ 为横截面对中性轴的惯性矩；其余待定系数（$C_5$、$C_8$、$C_9$）对应于应力函数中坐标的一次项和常数项，不影响应力分量，因此无需确定。

由此得到梁内应力的表达式：

$$\left.\begin{aligned} \sigma_x &= -\frac{Fxy}{I} \\ \sigma_y &= 0 \\ \tau_{xy} &= -\frac{F}{2I}(h^2 - y^2) \end{aligned}\right\} \tag{n}$$

该结果与材料力学的解完全一致。

根据式（n），梁横截面上切应力沿梁高按抛物线分布，正应力则为线性分布，这一结论在自由端和固定端往往得不到满足，但是根据圣维南原理，存在误差的区域也仅位于距离端部不超过截面尺寸的范围。

将应力的表达式（n）代入平面应力情况下的本构方程式（7.1.5），并利用几何关系式（3.1.10），得到

$$\left.\begin{aligned} \frac{\partial u}{\partial x} &= \varepsilon_x = \frac{\sigma_x}{E} = -\frac{Fxy}{EI} \\ \frac{\partial v}{\partial y} &= \varepsilon_y = -\frac{\nu\sigma_x}{E} = \frac{\nu Fxy}{EI} \\ \frac{\partial u}{\partial y} + \frac{\partial v}{\partial x} &= \frac{\tau_{xy}}{G} = -\frac{F}{2GI}(h^2 - y^2) \end{aligned}\right\} \tag{o}$$

根据式（o）的前两式，积分后得

$$\left.\begin{aligned} u &= -\frac{Fx^2 y}{2EI} + u_1(y) \\ v &= \frac{\nu Fxy^2}{2EI} + v_1(x) \end{aligned}\right\} \tag{p}$$

式中：$u_1(y)$、$v_1(x)$ 为待定函数。

将上式代入式（o）的第 3 式，经过化简后得

$$\frac{\mathrm{d}u_1}{\mathrm{d}y} - \frac{F(2+\nu)}{2EI}y^2 = -\frac{\mathrm{d}v_1}{\mathrm{d}x} + \frac{F}{2EI}x^2 - \frac{1+\nu}{EI}Fh^2 \tag{q}$$

上式两边分别是 $y$ 和 $x$ 的函数，故两边均等于同一常数才能使等式始终成立，即

$$\left.\begin{aligned} \frac{\mathrm{d}u_1}{\mathrm{d}y} - \frac{F(2+\nu)}{2EI}y^2 &= C_1 \\ -\frac{\mathrm{d}v_1}{\mathrm{d}x} + \frac{F}{2EI}x^2 - \frac{1+\nu}{EI}Fh^2 &= C_1 \end{aligned}\right\} \tag{r}$$

积分后得到 $u_1$、$v_1$ 的表达式，再代入式（p），得

$$u = -\frac{F}{2EI}x^2y + \frac{F}{6EI}(2+\nu)y^3 + C_1y + C_2 \left.\vphantom{\frac{F}{6EI}}\right\}$$

$$v = \frac{\nu F}{2EI}xy^2 + \frac{F}{6EI}x^3 - \frac{F}{EI}(1+\nu)xh^2 - C_1x + C_3 \qquad (s)$$

常数 $C_1$、$C_2$、$C_3$ 由阻止梁做刚体运动的条件得到，即在固定端：

$$u = v = \frac{\partial u}{\partial y} = 0 \qquad (t)$$

代入位移表达式，即可求出

$$C_1 = \frac{Fl^2}{2EI} - \frac{F(1+\nu)}{EI}h^2, C_2 = 0, C_3 = \frac{Fl^3}{3EI} \qquad (u)$$

代入式（s），得

$$u = \frac{F}{2EI}(l^2 - x^2)y + \frac{Fy^3}{6EI}(2+\nu) \left.\vphantom{\frac{F}{6EI}}\right\}$$

$$v = \frac{F}{EI}\left[\frac{x^3}{6} + \frac{l^3}{3} + \frac{x}{2}(\nu y^2 - l^2) + h^2(1+\nu)(l-x)\right] \qquad (v)$$

由上式可见，$u$ 和 $v$ 都是 $x$ 和 $y$ 的非线性函数，说明在弹性力学中，梁的平截面假设已不再成立，这一点与材料力学结果不同。梁轴线上的竖向位移为

$$(v)_{y=0} = \frac{F}{EI}\left[\frac{x^3}{6} + \frac{l^3}{3} - \frac{xl^2}{2} + h^2(1+\nu)(l-x)\right] \qquad (w)$$

由此得到梁轴的自由端挠度：

$$(v)_{x=y=0} = \frac{Fl^3}{3EI} + \frac{Flh^2}{2GI} \qquad (x)$$

与材料力学结果相比，增加了第 2 项。对细长梁来说，$h \ll l$，所以第 2 项相对于第 1 项是小量，可以忽略，但是对于深梁（粗短梁）则不应该忽略。

### 7.3.2 简支梁受均布荷载作用

本题对如图 7.3.2 所示受均布荷载作用的简支梁，不计自重，分析该梁的弹塑性弯曲。

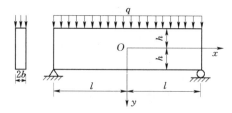

图 7.3.2 简支梁受均布荷载图

**1. 弹性弯曲**

对于该平面应力问题，仍然采用上节所述应力函数方法求解。假设应力函数为

$$\phi = C_1x^2 + C_2x^2y + C_3y^3 + C_4\left(x^2y^3 - \frac{y^5}{5}\right) \qquad (a)$$

可以证明，$\phi$ 满足应变协调方程式（7.2.5）。应力函数中的待定常数由以下边界条件确定

在梁的上下边界上，有

$$\left.\begin{array}{c}(\tau_{xy})_{y=\pm h}=0\\(\sigma_y)_{y=-h}=-q\\(\sigma_y)_{y=h}=0\end{array}\right\}$$ （b）

式中：$q$ 为上表面的均布荷载集度，$N/m^2$。

在左右支撑端，有

$$\left.\begin{array}{c}\displaystyle\int_{-h}^{h}(\sigma_x)_{x=\pm l}y\,\mathrm{d}y=0\\\displaystyle\int_{-h}^{h}(\tau_{xy})_{x=\pm l}\,\mathrm{d}y=\pm ql\end{array}\right\}$$ （c）

根据以上边界条件可以确定常数 $C_1$、$C_2$、$C_3$、$C_4$，得到应力函数：

$$\phi=q\left[-\frac{x^2}{4}+\frac{3}{8}\frac{x^2y}{h}+\frac{y^3}{8h^3}\left(l^2-\frac{2h^2}{5}\right)-\frac{1}{8h^3}\left(x^2y^3-\frac{y^5}{5}\right)\right]$$ （d）

由式（7.2.4）求得梁内应力分量为

$$\left.\begin{array}{c}\sigma_x=\dfrac{q}{2I}\left[y(l^2-x^2)+2y\left(\dfrac{y^2}{3}-\dfrac{h^2}{5}\right)\right]\\[2mm]\sigma_y=-\dfrac{q}{2I}\left(\dfrac{y^3}{3}-h^2y+\dfrac{2h^3}{3}\right)\\[2mm]\tau_{xy}=-\dfrac{q}{2I}(h^2-y^2)x\end{array}\right\}$$ （e）

其中

$$I=\frac{4bh^3}{3}$$ （f）

为横截面对中性轴的惯性矩。

相比由初等材料力学获得的正应力公式：

$$\sigma_x=\frac{q}{2I}y(l^2-x^2)$$ （g）

弹性力学中 $\sigma_x$ 的计算公式增加了坐标 $y$ 和梁高 $h$ 的高次项，对于细长梁来说，该两项是小量，可以忽略，对深梁则不能忽略。此外，$\sigma_y$ 反映了梁纵向纤维之间的挤压正应力，对细长梁而言，$\sigma_y$ 远小于 $\sigma_x$，因此它在材料力学中被忽略了。

此外，由式（e）得到的 $\sigma_x$ 在梁端（$x=\pm l$）不是处处为 0，这与实际情况有差别，但是根据圣维南原理，其影响范围仅仅在端部附近。

根据上述梁内应力公式，可以用广义胡克定律求得应变，然后根据几何关系，积分得到梁的挠度，具体方法参见 7.3.1 节。

2. 塑性弯曲

对细长梁，切应力 $\tau_{xy}$ 和挤压应力 $\sigma_y$ 比横截面上的正应力 $\sigma_x$ 小得多，因此在梁的弹塑性弯曲中可以忽略。此时单元体的 3 个主应力为

$$\sigma_1=\sigma_x、\sigma_2=0、\sigma_3=0$$ （h）

选用 Mises 屈服条件：

$$\sigma_{\mathrm{Mises}}-\sigma_s=0$$ （i）

式中：$\sigma_s$ 为材料的屈服应力，在采用理想弹塑性材料时，该屈服应力为常数。

$$\sigma_{\text{Mises}} = \sqrt{\frac{1}{2}\left[(\sigma_1 - \sigma_2)^2 + (\sigma_2 - \sigma_3)^2 + (\sigma_3 - \sigma_1)^2\right]} = |\sigma_x| \tag{j}$$

对于细长梁，简支梁横截面上的正应力 $\sigma_x$ 简化为式（g），由此可知，跨中截面（$x=0$）的正应力最大，而跨中截面又以梁底（$y=h$）和梁顶（$y=-h$）应力最大，因此跨中梁顶和梁底是最先屈服的区域。当外力（$q$）继续增大时，上下两个塑性区都将扩展，扩展后的塑性区如图 7.3.3 阴影部分所示。

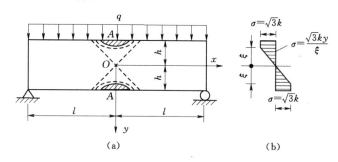

图 7.3.3　弹塑性弯曲

（a）塑性正分布；（b）横截面正应力分布

假设塑性区的边界曲线为

$$y = \pm \xi(x) \tag{k}$$

如图 7.3.3 所示，包含塑性区的横截面上的应力分布为

$$\left.\begin{array}{ll} \sigma_x = -\sigma_s, & -h \leqslant y \leqslant -\xi \\[4pt] \sigma_x = \sigma_s \dfrac{y}{\xi}, & -\xi \leqslant y \leqslant \xi \\[4pt] \sigma_x = \sigma_s, & \xi \leqslant y \leqslant h \end{array}\right\} \tag{l}$$

同一横截面上的正应力可以简化为一个合力和一个合力偶，合力为零，合力偶为

$$M = 2\left[\sigma_s \times 2b(h-\xi)\left(\xi + \frac{h-\xi}{2}\right)\right] + 2\left(\sigma_s \frac{2b\xi}{2}\right) \times \frac{2\xi}{3}$$

$$= 2\sigma_s bh^2 - \frac{2}{3}\sigma_s b\xi^2 \tag{m}$$

该合力偶等于梁轴纵向坐标 $x$ 处的截面弯矩，即

$$M(x) = \frac{1}{2}q(l^2 - x^2) = 2\sigma_s bh^2 - \frac{2}{3}\sigma_s b\xi^2 \tag{n}$$

化简后得

$$\frac{1}{3}\left(\frac{\xi}{h}\right)^2 - \rho\left(\frac{x}{l}\right)^2 = 1 - \rho \tag{o}$$

其中

$$\rho = \frac{q}{4\sigma_s b}\left(\frac{l}{h}\right)^2 \tag{p}$$

方程式（o）是以 $x$、$\xi$ 为变量的双曲线方程，即为图 7.3.3（a）中阴影部分的边界曲线。当 $\rho=1$ 时，式（o）退化为

$$\frac{1}{3}\left(\frac{\xi}{h}\right)^2 - \left(\frac{x}{l}\right)^2 = 0 \tag{q}$$

上式为双曲线的两条渐近线方程。

根据式（o），在跨中横截面，即 $x=0$ 处，如果塑性区的边界在梁顶和梁底，即 $\xi = \pm h$，说明跨中横截面开始进入塑性，此时 $\rho = \frac{2}{3}$；如果跨中横截面塑性区的边界在梁轴，即 $\xi = 0$，说明截面全部进入塑性，此时 $\rho = 1$。因此，当 $\rho < \frac{2}{3}$ 时，截面全部处于弹性状态；当 $\frac{2}{3} < \rho < 1$ 时，则高度在 $-\xi$ 到 $\xi$ 之间的截面处于弹性状态，其余截面处于塑性状态。

当截面全部进入塑性时，截面承受的弯矩达到最大值，这个最大值称为塑性极限弯矩，本例中的塑性极限弯矩为

$$M(x) = \left(2\sigma_s b h^2 - \frac{2}{3}\sigma_s b \xi^2\right)_{\xi=0} = 2\sigma_s b h^2 \tag{r}$$

此时 $\rho = 1$，根据式（p），塑性极限荷载为

$$q_0 = 4\sigma_s b \left(\frac{h}{l}\right)^2 \tag{s}$$

而 $\rho = \frac{2}{3}$ 时，截面刚刚进入塑性，弹性极限荷载为

$$q_e = \frac{8}{3}\sigma_s b \left(\frac{h}{l}\right)^2 \tag{t}$$

因此塑性极限荷载是弹性极限荷载的 1.5 倍。

在塑性极限荷载下，弹性、塑性区的分界线方程为

$$\frac{1}{3}\left(\frac{\xi}{h}\right)^2 - \left(\frac{x}{l}\right)^2 = 0 \tag{u}$$

其图形即为如图 7.3.4 所示双曲线的两条渐近线

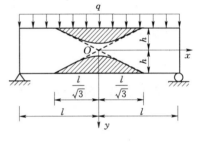

图 7.3.4 塑性极限状态

## 7.4 用极坐标表示的基本方程

在解某些工程问题，例如厚壁筒、圆盘、半无限体等问题时，采用极坐标更加方便，本节介绍极坐标表示的弹塑性力学基本方程。

如图 7.4.1 所示，极坐标系 $(r, \theta)$ 与直角坐标系 $(x, y)$ 之间的关系式为

$$\left.\begin{array}{l} x = r\cos\theta \\ y = r\sin\theta \end{array}\right\} \tag{7.4.1}$$

或

$$\left.\begin{array}{l} r^2 = x^2 + y^2 \\ \theta = \arctan\dfrac{y}{x} \end{array}\right\} \tag{7.4.2}$$

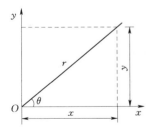

图 7.4.1 极坐标与直角
坐标的关系

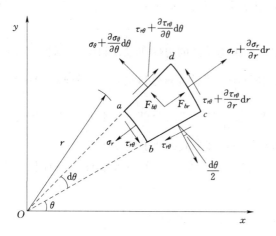

图 7.4.2 极坐标下的单元体平衡

**1. 平衡方程**

为了获得极坐标下的平衡方程，考虑单位厚度单元体 $abcd$ 的平衡，如图 7.4.2 所示，单元体在 $r$、$\theta$ 方向的体力分量为 $F_{br}$、$F_{t\theta}$，以下推导径向（$r$ 方向）的平衡方程，由径向力的平衡得

$$\left(\sigma_r+\frac{\partial\sigma_r}{\partial r}\right)(r+\mathrm{d}r)\mathrm{d}\theta-\sigma_r r\mathrm{d}\theta$$

$$-\left(\sigma_\theta+\frac{\partial\sigma_\theta}{\partial\theta}\mathrm{d}\theta\right)\mathrm{d}r\sin\frac{\mathrm{d}\theta}{2}-\sigma_\theta\mathrm{d}r\sin\frac{\mathrm{d}\theta}{2}$$

$$+\left(\tau_{r\theta}+\frac{\partial\tau_{r\theta}}{\partial\theta}\mathrm{d}\theta\right)\mathrm{d}r\cos\frac{\mathrm{d}\theta}{2}-\tau_{r\theta}\mathrm{d}r\cos\frac{\mathrm{d}\theta}{2}$$

$$+F_{br}r\mathrm{d}r\mathrm{d}\theta=0$$

由于 $\mathrm{d}\theta$ 是小量，所以 $\sin\dfrac{\mathrm{d}\theta}{2}$、$\cos\dfrac{\mathrm{d}\theta}{2}$ 分别用 $\dfrac{\mathrm{d}\theta}{2}$、1 来代替，略去高次项后可得径向平衡方程：

$$\frac{\partial\sigma_r}{\partial r}+\frac{1}{r}\frac{\partial\tau_{r\theta}}{\partial\theta}+\frac{\sigma_r-\sigma_\theta}{r}+F_{br}=0 \tag{7.4.3}$$

同理可得周向平衡方程为

$$\frac{1}{r}\frac{\partial\sigma_\theta}{\partial\theta}+\frac{\partial\tau_{r\theta}}{\partial r}+\frac{2\tau_{r\theta}}{r}+F_{t\theta}=0 \tag{7.4.4}$$

因此极坐标下的平衡方程为

$$\left.\begin{aligned}\frac{\partial\sigma_r}{\partial r}+\frac{1}{r}\frac{\partial\tau_{r\theta}}{\partial\theta}+\frac{\sigma_r-\sigma_\theta}{r}+F_{br}=0\\[2mm]\frac{1}{r}\frac{\partial\sigma_\theta}{\partial\theta}+\frac{\partial\tau_{r\theta}}{\partial r}+\frac{2\tau_{r\theta}}{r}+F_{t\theta}=0\end{aligned}\right\} \tag{7.4.5}$$

在不计体力时，可以导出满足上述平衡方程的、按应力函数 $\phi(r,\theta)$ 表示的应力分量为

$$\left.\begin{aligned}\sigma_r&=\frac{1}{r}\frac{\partial\phi}{\partial r}+\frac{1}{r^2}\frac{\partial^2\phi}{\partial\theta^2}\\[2mm]\sigma_\theta&=\frac{\partial^2\phi}{\partial r^2}\\[2mm]\tau_{r\theta}&=-\frac{\partial}{\partial r}\left(\frac{1}{r}\frac{\partial\phi}{\partial\theta}\right)\end{aligned}\right\} \tag{7.4.6}$$

**2. 几何方程**

几何关系即为应变与位移之间的关系。考虑微小扇形 $ABCD$ 的变形，如图 7.4.3 所示，将 $r$、$\theta$ 方向的位移分别记作 $u$ 和 $v$，微小扇形 $ABCD$ 为变形前的状态，虚线 $A'B'C'D'$ 为变形后的状态。各点的位移可以分解为径向与周向两个矢量，例如 $\overrightarrow{AA'}$，可分解为 $\overrightarrow{AA''}$ 和 $\overrightarrow{A''A'}$，余类同（图 7.4.3）。图中 $AB=\mathrm{d}r$，$OA'$ 的延长线交 $B''B'$ 于 $F$，$A'E$ 为 $A''B''$ 的

平行线。半径为 $OA'$ 的圆弧交 $OD''$ 于 $G$，且交 $D'$ 处至该弧的垂线于 $H$。

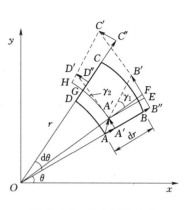

图 7.4.3 极坐标下的应变位移关系

可见，$\angle HA'F = \dfrac{\pi}{2}$，$A$、$B$、$C$、$D$ 各点之位移为

$$\overrightarrow{AA'} = \overrightarrow{AA''} + \overrightarrow{A''A'}, \quad \overrightarrow{BB'} = \overrightarrow{BB''} + \overrightarrow{B''B'}, \cdots$$

考虑到 $\mathrm{d}\theta$ 为一小量，故 $AD \approx r\mathrm{d}\theta$，由此可得各应变分量为

$$\varepsilon_r = \frac{A'B' - AB}{AB} \approx \frac{BB'' - AA''}{AB} = \frac{u + \dfrac{\partial u}{\partial r}\mathrm{d}r - u}{\mathrm{d}r} = \frac{\partial u}{\partial r}$$

$$\varepsilon_\theta = \frac{A'D' - AD}{AD} \approx \frac{D'D'' + GA'' - A'A'' - AD}{AD}$$

$$= \frac{v + \dfrac{\partial v}{\partial \theta}\mathrm{d}\theta + (r + u)\mathrm{d}\theta - v - r\mathrm{d}\theta}{r\mathrm{d}\theta} = \frac{\partial v}{r\partial \theta} + \frac{u}{r}$$

$$\gamma_{r\theta} = \gamma_1 + \gamma_2 = \angle B'A'F + \angle D'A'H \approx \frac{B'E - EF}{A''B''} + \frac{D'H}{A'H}$$

$$= \frac{B'E}{A''B''} - \frac{A''A'}{OA''} + \frac{DD'' - AA''}{A'H} = \frac{\dfrac{\partial v}{\partial r}\mathrm{d}r}{\mathrm{d}r + \dfrac{\partial u}{\partial r}\mathrm{d}r} - \frac{v}{r + u} + \frac{u + \dfrac{\partial u}{\partial \theta}\mathrm{d}\theta - u}{r\mathrm{d}\theta + \dfrac{\partial v}{\partial \theta}\mathrm{d}\theta}$$

$$= \frac{\partial v}{\partial r} - \frac{v}{r} + \frac{\partial u}{r\partial \theta}$$

于是有

$$\left.\begin{aligned} \varepsilon_r &= \frac{\partial u}{\partial r} \\[2mm] \varepsilon_\theta &= \frac{\partial v}{r\partial \theta} + \frac{u}{r} \\[2mm] \gamma_{r\theta} &= \frac{\partial v}{\partial r} - \frac{v}{r} + \frac{\partial u}{r\partial \theta} \end{aligned}\right\} \tag{7.4.7}$$

式中：$u$ 为径向位移；$v$ 为周向位移。

上式即为极坐标下的几何方程（应变位移关系）。

3. 胡克定律

因为局部一点的 $r$、$\theta$ 坐标系仍然是一个直角坐标系，所以极坐标下胡克定律的表达式和直角坐标下是一样的，只需要将直角坐标系的公式中的 $x$、$y$ 分别换成 $r$、$\theta$。因此，平面应力情况下：

$$\left.\begin{aligned} \varepsilon_r &= \frac{1}{E}(\sigma_r - \nu\sigma_\theta), & \gamma_{r\theta} &= \frac{\tau_{r\theta}}{G} \\[2mm] \varepsilon_\theta &= \frac{1}{E}(\sigma_\theta - \nu\sigma_r), & \gamma_{\theta z} &= 0 \\[2mm] \varepsilon_z &= -\frac{\nu}{E}(\sigma_r + \sigma_\theta), & \gamma_{rz} &= 0 \end{aligned}\right\} \tag{7.4.8}$$

平面应变情况下:

$$\varepsilon_r = \frac{1+\nu}{E}\left[(1-\nu)\sigma_r - \nu\sigma_\theta\right], \quad \gamma_{r\theta} = \frac{\tau_{r\theta}}{G}$$

$$\varepsilon_\theta = \frac{1+\nu}{E}\left[(1-\nu)\sigma_\theta - \nu\sigma_r\right], \quad \gamma_{\theta z} = 0 \qquad (7.4.9)$$

$$\varepsilon_z = 0, \qquad\qquad\qquad \gamma_{rz} = 0$$

**4. 应变协调方程**

采用直角坐标系中导出应变协调方程的方法,也可导出极坐标下的应变协调方程为

$$\frac{\partial^2 \varepsilon_\theta}{\partial r^2} + \frac{1}{r^2}\frac{\partial^2 \varepsilon_r}{\partial \theta^2} + \frac{2}{r}\frac{\partial \varepsilon_\theta}{\partial r} - \frac{1}{r}\frac{\partial \varepsilon_r}{\partial r} = \frac{1}{r}\frac{\partial^2 \gamma_{r\theta}}{\partial \theta \partial r} + \frac{1}{r^2}\frac{\partial \gamma_{r\theta}}{\partial \theta} \qquad (7.4.10)$$

在轴对称情况下,各参数与 $\theta$ 无关,所以

$$\frac{\partial^2 \varepsilon_\theta}{\partial r^2} + \frac{2}{r}\frac{\partial \varepsilon_\theta}{\partial r} - \frac{1}{r}\frac{\partial \varepsilon_r}{\partial r} = 0 \qquad (7.4.11)$$

在不计体力时,通过胡克定律,上式可改写成用应力表示的应变协调方程:

$$\nabla^2(\sigma_r + \sigma_\theta) = \frac{d^2(\sigma_r + \sigma_\theta)}{dr^2} + \frac{1}{r}\frac{d(\sigma_r + \sigma_\theta)}{dr} = 0 \qquad (7.4.12)$$

把应力用应力函数表示,应变协调方程可化为

$$\nabla^4 \phi = \nabla^2 \nabla^2 \phi = 0 \qquad (7.4.13)$$

其中极坐标下的拉普拉斯算子为

$$\nabla^2 = \frac{\partial^2}{\partial r^2} + \frac{1}{r}\frac{\partial}{\partial r} + \frac{1}{r^2}\frac{\partial^2}{\partial \theta^2} \qquad (7.4.14)$$

有了以上基本方程,极坐标下弹性力学边值问题的方法与求解步骤与直角坐标系下类似。

# 7.5 厚壁筒的弹塑性解

受内、外压力作用下的厚壁筒,其弹塑性力学响应可以在平面极坐标系下得到比较简洁的解答。

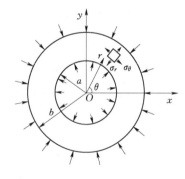

图 7.5.1 受内外压强的厚壁筒

### 7.5.1 厚壁筒的弹性解

如图 7.5.1 所示厚壁圆筒的横截面关于中心轴对称,因此是轴对称结构,可以用中心轴坐标 $z$,横截面径向坐标 $r$ 和周向坐标 $\theta$,其中横截面上为极坐标系。当厚壁圆筒侧面受内压 $p_1$、外压 $p_2$ 作用,上下两端受均匀拉力(压力)作用时,圆筒任一横截面变形后仍保持为平面。因为结构形状与外荷载均对称于中心轴线 $z$,所以每一点的位移只有沿半径 $r$ 方向的位移 $u$ 和沿中心轴线 $z$ 方向的位移 $w$,且与周向坐标 $\theta$ 无关。综上所述,圆筒内每一点的位移函数为

$$u = u(r, z)$$
$$w = w(r, z) \qquad (7.5.1)$$

考虑到垂直于 $z$ 轴的横截面变形后仍保持为平面，且各横截面变形一样，上式可以简化为

$$\left.\begin{array}{c} u=u(r) \\ w=w(z) \end{array}\right\} \tag{7.5.2}$$

根据几何关系式（7.4.7）和式（3.1.10），各应变分量为

$$\left.\begin{array}{c} \varepsilon_r=\dfrac{\mathrm{d}u}{\mathrm{d}r}, \quad \varepsilon_\theta=\dfrac{u}{r}, \quad \varepsilon_z=\dfrac{\mathrm{d}w}{\mathrm{d}z} \\ \gamma_{r\theta}=0, \quad \gamma_{rz}=0, \quad \gamma_{\theta z}=0 \end{array}\right\} \tag{7.5.3}$$

不考虑体力情况下，平衡方程为

$$\frac{\partial \sigma_r}{\partial r}+\frac{\sigma_r-\sigma_\theta}{r}=0 \tag{7.5.4}$$

将几何关系式（7.5.3）代入广义胡克定律式（4.1.7），并考虑到式（4.1.10）～式（4.1.13），得到

$$\left.\begin{array}{ll} \sigma_r=2G\left(\varepsilon_r+\dfrac{\nu}{1-2\nu}\theta\right)=2G\dfrac{1-\nu}{1-2\nu}\left(\dfrac{\mathrm{d}u}{\mathrm{d}r}+\dfrac{\nu}{1-\nu}\dfrac{u}{r}+\dfrac{\nu}{1-\nu}\dfrac{\mathrm{d}w}{\mathrm{d}z}\right), & \tau_{r\theta}=0 \\[3mm] \sigma_\theta=2G\left(\varepsilon_\theta+\dfrac{\nu}{1-2\nu}\theta\right)=2G\dfrac{1-\nu}{1-2\nu}\left(\dfrac{u}{r}+\dfrac{\nu}{1-\nu}\dfrac{\mathrm{d}u}{\mathrm{d}r}+\dfrac{\nu}{1-\nu}\dfrac{\mathrm{d}w}{\mathrm{d}z}\right), & \tau_{\theta z}=0 \\[3mm] \sigma_z=2G\left(\varepsilon_z+\dfrac{\nu}{1-2\nu}\theta\right)=2G\dfrac{1-\nu}{1-2\nu}\left(\dfrac{\mathrm{d}w}{\mathrm{d}z}+\dfrac{\nu}{1-\nu}\dfrac{u}{r}+\dfrac{\nu}{1-\nu}\dfrac{\mathrm{d}u}{\mathrm{d}r}\right), & \tau_{rz}=0 \end{array}\right\} \tag{7.5.5}$$

由于圆筒上下两端受均匀拉力（压力）作用，$\sigma_z$ 为常数，所以由 $z$ 轴方向的平衡微分方程式（2.3.2）可知：

$$\frac{\partial \sigma_z}{\partial z}=0 \tag{7.5.6}$$

由式（7.5.5）可知：

$$\frac{\mathrm{d}^2 w}{\mathrm{d}z^2}=0 \tag{7.5.7}$$

所以

$$\varepsilon_z=\frac{\mathrm{d}w}{\mathrm{d}z}=\text{const} \tag{7.5.8}$$

即 $\varepsilon_z$ 也为常数。

将式（7.5.5）、式（7.5.8）代入式（7.5.4），化简后可得

$$\frac{\mathrm{d}^2 u}{\mathrm{d}r^2}+\frac{1}{r}\frac{\mathrm{d}u}{\mathrm{d}r}-\frac{u}{r^2}=0 \tag{7.5.9}$$

此方程为欧拉二阶线性齐次方程，解具有幂函数形式：

$$u=r^k \tag{7.5.10}$$

代入平衡方程，消去公因子后得到特征方程：

$$k^2-1=0 \tag{7.5.11}$$

所以 $k=\pm 1$，方程的通解为

$$u = C_1 r + C_2 \frac{1}{r} \tag{7.5.12}$$

式中：$C_1$、$C_2$ 为待定常数。

将上式代入式（7.5.3），得

$$\left. \begin{array}{l} \varepsilon_r = C_1 - C_2 \dfrac{1}{r^2} \\[3mm] \varepsilon_\theta = C_1 + C_2 \dfrac{1}{r^2} \end{array} \right\} \tag{7.5.13}$$

由式（7.5.5）得到应力分量：

$$\left. \begin{array}{l} \sigma_r = A + \dfrac{2G\nu}{1-2\nu}\varepsilon_z - B\dfrac{1}{r^2} \\[3mm] \sigma_\theta = A + \dfrac{2G\nu}{1-2\nu}\varepsilon_z + B\dfrac{1}{r^2} \\[3mm] \sigma_z = 2A\nu + \dfrac{2G(1-\nu)}{1-2\nu}\varepsilon_z \end{array} \right\} \tag{7.5.14}$$

其中 $A$、$B$ 为常数，由边界条件确定：

$$A = \frac{2G}{1-2\nu}C_1, B = 2GC_2 \tag{7.5.15}$$

考虑圆筒两端自由的情况，即两端 $\sigma_z = 0$，再考虑内外壁的边界条件，即

$$\left. \begin{array}{ll} \sigma_r = -p_1, & r = a \\ \sigma_r = -p_2, & r = b \end{array} \right\} \tag{7.5.16}$$

可求得 $A$、$B$、$\varepsilon_z$ 的表达式，再代入式（7.5.14），求得圆筒横截面上的应力为

$$\left. \begin{array}{l} \sigma_r = \dfrac{p_1 a^2 - p_2 b^2}{b^2 - a^2} - \dfrac{(p_1 - p_2)a^2 b^2}{(b^2 - a^2)r^2} \\[4mm] \sigma_\theta = \dfrac{p_1 a^2 - p_2 b^2}{b^2 - a^2} + \dfrac{(p_1 - p_2)a^2 b^2}{(b^2 - a^2)r^2} \end{array} \right\} \tag{7.5.17}$$

将 $A$、$B$ 的表达式代入式（7.5.15），可以得到 $C_1$、$C_2$，代入式（7.5.12）得到面内位移。

$$u = \frac{1-\nu}{E}\frac{(p_1 a^2 - p_2 b^2)r}{b^2 - a^2} + \frac{1+\nu}{E}\frac{(p_1 - p_2)a^2 b^2}{(b^2 - a^2)r} \tag{7.5.18}$$

如外侧压力为 0，即 $p_2 = 0$，则式（7.5.17）化为

$$\left. \begin{array}{l} \sigma_r = \dfrac{p_1 a^2}{b^2 - a^2} - \dfrac{p_1 a^2 b^2}{(b^2 - a^2)r^2} \\[4mm] \sigma_\theta = \dfrac{p_1 a^2}{b^2 - a^2} + \dfrac{p_1 a^2 b^2}{(b^2 - a^2)r^2} \end{array} \right\} \tag{7.5.19}$$

上式代表的应力分布情况如图 7.5.2 所示。

### 7.5.2 厚壁筒的塑性解

本节以外侧压力为 0 的厚壁筒为例，分析其在内压作用下的塑性解。

1. 初始屈服压强

由图 7.5.2 可知，厚壁筒内侧的应力比外侧大得多，材料的屈服一般从内侧开始。如

果采用 Tresca 屈服条件（最大切应力条件），有

$$\sigma_\theta - \sigma_r = \sigma_s \qquad (7.5.20)$$

式中：$\sigma_s$ 为单向拉伸时的屈服应力。

将 $\sigma_\theta$ 和 $\sigma_r$ 的表达式代入上式，得

$$\frac{p_1}{\sigma_s} = \frac{b^2 - a^2}{2b^2} \qquad (7.5.21)$$

式中：$p_1$ 为初始屈服压强。

如果采用 Mises 屈服条件（畸变能条件），有

$$\sigma_{\text{Mises}} - \sigma_s = 0 \qquad (7.5.22)$$

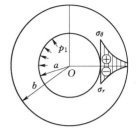

图 7.5.2　厚壁筒受内压
时的应力

其中

$$\sigma_{\text{Mises}} = \sqrt{\frac{1}{2}\left[(\sigma_\theta - \sigma_r)^2 + (\sigma_\theta - \sigma_z)^2 + (\sigma_r - \sigma_z)^2\right]} = \frac{p_1 a^2}{b^2 - a^2}\sqrt{\frac{3b^4}{r^4} + (1 - 2\nu)^2} \quad (7.5.23)$$

因此，当筒内侧开始屈服时，有

$$\frac{p_1 a^2}{b^2 - a^2}\sqrt{\frac{3b^4}{a^4} + (1 - 2\nu)^2} = \sigma_s \qquad (7.5.24)$$

即

$$\frac{p_1}{\sigma_s} = \frac{b^2 - a^2}{\sqrt{3b^4 + (1 - 2\nu)^2 a^4}} \qquad (7.5.25)$$

当材料不可压缩，即 $\nu = 0.5$ 时，内压的初始屈服压强为

$$\frac{p_1}{\sigma_s} = \frac{b^2 - a^2}{\sqrt{3}b^2} \qquad (7.5.26)$$

比较式（7.5.21）和式（7.5.26），Mises 屈服条件比 Tresca 屈服条件得到的初始屈服压强大，因此 Mises 屈服条件比 Tresca 屈服条件更偏激进。

2. 塑性区的扩展与塑性极限状态

假设厚壁筒材料采用理想弹塑性本构关系，内压 $p_1$ 超过初始屈服压强后，塑性区将向外扩展，形成如图 7.5.3 所示的塑性区和弹性区共存的情况。

此时在塑性区内，平衡方程依然成立：

$$\frac{\mathrm{d}\sigma_r}{\mathrm{d}r} + \frac{\sigma_r - \sigma_\theta}{r} = 0 \qquad (7.5.27)$$

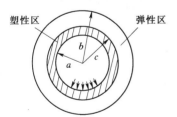

图 7.5.3　厚壁筒受内压时
的弹塑性区

如果采用 Tresca 屈服条件，即 $\sigma_\theta - \sigma_r = \sigma_s$，则

$$\frac{\mathrm{d}\sigma_r}{\mathrm{d}r} - \frac{\sigma_s}{r} = 0 \qquad (7.5.28)$$

由此解得

$$\sigma_r = \sigma_s \ln r + C \qquad (7.5.29)$$

其中 $C$ 为待定常数，可由边界应力条件 $\sigma_r \mid_{r=a} = -p_1$ 求得

$$C = -\sigma_s \ln a - p_1 \qquad (7.5.30)$$

代入式（7.5.29）后得

$$\sigma_r = \sigma_s \ln \frac{r}{a} - p_1 \tag{7.5.31}$$

下面确定塑性区的大小，即塑性区外径 $c$。根据式（7.5.31），在外径为 $c$ 处的径向应力为

$$\sigma_c = (\sigma_r)_{r=c} = \sigma_s \ln \frac{c}{a} - p_1 \tag{7.5.32}$$

实际上，$\sigma_c$ 为外围弹性区对内部塑性区的压力，也就等于塑性区对弹性区边界的压力，这个压力正好满足外径为 $c$ 处的初始屈服条件，由式（7.5.21）可得

$$\frac{-\sigma_c}{\sigma_s} = \frac{b^2 - c^2}{2b^2} \tag{7.5.33}$$

上式中的负号是由于 $\sigma_c$ 的方向与压强 $p_1$ 的方向相反。根据式（7.5.32）和式（7.5.33），消去 $\sigma_c$ 后得到关于塑性区外径 $c$ 的方程：

$$\frac{p_1}{\sigma_s} = \ln \frac{c}{a} + \frac{1}{2} \left( 1 - \frac{c^2}{b^2} \right) \tag{7.5.34}$$

这是一个关于 $c$ 的超越方程，可以用数值方法求解。最终塑性区（$a \leqslant r \leqslant c$）的应力解为

$$\sigma_r = \sigma_s \ln \frac{r}{a} - p_1, \sigma_\theta = \sigma_r + \sigma_s, \tau_{r\theta} = 0 \tag{7.5.35}$$

弹性区（$c \leqslant r \leqslant b$）的应力可采用式（7.5.19）求解，其中内径取 $c$，外径取 $b$，内压由式（7.5.33）求解，即

$$p_1 = \frac{b^2 - c^2}{2b^2} \sigma_s \tag{7.5.36}$$

综上所示，当给定 $p_1$ 时，如果达到了使圆环边界发生屈服的水平（具体大小与选取的屈服条件有关），那么可以用式（7.5.34）确定塑性区大小 $c$，然后分别用弹性区的应力式（7.5.19）和塑性区的应力式（7.5.35）求解弹塑性应力。

如果内压 $p_1$ 不断增大，塑性区最终将扩展到圆筒外侧，此时材料将产生无约束的塑性流动，我们称厚壁筒达到了塑性极限状态。此时的塑性区的半径 $c=b$，在 Tresca 屈服条件下，最大内压为

$$p_1 = \sigma_s \ln \frac{b}{a} \tag{7.5.37}$$

同理也可得到 Mises 屈服条件下的最大内压。

# 7.6 半无限平面体问题

当把大地作为弹性体考虑时，地表受带状荷载作用的问题可以简化为弹性半平面受垂直荷载作用的问题。此外，大尺寸薄板受作用于板中面且平行于板面的外力作用时也是这类问题。前者是平面应变问题，后者是平面应力问题。

以下我们按平面应力来讨论，所得结果对于平面应变情况的应力分量仍然适用，位移

和应变只需要更换一下弹性常数即可。

### 7.6.1 楔形尖顶承受集中荷载

如图 7.6.1 所示楔形尖顶柱体，顶部中心角为 $2\alpha$，在其顶端受分布线荷载 $F$（N/m）作用，作用线与尖顶中心线重合，下端可认为向下无穷延伸。弹塑性力学分析时，可以取该柱体的一个横截面，如图 7.6.2 所示，作为平面问题求解。

以尖顶端部为原点建立极坐标系，并采用应力函数解法，取应力函数：

$$\phi = Cr\theta\sin\theta \tag{7.6.1}$$

$C$ 为常数。可以验证该应力函数满足应变协调方程式（7.4.13），由此可得应力分量：

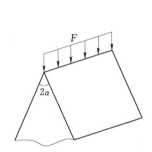

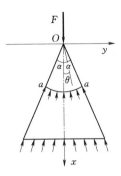

图 7.6.1 楔形尖顶柱体承受顶部荷载　　图 7.6.2 楔形尖顶承受集中荷载的平面问题

$$\left. \begin{array}{l} \sigma_r = \dfrac{1}{r}\dfrac{\partial\phi}{\partial r} + \dfrac{1}{r^2}\dfrac{\partial^2\phi}{\partial\theta^2} = \dfrac{2C}{r}\cos\theta \\[3mm] \sigma_\theta = \dfrac{\partial^2\phi}{\partial r^2} = 0 \\[3mm] \tau_{r\theta} = -\dfrac{\partial}{\partial r}\left(\dfrac{1}{r}\dfrac{\partial\phi}{\partial\theta}\right) = 0 \end{array} \right\} \tag{7.6.2}$$

这一应力状态满足楔形体外边缘的应力边界条件。常数 $C$ 可以由扇形体 $Oaa$ 的平衡得到，即

$$\int_{-\alpha}^{\alpha}(\sigma_r\cos\theta)r\mathrm{d}\theta = F \tag{7.6.3}$$

代入 $\sigma_r$ 的表达式并积分，得

$$2C = -\dfrac{F}{\alpha + \dfrac{1}{2}\sin 2\alpha} \tag{7.6.4}$$

由此可以确定：

$$\sigma_r = -\dfrac{F}{\alpha + \dfrac{1}{2}\sin 2\alpha}\dfrac{1}{r}\cos\theta \tag{7.6.5}$$

其余应力分量为 0。

上式中 $r \to 0$ 时 $\sigma_r \to \infty$，也就是说，$F$ 的作用点处应力为无穷大。但是如果我们考虑真正作用于一点的力是不存在的，实际的作用区域仍然为一个类似 $aa$ 圆弧的小圆弧，那么应力仍然是有限的，$F$ 作用点上应力为无穷仅仅是一种理想情况而已。根据圣维南原

理，除去楔形体顶点附近的微小区域，式（7.6.5）的应力解答仍然是足够精确的。

### 7.6.2 弹性半平面承受集中荷载

1. 应力计算

上述楔形尖顶问题中，如果 $\alpha = \dfrac{\pi}{2}$，那么就是弹性半平面承受集中荷载问题，此时

$$\left.\begin{aligned} \sigma_r &= -\frac{2F}{\pi}\frac{\cos\theta}{r} \\ \sigma_\theta &= \tau_{r\theta} = 0 \end{aligned}\right\} \tag{7.6.6}$$

该应力场有以下特征：

（1）主应力（$\sigma_r$）的方向都指向外荷载（$F$）的作用点。

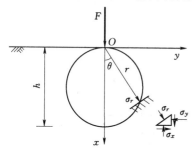

图 7.6.3 弹性半平面承受集中荷载

（2）在以外荷载（$F$）作用线上的点为圆心，与半平面相切的圆上，主应力（$\sigma_r$）相等。这一点可以由图 7.6.3 说明，图中圆的直径为 $h$，圆周上各点到荷载作用点的距离满足：

$$\frac{r}{h} = \cos\theta \tag{7.6.7}$$

将上式代入式（7.6.6），得

$$\sigma_r = -\frac{2F}{\pi h} \tag{7.6.8}$$

所以该圆周上各点的主应力相等，该圆称为等径向应力轨迹，又称为压力泡。

（3）主应力轨迹为一组同心圆和以荷载作用点为圆心的放射线，如图 7.6.4（a）所示。需要说明的是，应力轨迹是描述物体内各点应力矢量的方向的变化曲线，它并不表示应力大小的变化，本例中主应力轨迹上点的主应力大小是变化的。

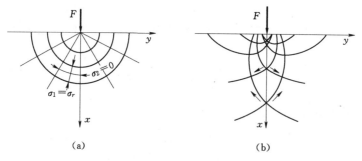

图 7.6.4 主应力和最大切应力轨迹
（a）主应力轨迹；（b）最大切应力轨迹

（4）本例中任一点的最大切应力与主应力所在截面的夹角为 $45°$，所以最大切应力轨迹是与主应力轨迹成 $45°$ 角的两组曲线，如图 7.6.4（b）所示。

如果考虑上述弹性半平面内如图 7.6.5 所示的两个小单元体的平衡，并注意到

$$\cos\theta = \frac{x}{r} = \frac{x}{\sqrt{x^2+y^2}}, \sin\theta = \frac{y}{r} = \frac{y}{\sqrt{x^2+y^2}} \tag{7.6.9}$$

可得该问题应力分量的直角坐标表示式：

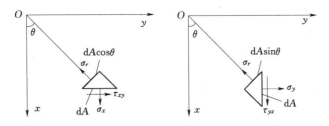

图 7.6.5　极坐标与直角坐标应力分量之间的关系

$$
\left.\begin{array}{l}
\sigma_x = \sigma_r\cos^2\theta = -\dfrac{2F\cos^3\theta}{\pi r} \\[3mm]
\sigma_y = \sigma_r\sin^2\theta = -\dfrac{2F\sin^2\theta\cos\theta}{\pi r} \\[3mm]
\tau_{xy} = \sigma_r\sin\theta\cos\theta = -\dfrac{2F\sin\theta\cos^2\theta}{\pi r}
\end{array}\right\}
\qquad (7.6.10)
$$

或者

$$
\left.\begin{array}{l}
\sigma_x = -\dfrac{2F}{\pi}\dfrac{x^3}{(x^2+y^2)^2} \\[3mm]
\sigma_y = -\dfrac{2F}{\pi}\dfrac{xy^2}{(x^2+y^2)^2} \\[3mm]
\tau_{xy} = -\dfrac{2F}{\pi}\dfrac{x^2y}{(x^2+y^2)^2}
\end{array}\right\}
\qquad (7.6.11)
$$

由上式可得深度为 $a$ 的平面上的应力，只需要把 $x=a$ 代入即可，由此得到的应力如图 7.6.6 所示。

2. 位移计算

将应力表达式（7.6.6）代入平面应力时的广义胡克定律表达式（7.4.8），再将用应力表示的应变代入几何关系式（7.4.7），得

$$
\left.\begin{array}{l}
\varepsilon_r = \dfrac{\partial u}{\partial r} = -\dfrac{2F}{\pi E}\dfrac{\cos\theta}{r} \\[3mm]
\varepsilon_\theta = \dfrac{\partial v}{r\partial\theta} + \dfrac{u}{r} = \dfrac{2\nu F\cos\theta}{\pi E r} \\[3mm]
\gamma_{r\theta} = \dfrac{\partial v}{\partial r} - \dfrac{v}{r} + \dfrac{\partial u}{r\partial\theta} = 0
\end{array}\right\}
\qquad (7.6.12)
$$

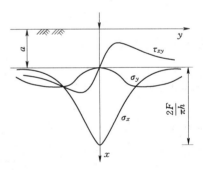

图 7.6.6　深度为 $a$ 的平面上的应力

式中：$u$ 为径向（$r$ 方向）位移；$v$ 为周向（$\theta$ 方向）位移。

式（7.6.12）的第 1 式对坐标 $r$ 积分，得

$$
u = -\dfrac{2F}{\pi E}\cos\theta\ln r + f(\theta) \qquad (7.6.13)
$$

式中：$f(\theta)$ 为待定函数。

将式（7.6.13）代入式（7.6.12）的第 2 式，并对坐标 $\theta$ 积分，得

$$
v = \dfrac{2F}{\pi E}\sin\theta\ln r + \dfrac{2\nu F}{\pi E}\sin\theta - \int f(\theta)\mathrm{d}\theta + f_1(r) \qquad (7.6.14)
$$

式中：$f_1(r)$ 为待定函数。

将式 (7.6.13)、式 (7.6.14) 代入式 (7.6.12) 的第 3 式，简化后可得

$$f_1(r) - r\frac{\mathrm{d}f_1(r)}{\mathrm{d}r} = \frac{\mathrm{d}f(\theta)}{\mathrm{d}\theta} + \int f(\theta)\mathrm{d}\theta + \frac{2(1-\nu)F}{\pi E}\sin\theta \qquad (7.6.15)$$

上式等号两边分别为坐标 $r$ 和 $\theta$ 的函数，等式成立的条件为等号两边等于同一个常数，即

$$\left.\begin{array}{l} f_1(r) - r\dfrac{\mathrm{d}f_1(r)}{\mathrm{d}r} = Q \\[3mm] \dfrac{\mathrm{d}f(\theta)}{\mathrm{d}\theta} + \displaystyle\int f(\theta)\mathrm{d}\theta + \dfrac{2(1-\nu)F}{\pi E}\sin\theta = Q \end{array}\right\} \qquad (7.6.16)$$

式中：$Q$ 为任意常数。

求解上述微分方程，得

$$\left.\begin{array}{l} f_1(r) = Hr + Q \\[2mm] f(\theta) = I\sin\theta + K\cos\theta - \dfrac{(1-\nu)F}{\pi E}\theta\sin\theta \end{array}\right\} \qquad (7.6.17)$$

式中：$H$、$I$、$K$ 为任意常数。

此外，式 (7.6.16) 中的第 2 式成立还要求

$$\int f(\theta)\mathrm{d}\theta = -I\cos\theta + K\sin\theta - \frac{(1-\nu)F}{\pi E}(\sin\theta - \theta\cos\theta) + Q \qquad (7.6.18)$$

将式 (7.6.17)、式 (7.6.18) 代入式 (7.6.13)、式 (7.6.14)，分别得到

$$u = -\frac{2F}{\pi E}\cos\theta\ln r + I\sin\theta + K\cos\theta - \frac{(1-\nu)F}{\pi E}\theta\sin\theta \qquad (7.6.19)$$

$$v = \frac{2F}{\pi E}\sin\theta\ln r + I\cos\theta - K\sin\theta + \frac{(1+\nu)F}{\pi E}\sin\theta - \frac{(1-\nu)F}{\pi E}\theta\cos\theta + Hr \qquad (7.6.20)$$

考虑到对称性条件，有

$$(v)_{\theta=0} = 0 \qquad (7.6.21)$$

将式 (7.6.14)、式 (7.6.17) 代入式 (7.6.21)，得

$$H = 0, I = 0 \qquad (7.6.22)$$

所以式 (7.6.19)、式 (7.6.20) 简化为

$$u = -\frac{2F}{\pi E}\cos\theta\ln r + K\cos\theta - \frac{(1-\nu)F}{\pi E}\theta\sin\theta \qquad (7.6.23)$$

$$v = \frac{2F}{\pi E}\sin\theta\ln r - K\sin\theta + \frac{(1+\nu)F}{\pi E}\sin\theta - \frac{(1-\nu)F}{\pi E}\theta\cos\theta \qquad (7.6.24)$$

当 $\theta = 0$ 时，$u$ 表示铅垂方向（即 $x$ 方向）的位移，即

$$(u)_{\theta=0} = -\frac{2F}{\pi E}\ln r + K \qquad (7.6.25)$$

所以常数 $K$ 与铅垂方向位移有关，如果半平面不受铅垂方向约束，则常数 $K$ 不能确定。

当 $\theta = \pm\pi/2$ 时，$v$ 为自由表面上的点在 $x$ 轴方向的位移，当该位移沿 $x$ 轴正方向时，即为沉陷。注意到 $v$ 以沿 $\theta$ 正方向（逆时针）为正，则表面 $\theta = \pi/2$ 处，距离原点 $O$ 为 $r$ 的点 $M$（图 7.6.7）沉陷为

$$-(v)_{\theta=\frac{\pi}{2}}^{M}=-\frac{2F}{\pi E}\ln r+K-\frac{(1+\nu)F}{\pi E} \tag{7.6.26}$$

当半平面不受铅垂约束时，由于 $K$ 不能确定，沉陷也不能确定。这时，只能求相对沉陷。取离原点距离为 $s$ 的点 $B$ 为基准点，该点的沉陷为

$$-(v)_{\theta=\frac{\pi}{2}}^{B}=-\frac{2F}{\pi E}\ln s+K-\frac{(1+\nu)F}{\pi E} \tag{7.6.27}$$

于是相对沉陷为

$$\eta=-(v)_{\theta=\frac{\pi}{2}}^{M}-\left[-(v)_{\theta=\frac{\pi}{2}}^{B}\right]=\frac{2F}{\pi E}\ln\frac{s}{r} \tag{7.6.28}$$

以上公式是在平面应力情况下推导的，对于平面应变问题，只需要将上述公式中的 $E$ 换成 $E_1=\dfrac{E}{1-\nu^2}$，$\nu$ 换成 $\nu_1=\dfrac{\nu}{1-\nu}$ 即可。

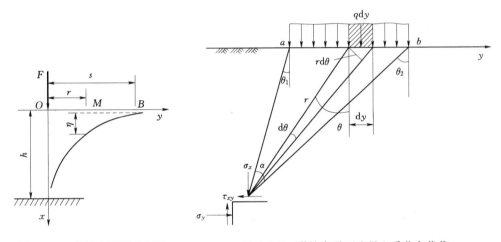

图 7.6.7　弹性半平面的沉陷　　　　图 7.6.8　弹性半平面边界上受分布荷载

3. 弹性半平面边界上受分布荷载

对于弹性半平面上受分布荷载情况，可以由集中荷载情况推广得到，如图 7.6.8 所示，集中荷载 $F$ 可以用 $q\mathrm{d}y=q\dfrac{r\mathrm{d}\theta}{\cos\theta}$ 代替，根据集中荷载情况下的 $\sigma_x$ 计算公式：

$$\sigma_x=-\frac{2F\cos^3\theta}{\pi r} \tag{7.6.29}$$

得

$$\mathrm{d}\sigma_x=-\frac{2q\cos^2\theta}{\pi}\mathrm{d}\theta \tag{7.6.30}$$

积分以后，得到全部分布荷载作用下的合力：

$$\sigma_x=-\int_{\theta_1}^{\theta_2}\frac{2q\cos^2\theta}{\pi}\mathrm{d}\theta=-\frac{q}{2\pi}(2\theta+\sin\theta)\mid_{\theta_1}^{\theta_2} \tag{7.6.31}$$

同理可得

$$\sigma_y=-\int_{\theta_1}^{\theta_2}\frac{2q\sin^2\theta}{\pi}\mathrm{d}\theta=-\frac{q}{2\pi}(2\theta-\sin2\theta)\mid_{\theta_1}^{\theta_2} \tag{7.6.32}$$

$$\tau_{xy} = -\int_{\theta_1}^{\theta_2} \frac{2q\sin\theta\cos\theta}{\pi}\mathrm{d}\theta = -\frac{q}{2\pi}(2\sin^2\theta)\mid_{\theta_1}^{\theta_2} \tag{7.6.33}$$

如令 $\alpha = \theta_2 - \theta_1$（图 7.6.8），那么根据主应力和最大切应力计算公式：

$$\sigma_{1,2} = \frac{\sigma_x + \sigma_y}{2} \pm \sqrt{\left(\frac{\sigma_x - \sigma_y}{2}\right)^2 + \tau_{xy}^2} \tag{7.6.34}$$

$$\tau_{\max} = \frac{\sigma_1 - \sigma_2}{2} \tag{7.6.35}$$

可以求得此时平面内的主应力为

$$\sigma_1 = -\frac{q}{\pi}(\alpha - \sin\alpha) \tag{7.6.36}$$

$$\sigma_2 = -\frac{q}{\pi}(\alpha + \sin\alpha) \tag{7.6.37}$$

平面内的最大切应力为

$$\tau_{\max} = \frac{1}{2}(\sigma_1 - \sigma_2) = -\frac{q}{\pi}\sin\alpha \tag{7.6.38}$$

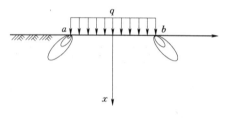

当 $\alpha = \pm\frac{\pi}{2}$ 时，平面内最大切应力达到最大值。最大值的作用点为图 7.6.9 的 $a$、$b$ 点，它们也就是最早发生塑性变形的点。

图 7.6.9 最大切应力位置

# 习 题

7.1 试比较平面应变和平面应力问题的异同点。

7.2 为什么平面应力和平面应变问题的应力分布是相同的？

7.3 什么样的问题可以简化为平面应力问题或平面应变问题？

7.4 梁的塑性区一般首先在什么部位产生？为什么？

7.5 习题 7.5 图表示一矩形板，一对边均匀受拉，另一对边均匀受压，求应力和位移。

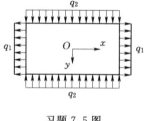

习题 7.5 图

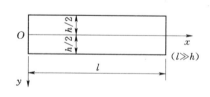

习题 7.6 图

7.6 试证应力函数 $\Phi = \dfrac{qx^2}{4}\left(-4\dfrac{y^3}{h^3} + 3\dfrac{y}{h} - 1\right) + \dfrac{qy^2}{10}\left(2\dfrac{y^3}{h^3} - \dfrac{y}{h}\right)$ 能满足双调和方程，并考察它在如习题 7.6 图所示矩形板和坐标系中能解决什么问题（设矩形板的长度为 $l$，深度为 $h$，体力不计）。

7.7　取满足双调和方程的应力函数为：①$\Phi = ax^2 y$；②$\Phi = bxy^2$；③$\Phi = cxy^3$。试求出应力分量（不计体力），画出如习题7.7图所示弹性体边界上的面力分布，并在 $x=0$ 和 $x=l$ 边界上表示出面力的主矢量和主矩。

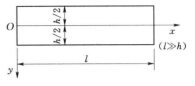

习题7.7图

7.8　如习题7.8图所示的矩形截面柱体，高度为 $h$，宽度为 $b$，且 $h \gg b$，厚度取1单位，在顶部作用有集中力 $F$ 和力偶矩 $M = Fb/4$，体力不计，试用应力函数

$$\Phi(x, y) = Ax^3 + Bx^2$$

求解其应力分量和位移分量，假设 $A$ 点处的位移和竖向微分线段的转角均为 $0°$。

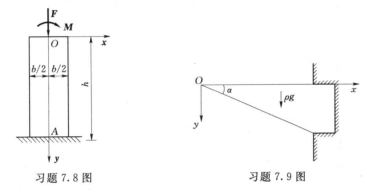

习题7.8图　　　　　　　　　　习题7.9图

7.9　如习题7.9图所示的三角形悬臂梁，只受重力作用，其密度为 $\rho$，试求其应力分量。

7.10　矩形截面挡土墙的密度为 $\rho_1$，厚度为 $b$，如习题7.10图所示，水的密度为 $\rho_2$，试求其应力分量。

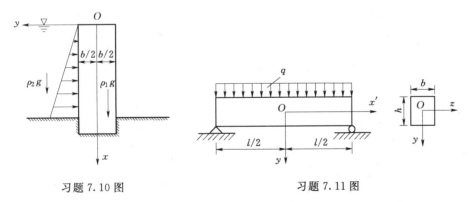

习题7.10图　　　　　　　　　　习题7.11图

7.11　如习题7.11图所示受均布荷载作用的简支梁，求梁内的弹性位移分布和跨中截面的挠度，并说明当梁的跨高比 $l/h$ 为多大时，按初等力学理论确定的挠度计算结果的误差不超过 2.5%（假设泊松比 $\nu = 0.3$）。

7.12　如习题7.12图所示圆轴的半径为 $a$，厚壁圆筒的内半径为 $b$ 和外半径为 $c$，其中 $b-a = \delta > 0$。现将圆轴放入圆筒（两圆心重合），在圆筒外边界作用有均布压力 $q_0$，圆轴与圆筒的材料相同，试求：

（1）在 $q_0$ 与 $\delta$ 满足什么条件时，圆轴内将产生应力？

（2）在圆轴内产生应力时，圆轴外边界的径向压力 $q_c$ 的值。

7.13 如习题 7.13 图所示的两个套筒（长度有限，两端自由），其组成材料相同，装配前内筒的内，外半径分别为 $a_1$ 和 $b_1$，外筒的内，外半径分别为 $a_2$ 和 $b_2$，且 $b_1 - a_2 = \delta > 0$。现用某种方法将其组装在一起，试求内，外筒之间的径向压力 $q$ 和过盈 $\delta$ 之间的关系。

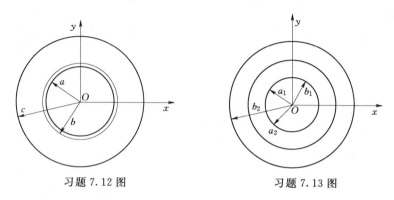

习题 7.12 图　　　　　　习题 7.13 图

7.14 已求得三角形坝体的应力场为

$$\sigma_x = ax + by, \quad \sigma_y = cx + dy, \quad \tau_{xy} = \tau_{yx} = -dx - ay - \gamma x, \quad \tau_{xz} = \tau_{yz} = \sigma_z = 0$$

其中 $\gamma$ 为坝体材料比重，$\gamma_1$ 为水的比重，如习题 7.14 图所示，试根据边界条件，求常数 $a$、$b$、$c$、$d$ 的值。

7.15 试求如习题 7.15 图所示楔体中的应力分布，楔体两侧面上承受线性分布的切应力。

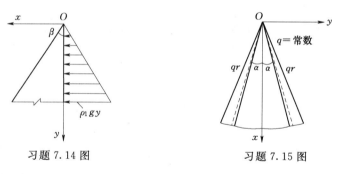

习题 7.14 图　　　　　　习题 7.15 图

7.16 在弹性半平面上作用着 $n$ 个集中力 $P_i$ 构成的力系，这些力到所设原点的距离分别为 $y_i$，如习题 7.16 图所示。试求应力 $\sigma_x$、$\sigma_y$、$\tau_{xy}$ 的一般表达式。

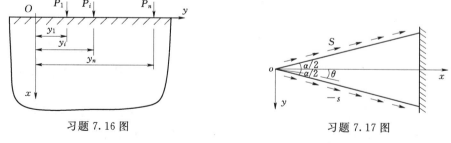

习题 7.16 图　　　　　　习题 7.17 图

7.17 试确定应力函数 $\varphi = cr^2(\cos 2\theta - \cos 2\alpha)$ 中的常数 $c$ 值，使满足习题 7.17 图中

的条件：在 $\theta=\alpha$ 面上，$\sigma_\theta=0$，$\tau_{r\theta}=s$；在 $\theta=-\alpha$ 面上，$\sigma_\theta=0$，$\tau_{r\theta}=-s$。并证明楔顶没有集中力或力偶作用。

7.18　习题 7.18 图所示为由理想弹塑性材料制成的组合结构，中间圆杆为材料 1，周围圆筒为材料 2，其材料常数和几何参数见习题 7.18 表。

若 $\sigma_{s1}>\sigma_{s2}$，试求杆 1 和杆 2 分别进入屈服时的外力 $P_1$ 以及 $P_2$，并给出当 $P_1<P<P_2$ 时卸载后残余应力的表达式。

习题 7.18 表

| 材料性质 | 弹性常数 | 屈服应力 | 开始屈服时的应变 | 截面积 |
|---|---|---|---|---|
| 材料 1 | $E_1$ | $\sigma_{s1}$ | $\varepsilon_{s1}=\dfrac{\sigma_{s1}}{E_1}$ | $A_1$ |
| 材料 2 | $E_2$ | $\sigma_{s2}$ | $\varepsilon_{s2}=\dfrac{\sigma_{s2}}{E_2}$ | $A_2$ |

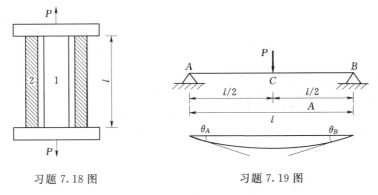

习题 7.18 图　　　　　　　　　习题 7.19 图

7.19　已知简支梁的跨度为 $l$，截面为 $2hb$，受集中力 $P$ 作用于梁的中点，如习题 7.19 图所示。若梁的材料是理想弹塑性体，试求极限状态时 $A$ 点的转角 $\theta_A$ 以及 $C$ 点的挠度 $w_p$ 的值。

7.20　设有不均匀厚壁圆筒，沿圆筒半径屈服极限的平均值为 $\sigma_s$，屈服极限按如下两种规律变化：

(1) $\sigma=\left(2\gamma-\dfrac{1}{2}\right)\sigma_s$；

(2) $\sigma=\left(\dfrac{5}{2}-2\gamma\right)\sigma_s$。

式中 $\gamma=\dfrac{r}{b}$ 在 0.5～1 之间变化，在此两种情况下，满足条件 $\dfrac{1}{2}\sigma_s\leqslant\sigma\leqslant\dfrac{3}{2}\sigma_s$。若厚壁筒内外半径之比 $\dfrac{a}{b}=\dfrac{1}{2}$，筒体内压为 $p_i$，外压为 $p_e$，材料是不可压缩的，并服从屈雷斯卡屈服条件，处于平面应变状态，试将（a）、（b）两种情况的承载能力与具有均匀屈服极限为 $\sigma_s$ 的厚壁筒承载能力相比较。

7.21　设有理想弹塑性材料制成的厚壁圆筒，内半径为 $a$，外半径为 $b$，受内压 $p$ 的作用。试求此厚壁筒开始进入塑形状态时和完全进入塑形极限状态时压力 $p_p/p_e$ 的比值。

# 第8章 柱体扭转问题

柱体的扭转是在土木、机械、航空航天等工程中常见的一类问题。所谓柱体的扭转，是指圆柱体和棱柱体端部受到柱体轴线方向的力偶作用时发生的变形，该力偶造成的柱体内力为扭矩。本章将讨论柱体扭转时的位移、应变和应力的求解方法。

## 8.1 基本概念

圆柱体的扭转问题已经在材料力学中进行过讨论，此时假设柱体的轴向位移为 0（平截面假设），等直圆杆的扭转实验证明，该假设与实验现象一致。但是对非圆截面柱体，扭转后截面不再保持为平面，即横截面上各点的轴向位移不再相同，这种垂直于横截面的变形称为翘曲变形，如图 8.1.1 所示。

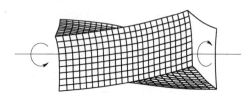

图 8.1.1 翘曲变形

如果我们把 $Oz$ 轴取在柱体的轴线上，则受扭柱体的轴向位移为

$$w = w(x, y, z) \tag{8.1.1}$$

式中：$w = w(x, y, z)$ 为翘曲函数，用以描述各截面的翘曲变形。

对于柱体两端没有轴向约束的自由扭转来说，圣维南根据实验观察，假定各个横截面的翘曲程度相同，因此翘曲函数可以简化为

$$w = w(x, y) = \theta \varphi(x, y) \tag{8.1.2}$$

式中：$\theta$ 为柱体轴向单位长度上的相对扭转角；$\varphi(x, y)$ 为圣维南翘曲函数，用以描述横截面的翘曲形状。

而当柱体两端存在轴向约束时，横截面将不能自由翘曲，这种扭转称为约束扭转。本书只对自由扭转进行分析，对于约束扭转，读者可以自行参阅相关文献。

为了求解扭转问题，需要选取适当的坐标系。对于有两个对称轴的柱体横截面，坐标原点选在两个对称轴的交点，横截面内分别为 $x$、$y$ 坐标轴，轴向为 $z$ 坐标轴，如图 8.1.2 所示。

对于如图 8.1.2 所示扭转柱体，其边界包括侧面边界和顶（底）面边界，根据式 (2.4.2)，侧面边界条件为

$$\left. \begin{array}{l} \sigma_x l + \tau_{xy} m = 0 \\ \tau_{yx} l + \sigma_y m = 0 \\ \tau_{zx} l + \tau_{zy} m = 0 \end{array} \right\} \tag{8.1.3}$$

其中 $l$、$m$ 分别为侧面的外法线 $\boldsymbol{n}$ 与 $x$、$y$ 轴的方向余弦，即

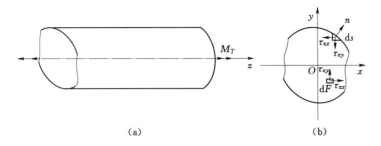

图 8.1.2 扭转杆坐标系

（a）侧面；（b）横截面

$$l = \cos(\boldsymbol{n}, \boldsymbol{x}), \ m = \cos(\boldsymbol{n}, \boldsymbol{y}) \tag{8.1.4}$$

柱体侧面外法线与 $z$ 轴的方向余弦为 0，因此侧面边界条件与 $z$ 轴方向的应力无关。

端部边界条件为

$$\left. \begin{array}{l} \displaystyle\iint \tau_{zx} \mathrm{d}A = 0 \\[2mm] \displaystyle\iint \tau_{zy} \mathrm{d}A = 0 \\[2mm] \displaystyle\iint \sigma_z \mathrm{d}A = 0 \end{array} \right\}, x, y, z \ \text{方向的力平衡} \tag{8.1.5}$$

$$\left. \begin{array}{l} \displaystyle\iint \sigma_z y \mathrm{d}A = 0 \\[2mm] \displaystyle\iint \sigma_z x \mathrm{d}A = 0 \\[2mm] \displaystyle\iint (\tau_{zy} x - \tau_{zx} y) \mathrm{d}A = M_T \end{array} \right\}, \text{绕} \ x, y, z \ \text{轴的力偶平衡} \tag{8.1.6}$$

其中式（8.1.5）代表 $x$、$y$、$z$ 方向力的边界条件，式（8.1.6）代表绕 $x$、$y$、$z$ 轴的力偶边界条件，$M_T$ 为作用于柱体两端的扭转力偶。

## 8.2 基本方程

### 8.2.1 基本关系式

如图 8.2.1（a）所示为受扭柱体，图 8.2.1（b）为坐标 $z$ 处的横截面。假定坐标原点 $O$ 的位移为 0，原点所在横截面的扭转角也为 0，单位长度的扭转角为 $\theta$，那么圆柱上距离轴线为 $r$ 的任一点 $P(x, y, z)$ 的位移为

$$\left. \begin{array}{l} u = -(r\theta z)\sin\alpha = -\theta z y \\[1mm] v = (r\theta z)\cos\alpha = \theta z x \\[1mm] w = w(x, y) = \theta\varphi(x, y) \end{array} \right\} \tag{8.2.1}$$

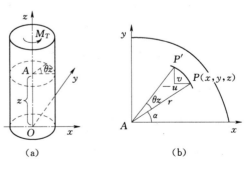

图 8.2.1 受扭柱体图

（a）扭转柱体；（b）横截面上任一点的位移

105

式中：$u$、$v$、$w$ 为 $x$、$y$、$z$ 方向的位移；$\alpha$ 为 $AP$ 与 $x$ 轴的夹角。

将式（8.2.1）代入几何关系式（3.1.10），得到扭转时应变与位移之间的关系式：

$$\gamma_{zx}=\theta\left(\frac{\partial\varphi}{\partial x}-y\right),\gamma_{zy}=\theta\left(\frac{\partial\varphi}{\partial y}+x\right),\varepsilon_x=\varepsilon_y=\varepsilon_z=\gamma_{xy}=0 \tag{8.2.2}$$

同理，由广义胡克定律式（4.1.16）得到应力与应变的关系式：

$$\tau_{zx}=G\theta\left(\frac{\partial\varphi}{\partial x}-y\right),\tau_{zy}=G\theta\left(\frac{\partial\varphi}{\partial y}+x\right),\sigma_x=\sigma_y=\sigma_z=\tau_{xy}=0 \tag{8.2.3}$$

由上式可知，自由扭转时的非零应力分量只有 $\tau_{zx}$、$\tau_{zy}$，因此平衡方程简化为

$$\left.\begin{array}{r}\dfrac{\partial\tau_{zx}}{\partial z}=0 \\[2mm] \dfrac{\partial\tau_{zy}}{\partial z}=0 \\[2mm] \dfrac{\partial\tau_{zx}}{\partial x}+\dfrac{\partial\tau_{zy}}{\partial y}=0\end{array}\right\} \tag{8.2.4}$$

根据上述基本关系式求解扭转问题时，可以选取位移法或应力法，以下分别介绍。

### 8.2.2 位移法方程

采用位移法时，需要将平衡方程改写为用位移分量表示的形式，将式（8.2.1）、式（8.2.2）代入式（6.2.4），并注意到 $e=\varepsilon_x+\varepsilon_y+\varepsilon_z=0$，则平衡方程简化为

$$\nabla^2 u=0,\nabla^2 v=0,\nabla^2 w=0 \tag{8.2.5}$$

方程式（8.2.5）的前两式自动满足，第 3 式根据式（8.2.1）可改写成

$$\nabla^2\varphi=\frac{\partial^2\varphi}{\partial x^2}+\frac{\partial^2\varphi}{\partial y^2}=0 \tag{8.2.6}$$

上式即为位移法求解柱体扭转问题的基本方程。

考虑柱体扭转时的边界条件式（8.1.3），将应力的表达式（8.2.3）代入后，该边界条件的前两式自动满足，第 3 式改写为

$$\left(\frac{\partial\varphi}{\partial x}-y\right)l+\left(\frac{\partial\varphi}{\partial y}+x\right)m=0 \tag{8.2.7}$$

这就是圣维南翘曲函数 $\varphi(x,y)$ 需要满足的边界条件，该边界是指柱体横截面的边界 $\Gamma$。

在扭转柱体的两端，需要满足边界条件式（8.1.5）、式（8.1.6），将式（8.2.3）代入该边界条件，发现其中第 3、4、5 式自动满足，第 1、2 式也可证明恒成立。注意到式（8.2.6），有

$$\iint\tau_{zx}\mathrm{d}A=\iint_A G\theta\left(\frac{\partial\varphi}{\partial x}-y\right)\mathrm{d}x\mathrm{d}y$$

$$=G\theta\iint_A\left\{\frac{\partial}{\partial x}\left[x\left(\frac{\partial\varphi}{\partial x}-y\right)\right]+\frac{\partial}{\partial y}\left[x\left(\frac{\partial\varphi}{\partial y}+x\right)\right]\right\}\mathrm{d}x\mathrm{d}y$$

利用斯托克斯公式，上述面积分可以变换为边界线积分，即

$$\iint_A\left\{\frac{\partial}{\partial x}\left[x\left(\frac{\partial\varphi}{\partial x}-y\right)\right]+\frac{\partial}{\partial y}\left[x\left(\frac{\partial\varphi}{\partial y}+x\right)\right]\right\}\mathrm{d}x\mathrm{d}y$$

$$=\oint_{\Gamma}\left\{\left[x\left(\frac{\partial\varphi}{\partial x}-y\right)\right]l+\left[x\left(\frac{\partial\varphi}{\partial y}+x\right)\right]m\right\}\mathrm{d}s$$

考虑到式（8.2.7），上式边界线积分等于 0，所以

$$\iint \tau_{zx} \mathrm{d}A = 0 \qquad (8.2.8)$$

同理也可证明：

$$\iint \tau_{zy} \mathrm{d}A = 0 \qquad (8.2.9)$$

将式（8.2.3）代入式（8.1.6），得

$$M_T = G\theta \iint \left( x^2 + y^2 + x\frac{\partial \varphi}{\partial y} - y\frac{\partial \varphi}{\partial x} \right) \mathrm{d}A \qquad (8.2.10)$$

定义柱体的扭转刚度为

$$K_T = G \iint \left( x^2 + y^2 + x\frac{\partial \varphi}{\partial y} - y\frac{\partial \varphi}{\partial x} \right) \mathrm{d}A \qquad (8.2.11)$$

则有

$$M_T = K_T \theta \qquad (8.2.12)$$

对于圆柱体扭转，横截面没有翘曲，所以 $\varphi = 0$，式（8.2.11）中的积分项即为极惯性矩 $I_p$。

综上所述，采用位移法求解柱体扭转问题时，先由方程式（8.2.6）和侧面边界条件式（8.2.7）求得翘曲函数 $\varphi$，然后将 $\varphi$ 代入式（8.2.12），求得单位长度的相对扭转角，再由式（8.2.1）、式（8.2.2）、式（8.2.3）得到各个位移、应变和应力分量。

圣维南翘曲函数 $\varphi$ 的求解在数学上属于冯·诺依曼边值问题，由于求解比较复杂，因此本书将重点介绍扭转问题的应力解法。

### 8.2.3 应力法方程

1. 基本方程

采用应力解法时，平衡方程为式（8.2.4），还需要补充用应力表示的应变协调方程，该方程可以由式（8.2.3）推导得到，即将 $\tau_{zx}$ 的表达式对 $y$ 微分，$\tau_{zy}$ 的表达式对 $x$ 微分后相减，即可得到

$$\frac{\partial \tau_{zx}}{\partial y} - \frac{\partial \tau_{zy}}{\partial x} = -2G\theta \qquad (8.2.13)$$

于是，柱体扭转时的应力，可以由平衡方程式（8.2.4）、应力表示的应变协调方程式（8.2.13），再加上边界条件求解。

上述问题往往采用应力函数解法，为此取应力函数 $\psi$，使得

$$\tau_{zx} = G\theta \frac{\partial \psi}{\partial y} , \quad \tau_{zy} = -G\theta \frac{\partial \psi}{\partial x} \qquad (8.2.14)$$

式中：$\psi$ 为普朗特应力函数。

显然上式满足平衡方程式（8.2.4），还需要满足协调方程式（8.2.13），因此有

$$\nabla^2 \psi = \frac{\partial^2 \psi}{\partial x^2} + \frac{\partial^2 \psi}{\partial y^2} = -2 \qquad (8.2.15)$$

此即应力函数要满足的基本方程，该方程是一个泊松方程。

考虑到自由扭转时 $\sigma_x = \sigma_y = \sigma_z = \tau_{xy} = 0$，柱体侧面的边界条件式（8.1.3）简化为

$$\tau_{zx} l + \tau_{zy} m = 0 \qquad (8.2.16)$$

式中：$l$、$m$ 分别为侧面的外法线 $\vec{n}$ 与 $x$、$y$ 轴的方向余弦，如图 8.2.2 所示，有

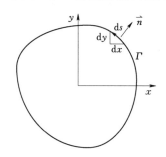

$$l = \cos(n,x) = \frac{\mathrm{d}y}{\mathrm{d}s}, \quad m = \cos(n,y) = -\frac{\mathrm{d}x}{\mathrm{d}s} \quad (8.2.17)$$

式中：$x = x(s)$；$y = y(s)$；$s$ 为边界弧长坐标。

把应力的应力函数表达式（8.2.14）代入侧面边界条件式（8.2.16），得到

$$\frac{\partial \psi}{\partial y}\frac{\partial y}{\partial s} + \frac{\partial \psi}{\partial x}\frac{\partial x}{\partial s} = \frac{\mathrm{d}\psi}{\mathrm{d}s} = 0 \quad (8.2.18)$$

图 8.2.2 边界曲线坐标

所以沿柱体横截面的边界线，应力函数 $\psi$ 为常数。不失一般性，可令横截面周边应力函数为 0，即

$$\psi|_\Gamma = 0 \quad (8.2.19)$$

从以上推导可见，我们可以根据下面两式确定应力函数 $\psi$

$$\begin{cases} \dfrac{\partial^2 \psi}{\partial x^2} + \dfrac{\partial^2 \psi}{\partial y^2} = -2 \\ \psi|_\Gamma = 0 \end{cases} \quad (8.2.20)$$

**2. 端部边界方程**

此外应力函数 $\psi$ 还应该满足柱体扭转的端部边界条件

$$M_T = \iint_A (\tau_{zy}x - \tau_{zx}y)\mathrm{d}x\mathrm{d}y = -G\theta\iint_A \left(\frac{\partial \psi}{\partial x}x + \frac{\partial \psi}{\partial y}y\right)\mathrm{d}x\mathrm{d}y \quad (8.2.21)$$

如果柱体横截面是单连通域，对上式利用斯托克斯公式，有

$$\begin{aligned} M_T &= -G\theta\iint_A \left(\frac{\partial \psi}{\partial x}x + \frac{\partial \psi}{\partial y}y\right)\mathrm{d}x\mathrm{d}y \\ &= -G\theta\iint_A \left[\frac{\partial}{\partial x}(x\psi) + \frac{\partial}{\partial y}(y\psi)\right]\mathrm{d}x\mathrm{d}y + 2G\theta\iint_A \psi\mathrm{d}x\mathrm{d}y \\ &= -G\theta\oint_\Gamma \psi(xl + ym)\mathrm{d}s + 2G\theta\iint_A \psi\mathrm{d}x\mathrm{d}y \end{aligned} \quad (8.2.22)$$

再利用式（8.2.19），上式简化为

$$M_T = 2G\theta\iint_A \psi\mathrm{d}x\mathrm{d}y \quad (8.2.23)$$

上式表示，如果柱体横截面是单连通域，那么应力函数 $\psi$ 在横截面上积分的 $2G\theta$ 倍为扭矩 $M_T$，也就是说，$M_T$ 是横截面上 $\psi$ 面下所包含的体积的 $2G\theta$ 倍。由此也可得到扭转刚度

$$K_T = \frac{M_T}{\theta} = 2G\iint_A \psi\mathrm{d}x\mathrm{d}y \quad (8.2.24)$$

如果横截面是多连通域（图 8.2.3），设应力函数在外边界 $\Gamma$ 上值为 0，在内边界 $\Gamma_1$，$\Gamma_2$，…，$\Gamma_n$ 上的值分别为 $k_1$，$k_1$，…，$k_n$，则参照式（8.2.22），有

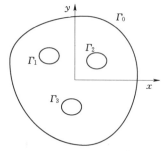

$$M_T = -G\theta\oint_{\Gamma_1,\Gamma_2,\cdots,\Gamma_n} \psi(xl + ym)\mathrm{d}s + 2G\theta\iint_A \psi\mathrm{d}x\mathrm{d}y$$

图 8.2.3 多连通域

$$=-G\theta\sum_{i=1}^{n}\oint_{\Gamma_i}k_i(xl+ym)\mathrm{d}s+2G\theta\iint_A\psi\mathrm{d}x\mathrm{d}y \tag{8.2.25}$$

由斯托克斯公式，有

$$\oint_{\Gamma_i}k_i(xl+ym)\mathrm{d}s=-\oint_{\Gamma_i}k_i(xl+ym)\mathrm{d}s=-2\iint_{A_i}\mathrm{d}x\mathrm{d}y=-2A_i \tag{8.2.26}$$

这里 $A_i$ 代表内边界 $\Gamma_i$ 所围成的区域面积。将上式代入式（8.2.26），得

$$M_T=2G\theta\sum_{i=1}^{n}k_iA_i+2G\theta\iint_A\psi\mathrm{d}x\mathrm{d}y \tag{8.2.27}$$

扭转刚度：

$$K_T=2G\sum_{i=1}^{n}k_iA_i+2G\iint_A\psi\mathrm{d}x\mathrm{d}y \tag{8.2.28}$$

3. 应力函数表示的应力、应变和翘曲函数

确定了应力函数 $\psi$ 以后，由式（8.2.14）确定 $\tau_{zx}$ 和 $\tau_{zy}$，它们的合力为

$$\tau=\sqrt{\tau_{zx}^2+\tau_{zy}^2}=G\theta\sqrt{\left(\frac{\partial\psi}{\partial y}\right)^2+\left(\frac{\partial\psi}{\partial x}\right)^2} \tag{8.2.29}$$

上式表明，横截面上切应力的合力与应力函数的梯度成正比，即

$$\tau=G\theta\frac{\partial\psi}{\partial n}=G\theta|\operatorname{grad}\psi| \tag{8.2.30}$$

其中 $n$ 为 $\psi$ 等值线的外法线。$\tau$ 的方向则沿 $\psi$ 等值线的切线方向，由此 $\psi$ 等值线也称为切应力线，如图 8.2.4 所示。

应变由广义胡克定律式（4.1.16）得到

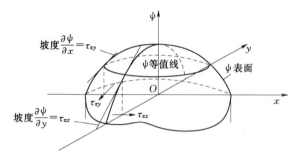

图 8.2.4 应力函数图示

$$\left.\begin{aligned}\gamma_{zx}&=\theta\frac{\partial\psi}{\partial y}\\\gamma_{yz}&=-\theta\frac{\partial\psi}{\partial x}\end{aligned}\right\} \tag{8.2.31}$$

求出应变的表达式后，根据几何关系式（8.2.2）可得

$$\left.\begin{aligned}\frac{\partial\psi}{\partial y}&=\frac{\partial\varphi}{\partial x}-y\\-\frac{\partial\psi}{\partial x}&=\frac{\partial\varphi}{\partial y}+x\end{aligned}\right\} \tag{8.2.32}$$

式（8.2.32）积分后可以确定圣维南翘曲函数 $\varphi(x,y)$，从而求出翘曲变形。

综上所述，用应力函数法求解柱体扭转问题时，先由方程和侧面边界条件表达式（8.2.20）求得应力函数 $\psi$；再由端部边界条件式（8.2.23）或式（8.2.27）求得单位长度的相对扭转角 $\theta$；然后可由式（8.2.14）、式（8.2.31）求得应力和应变，由式（8.2.32）求得翘曲位移，由式（8.2.1）的前两式求得横截面内位移。

## 8.3  矩形截面柱体的扭转

如图 8.3.1 所示矩形截面柱体的扭转，我们也用应力函数的方法来求解，只要确定应力函数 $\psi$，就可以进一步求出切应力和单位长度的相对扭转角。

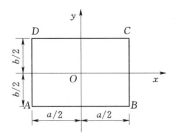

图 8.3.1  矩形截面柱体
的横截面

应力函数在横截面内满足泊松方程：

$$\nabla^2 \psi = -2 \tag{8.3.1}$$

边界条件为

$$x = \pm \frac{a}{2} \text{ 或 } y = \pm \frac{b}{2} \text{ 时},\psi = 0 \tag{8.3.2}$$

上述问题在数学物理方程中称为泊松方程的第一边值问题，即狄里希莱问题，它的解可以假定为如下形式：

$$\psi = \psi_0 + \psi_1 \tag{8.3.3}$$

其中 $\psi_0$、$\psi_1$ 分别为方程式 (8.3.1) 的通解和特解，即满足：

$$\nabla^2 \psi_0 = 0 \tag{8.3.4}$$

$$\nabla^2 \psi_1 = -2 \tag{8.3.5}$$

特解 $\psi_1$ 容易构造，可以取为

$$\psi_1 = \frac{b^2}{4} - y^2 \tag{8.3.6}$$

可以验证它满足方程式 (8.3.5)。

通解 $\psi_0$ 可以用分离变量法求解，假设：

$$\psi_0(x,y) = \sum_{n=0}^{\infty} X_n(x) Y_n(y) \tag{8.3.7}$$

代入方程式 (8.3.4) 得

$$\frac{X_n''(x)}{X_n(x)} = -\frac{Y_n''(y)}{Y_n(y)} \tag{8.3.8}$$

要使上式成立，只有两边同时等于某一常数，设为 $\lambda_n^2$，则有

$$X_n''(x) - \lambda_n^2 X_n(x) = 0 \tag{8.3.9}$$

$$Y_n''(y) + \lambda_n^2 Y_n(y) = 0 \tag{8.3.10}$$

求解上述两个常微分方程，得

$$X_n(x) = B_{1n} \cosh \lambda_n x + B_{2n} \sinh \lambda_n x \tag{8.3.11}$$

$$Y_n(y) = C_{1n} \cos \lambda_n y + C_{2n} \sin \lambda_n y \tag{8.3.12}$$

将上述两式代入式 (8.3.7)，得

$$\psi_0(x,y) = \sum_{n=0}^{\infty} (B_{1n} \cosh \lambda_n x + B_{2n} \sinh \lambda_n x)(C_{1n} \cos \lambda_n y + C_{2n} \sin \lambda_n y) \tag{8.3.13}$$

式中：$B_{1n}$、$B_{2n}$、$C_{1n}$、$C_{2n}$ 为待定常数。由于问题的对称性，应力函数 $\psi$ 必定是关于 $x$ 轴和 $y$ 轴的对称函数，所以 $B_{2n} = C_{2n} = 0$，上式简化为

$$\psi_0(x,y) = \sum_{n=0}^{\infty} A_n \cosh\lambda_n x \cos\lambda_n y \tag{8.3.14}$$

式中：$A_n$ 为待定常数。

注意到 $y = \pm b/2$ 边界上 $\psi$ 为 0，$\psi_0$ 也为 0，所以

$$\cosh\lambda_n x \cos\lambda_n \frac{b}{2} = 0 \tag{8.3.15}$$

所以

$$\lambda_n = \frac{(2n+1)\pi}{b}, \ n = 0,1,2,\cdots \tag{8.3.16}$$

将上式代入式（8.3.14），得

$$\psi_0(x,y) = \sum_{n=0}^{\infty} A_n \cosh\frac{(2n+1)\pi x}{b} \cos\frac{(2n+1)\pi y}{b} \tag{8.3.17}$$

再根据 $x = \pm a/2$ 边界上 $\psi$ 为 0，则根据式（8.3.3），有

$$\sum_{n=0}^{\infty} A_n \cosh\frac{(2n+1)\pi a}{2b} \cos\frac{(2n+1)\pi y}{b} = y^2 - \frac{b^2}{4} \tag{8.3.18}$$

式（8.3.18）等号两边同乘以 $\cos\frac{(2m+1)\pi y}{b}$，再从 $-\frac{b}{2}$ 到 $\frac{b}{2}$ 积分，并注意到三角函数的正交性，得

$$A_n = \frac{(-1)^{n+1}8b^2}{\pi^3(2n+1)^3\cosh\dfrac{(2n+1)\pi a}{2b}} \tag{8.3.19}$$

将上式代入式（8.3.17），得

$$\psi_0(x,y) = \frac{8b^2}{\pi^3}\sum_{n=0}^{\infty}\frac{(-1)^{n+1}\cosh\dfrac{(2n+1)\pi x}{b}\cos\dfrac{(2n+1)\pi y}{b}}{(2n+1)^3\cosh\dfrac{(2n+1)\pi a}{2b}} \tag{8.3.20}$$

所以矩形截面柱体扭转时的应力函数为

$$\psi = \frac{8b^2}{\pi^3}\sum_{n=0}^{\infty}\frac{(-1)^{n+1}\cosh\dfrac{(2n+1)\pi x}{b}\cos\dfrac{(2n+1)\pi y}{b}}{(2n+1)^3\cosh\dfrac{(2n+1)\pi a}{2b}} + \frac{b^2}{4} - y^2 \tag{8.3.21}$$

根据扭转刚度的表达式（8.2.24），有

$$K_T = 2G\iint_A \psi \mathrm{d}x\mathrm{d}y = Gab^3\left[\frac{1}{3} - \frac{64}{\pi^5}\frac{b}{a}\sum_{n=0}^{\infty}\frac{1}{(2n+1)^5}\tanh\frac{(2n+1)\pi a}{2b}\right] \tag{8.3.22}$$

所以单位长度的相对扭转角为

$$\theta = \frac{M_T}{K_T} = \frac{M_T}{Gab^3\left[\dfrac{1}{3} - \dfrac{64}{\pi^5}\dfrac{b}{a}\sum_{n=0}^{\infty}\dfrac{1}{(2n+1)^5}\tanh\dfrac{(2n+1)\pi a}{2b}\right]} \tag{8.3.23}$$

假设

$$\beta = \frac{1}{3} - \frac{64}{\pi^5}\frac{b}{a}\sum_{n=0}^{\infty}\frac{1}{(2n+1)^5}\tanh\frac{(2n+1)\pi a}{2b} \tag{8.3.24}$$

则有

$$\theta = \frac{M_T}{G\beta ab^3} \tag{8.3.25}$$

将应力函数和单位长度相对扭转角的表达式（8.3.21）、式（8.3.23）代入式（8.2.14），求得应力分量：

$$\tau_{zx} = \frac{M_T}{\beta ab^3}\left[\frac{8b}{\pi^2}\sum_{n=0}^{\infty}\frac{(-1)^n\cosh\frac{(2n+1)\pi x}{b}\sin\frac{(2n+1)\pi y}{b}}{(2n+1)^2\cosh\frac{(2n+1)\pi a}{2b}}-2y\right] \tag{8.3.26}$$

$$\tau_{zy} = -\frac{M_T}{\beta ab^3}\frac{8b}{\pi^2}\sum_{n=0}^{\infty}\frac{(-1)^{n+1}\sinh\frac{(2n+1)\pi x}{b}\cos\frac{(2n+1)\pi y}{b}}{(2n+1)^2\cosh\frac{(2n+1)\pi a}{2b}} \tag{8.3.27}$$

在工程上，往往比较关注最大的切应力，由上述两式可以求得，最大切应力发生在矩形横截面长边的中点处。假设 $a\geq b$，则最大切应力在 $x=0$，$y=\pm b/2$ 点处，其数值为

$$\tau_{\max} = \frac{M_T}{\beta ab^2}\left[1-\frac{8}{\pi^2}\sum_{n=0}^{\infty}\frac{1}{(2n+1)^2\cosh\frac{(2n+1)\pi a}{2b}}\right] = \frac{M_T}{\gamma ab^2} \tag{8.3.28}$$

上式可以简写为

$$\tau_{\max} = \frac{M_T}{\gamma ab^2} \tag{8.3.29}$$

其中

$$\gamma = \frac{\beta}{1-\frac{8}{\pi^2}\sum_{n=0}^{\infty}\frac{1}{(2n+1)^2\cosh\frac{(2n+1)\pi a}{2b}}} \tag{8.3.30}$$

表 8.3.1　　　　　　　　　　矩形截面柱体扭转系数表

| $a/b$ | $\beta$ | $\gamma$ | $a/b$ | $\beta$ | $\gamma$ |
|-------|---------|----------|-------|---------|----------|
| 1.0 | 0.141 | 0.208 | 3.0 | 0.263 | 0.267 |
| 1.2 | 0.166 | 0.219 | 4.0 | 0.281 | 0.282 |
| 1.5 | 0.196 | 0.230 | 5.0 | 0.291 | 0.291 |
| 2.0 | 0.229 | 0.246 | 10.0 | 0.312 | 0.312 |
| 2.5 | 0.249 | 0.258 | 很大 | 0.333 | 0.333 |

式（8.3.25）、式（8.3.29）中的系数 $\beta$、$\gamma$ 只与横截面长边与短边的比值 $a/b$ 有关，其数值见表 8.3.1。由表 8.3.1 可以看出，当 $a/b$ 很大时，即对于狭长矩形杆，$\beta$ 和 $\gamma$ 都趋于 1/3，此时柱体单位长度扭转角和最大切应力为

$$\theta = \frac{3M_T}{Gab^3} \tag{8.3.31}$$

$$\tau_{\max} = \frac{3M_T}{ab^2} \tag{8.3.32}$$

式中：$a$ 为截面长度；$b$ 为宽度。

## 8.4 薄膜比拟法

上节的计算表明，即使采用应力函数解法，柱体扭转问题的方程求解还是比较困难的。本节将说明，弹性扭转问题应力函数的微分方程，与表面受压薄膜的挠度方程完全相似，因而柱体扭转问题可以用薄膜的挠度问题来比拟，使对应的运算更为直观，这种方法称为薄膜比拟法。

假定在一块板上开一个与柱体横截面相同的孔，孔上布一张均匀薄膜，支撑在边界上。当薄膜一侧表面受均匀压力 $q$ 作用时，薄膜上各点将产生微小的垂度 $Z$。由于薄膜的柔顺性，可以假定它不承受弯矩、扭矩、剪力和压力，而只承受均匀的张力，并设其单位长度上的张力为 $f_t$。

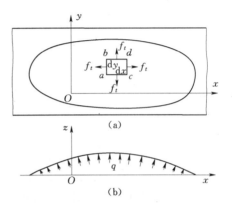

图 8.4.1　薄膜比拟
(a) 薄膜平面图；(b) 藻膜变形图

如图 8.4.1 所示，考虑薄膜上任一个微小单元体 $\mathrm{d}x\mathrm{d}y$ 的平衡，作用在 $ab$ 边的张力的斜率为

$$\beta \approx \frac{\partial Z}{\partial x} \tag{8.4.1}$$

作用在 $dc$ 边的张力的斜率为

$$\beta + \frac{\partial \beta}{\partial x}\mathrm{d}x \approx \frac{\partial Z}{\partial x} + \frac{\partial^2 Z}{\partial x^2}\mathrm{d}x \tag{8.4.2}$$

同理也可写出 $ac$ 和 $bd$ 边的斜率分别为 $\frac{\partial Z}{\partial y}$ 和 $\frac{\partial Z}{\partial y} + \frac{\partial^2 Z}{\partial y^2}\mathrm{d}y$。

作用在单元体 $\mathrm{d}x\mathrm{d}y$ 上的垂向力之和为

$$-f_t\mathrm{d}y\frac{\partial Z}{\partial x} + f_t\mathrm{d}y\left(\frac{\partial Z}{\partial x} + \frac{\partial^2 Z}{\partial x^2}\mathrm{d}x\right) - f_t\mathrm{d}x\frac{\partial Z}{\partial y} + f_t\mathrm{d}x\left(\frac{\partial Z}{\partial y} + \frac{\partial^2 Z}{\partial y^2}\mathrm{d}x\right) + q\mathrm{d}x\mathrm{d}y = 0$$

$$\tag{8.4.3}$$

上式各项分别为 $ab$、$dc$、$ac$、$bd$ 边的张力在垂向（$z$ 轴方向）的分量，以及表面压力的垂向分量，化简后得

$$\frac{\partial^2 Z}{\partial x^2} + \frac{\partial^2 Z}{\partial y^2} = -\frac{q}{f_t} \tag{8.4.4}$$

这就是薄膜平衡时需要满足的微分方程。垂度在边界上显然等于 0，即

$$Z|_\Gamma = 0 \tag{8.4.5}$$

将式（8.4.4）和式（8.4.5）与普朗特应力函数需要满足的方程式（8.2.20）相比较，显然，微分方程形式相同，都是泊松方程，方程中的未知函数要满足的边界条件也相同。

现在计算 $Oxy$ 平面和薄膜之间体积的 2 倍，即

$$2V = 2\iint_A Z\mathrm{d}x\mathrm{d}y \tag{8.4.6}$$

将式 (8.4.6) 与式 (8.2.23) 进行比较，可以发现，只要适当地调整薄膜的高度，使 $2V = M_T$，这时在数量上有

$$Z = G\theta\psi \tag{8.4.7}$$

将上式代入式 (8.4.4)，整理后得

$$\frac{\partial^2 \psi}{\partial x^2} + \frac{\partial^2 \psi}{\partial y^2} = -\frac{q}{G\theta f_t} \tag{8.4.8}$$

比较式 (8.4.8) 和式 (8.2.15)，可得

$$f_t = \frac{q}{2G\theta} \tag{8.4.9}$$

比较式 (8.4.4) 和式 (8.2.15)，并考虑到式 (8.4.7) 和式 (8.2.14)，薄膜挠度问题和柱体扭转问题不仅方程形式相同，而且各物理量的数值之间也存在对应关系，见表 8.4.1。

表 8.4.1　　　　　　　　　　　　　薄膜比拟的对应关系

| 薄膜问题 | 扭转问题 | 薄膜问题 | 扭转问题 |
|---|---|---|---|
| $\dfrac{\partial^2 Z}{\partial x^2} + \dfrac{\partial^2 Z}{\partial y^2} = -\dfrac{q}{f_t}$ | $\dfrac{\partial^2 \psi}{\partial x^2} + \dfrac{\partial^2 \psi}{\partial y^2} = -2$ | $-\dfrac{\partial Z}{\partial x}, \dfrac{\partial Z}{\partial y}$ | $\tau_{zy}, \tau_{zx}$ |
| $Z$ | $G\theta\psi$ | $2V$ | $M_T$ |

薄膜比拟的优势是，对于柱体的扭转问题，可以避开数学求解，而采用这种简单的比拟实验方法求出扭转问题的解。

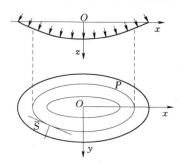

图 8.4.2　应力环量的推导

下面，在薄膜曲面上，形象的表示出横截面上的应力分布情况。我们想象用一系列和 $Oxy$ 平面平行的平面与薄膜曲面相截，得到一系列交线，显然，这些曲线是薄膜的等高线，如图 8.4.2 所示。考察薄膜上任一点 $P$，由于过该点的等高线的垂度 $Z$ 为常数，所以垂度 $Z$ 对等高线切线的方向导数为 0，即

$$\frac{\partial Z}{\partial s} = 0 \tag{8.4.10}$$

根据表 8.4.1，对应于应力函数，则为

$$G\theta \frac{\partial \psi}{\partial s} = 0 \tag{8.4.11}$$

参照式 (8.2.14)，将其中的 $x$、$y$ 坐标分别换成曲线坐标 $v$ 和 $s$，$s$ 和 $v$ 分别为等高线的切线和法线方向，得到

$$\tau_v = G\theta \frac{\partial \psi}{\partial s} = \frac{\partial Z}{\partial s} = 0, \tau_s = -G\theta \frac{\partial \psi}{\partial v} = -\frac{\partial Z}{\partial v} \tag{8.4.12}$$

式中：$\tau_v$、$\tau_s$ 分别为切应力沿等高线的法向分量和切向分量。

式 (8.4.12) 表明扭转柱体横截面上任一点的切应力总是沿着薄膜对应点的等高线的切线方向，其值为法向的斜率。因此，薄膜的等高线与扭转截面上的切应力线一致。

现在来研究图 8.4.2 某一条等高线 $\bar{s}$ 所围成的薄膜的垂向平衡，设这一部分薄膜的面积为 $A$，其上作用的均匀压力为 $q$，则有

$$-\oint_{\bar{s}} f_t \frac{\partial Z}{\partial v} \mathrm{d}\,\bar{s} = qA \tag{8.4.13}$$

根据扭转问题的薄膜比拟，由式（8.4.9）、式（8.4.12），上式可以用柱体扭转时的物理量改写为

$$\oint_{\bar{s}} \tau_{\bar{s}} \mathrm{d}\,\bar{s} = 2\theta GA \tag{8.4.14}$$

式（8.4.14）的积分称为应力环量，将在下文闭口薄壁管的扭转计算中用到。

## 8.5 薄壁杆件的扭转问题

在工程结构中，为了减轻自重，经常采用薄壁杆件作为基本构件。薄壁杆件的横截面厚度与长度（宽度）的比值往往小于0.1。对于这种构件的扭转问题，可以采用薄膜比拟法来近似计算。薄壁杆件根据截面的特征，又可以分为开口薄壁杆件和闭口薄壁杆件两大类，两者扭转分析时的薄膜比拟有较大不同，以下分别进行介绍。

### 8.5.1 开口薄壁杆的扭转

1. 薄壁矩形杆

薄壁矩形截面杆件是最基本的开口薄壁杆，如图 8.5.1 所示，该杆件扭转的精确解可以由应力函数方法（8.3 节）得到，但是采用薄膜比拟法可以得到足够工程精度的近似解。此时在一个薄壁矩形截面相同的孔上布一张均匀薄膜，

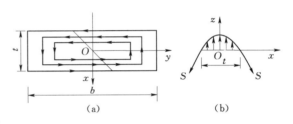

图 8.5.1 薄壁矩形截面杆件的薄膜比拟
(a) 薄膜平面图；(b) 薄膜变形图

支撑在边界上，薄膜一侧表面受均匀压强 $q$ 作用，薄膜上各点将产生微小的垂度 $Z$。因为横截面长度远大于宽度，即 $b \gg t$，所以薄膜的垂度沿截面的长边方向（图 8.5.1 中 $y$ 轴方向）变化很小，因此在不计薄膜两端的坡度时，薄膜是一个柱面，即有

$$\frac{\partial Z}{\partial y} = 0 \tag{8.5.1}$$

将上式代入式（8.4.4），得到薄膜的平衡方程为

$$\frac{\partial^2 Z}{\partial x^2} = -\frac{q}{f_t} \tag{8.5.2}$$

积分上式，并考虑边界条件：

$$Z\big|_{x=\pm t/2} = 0 \tag{8.5.3}$$

和对称性条件：

$$\frac{\mathrm{d}Z}{\mathrm{d}x}\bigg|_{x=0} = 0 \tag{8.5.4}$$

求得

$$Z = \frac{1}{2}\frac{q}{f_t}\left[\left(\frac{t}{2}\right)^2 - x^2\right] \tag{8.5.5}$$

所以薄膜挠度在短边方向（图 8.5.1 中 $x$ 轴方向）为一抛物线。

薄膜下的体积为

$$V = b \int_{-t/2}^{t/2} Z \mathrm{d}x = \frac{qbt^3}{12f_t}$$  (8.5.6)

根据薄膜比拟的表 8.4.1，2V 相当于扭矩 $M_T$，因此

$$M_T = \frac{qbt^3}{6f_t}$$  (8.5.7)

考虑到式 (8.4.9)，上式改写为

$$M_T = \frac{1}{3}G\theta bt^3$$  (8.5.8)

定义薄壁矩形截面的极惯性矩为

$$J = \frac{bt^3}{3}$$  (8.5.9)

则扭矩 $M_T$ 作用下薄壁矩形截面杆单位长度的扭转角为

$$\theta = \frac{M_T}{GJ}$$  (8.5.10)

根据薄膜比拟表 8.4.1 和式 (8.4.9)，还可以得到切应力：

$$\tau_{zy} = -\frac{\partial Z}{\partial x} = \frac{q}{f_t}x = 2G\theta x$$  (8.5.11)

$$\tau_{zx} = -\frac{\partial Z}{\partial y} = 0$$  (8.5.12)

上式说明，切应力方向沿横截面长边（$y$ 轴），大小则沿短边（$x$ 轴）线性分布，最大切应力在长边外侧，其值为

$$\tau_{\max} = \frac{M_T}{J}t$$  (8.5.13)

2. 开口薄壁杆

图 8.5.2 常见薄壁杆截面

如图 8.5.2 所示为工程中常用的开口薄壁杆横截面，这些截面可以看成是由若干薄壁矩形组成，因此开口薄壁杆看作由若干薄壁矩形杆拼接而成。薄膜比拟试验中，布置在开口薄壁杆横截面上的薄膜上作用有相同的压强，内部具有相同的张力，因此由式 (8.4.9)，组成开口薄壁杆的各个薄壁矩形杆具有相同的扭转角，即

$$\theta = \frac{M_{Ti}}{J_i G}, i = 1, 2, \cdots, n$$  (8.5.14)

式中：$n$ 为组成开口薄壁杆的薄壁矩形杆个数；$J_i$ 为第 $i$ 个薄壁矩形杆的极惯性矩；$M_{Ti}$ 为第 $i$ 个薄壁矩形杆承担的扭矩，作用于开口截面杆的薄壁矩形杆上的扭矩是这些薄壁矩形杆承担的扭矩之和，即

$$M_T = \sum_{i=1}^{n} M_{Ti}$$  (8.5.15)

由此可以得

$$\theta = \frac{M_T}{JG} \tag{8.5.16}$$

其中 $J$ 为整个横截面的极惯性矩，有

$$J = \sum_{i=1}^{n} J_i \tag{8.5.17}$$

**【例 8.5.1】** 求图 8.5.3 所示工字截面杆受扭矩 $M_T$ 作用时的单位长度扭转角和截面上的最大切应力。

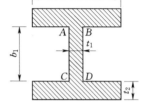

图 8.5.3 ［例 8.5.1］图

**解：**
$$\theta = \frac{M_T}{JG} \tag{a}$$

其中

$$J = J_1 + J_2 + J_3 = \frac{1}{3} b_1 t_1^3 + \frac{2}{3} b_2 t_2^3 \tag{b}$$

$$\tau_{\max} = \frac{M_T}{J} t_i \tag{c}$$

$t_i$ 为 $t_1$ 和 $t_2$ 中的较大者。

应当指出，在上图的角点凹侧（点 $A$、$B$、$C$、$D$ 处）将由于应力集中而产生很大的应力，因此首先进入塑性状态，实际应用时往往做成圆角。

### 8.5.2 闭口薄壁杆的扭转

#### 1. 单室薄壁管

对于闭口薄壁管的扭转问题，也能通过薄膜比拟得到近似解答，首先我们考虑横截面如图 8.5.4 所示的单室薄壁管。假想在薄壁管横截面的外边界张一个薄膜，根据薄膜比拟，薄膜的垂度可比拟为应力函数 $\psi$，而扭转杆横截面边界上的应力函数为常量，因此薄膜内边界的垂度也为常量。为了在薄膜比拟中实现这一点，我们假想用粘在薄膜上的无重力不变形的平板把截面的孔洞部分盖起来，如图 8.5.4 所示，由于壁很薄，沿壁厚的薄膜的斜率可视为常量。于是，切应力大小等于薄膜的斜率，即

$$\tau = \frac{\partial Z}{\partial v} = \frac{h}{\delta} \tag{8.5.18}$$

式中：$v$ 为薄壁管边界的法线方向；$h$ 为薄膜的最大垂度；$\delta$ 为薄壁管的壁厚。

切应力的方向则平行于管壁的切线。

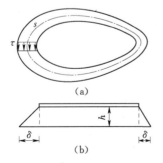

图 8.5.4 单室闭口薄壁管的薄膜比拟
（a）薄膜平面图；（b）薄膜变形图

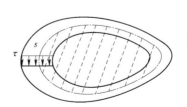

图 8.5.5 扭矩的计算

117

如表 8.4.1 所述，扭矩 $M_T$ 应该等于薄膜下体积的 2 倍，设内外边界所包围面积的平均值为 $A$（即图 8.5.5 中薄壁管截面中线所包围的阴影部分面积），于是有

$$M_T = 2Ah \tag{8.5.19}$$

由此得到薄膜的最大垂度。

$$h = \frac{M_T}{2A} \tag{8.5.20}$$

所以

$$\tau = \frac{h}{\delta} = \frac{M_T}{2A\delta} \tag{8.5.21}$$

由式（8.5.21）可见，薄壁管中切应力沿壁厚方向均匀分布，因此它的材料利用率比切应力沿厚度方向线性分布的开口薄壁杆高得多。此外，薄壁管中切应力与壁厚成反比，它们的乘积为

$$Q = \tau\delta = h = \frac{M_T}{2A} \tag{8.5.22}$$

由此可见，切应力与壁厚的乘积保持为常数，这犹如在变截面管道中流动的液体，流速与管截面面积的乘积，即通过截面的总流量保持为常数，所以我们通常把 $Q = \tau\delta$ 称为剪力流。

为了计算薄壁管单位长度的相对扭转角 $\theta$，先求管截面中心线上的应力环量，即

$$\oint_s \tau_s \, \mathrm{d}s = \oint_s \frac{M_T}{2A\delta} \, \mathrm{d}s \tag{8.5.23}$$

根据应力环量的计算式（8.4.14）可得

$$\oint_s \frac{M_T}{2A\delta} \, \mathrm{d}s = 2\theta GA \tag{8.5.24}$$

如果 $\delta$ 为常数，求解上述积分后可得

$$\theta = \frac{Ml}{4A^2 G\delta} \tag{8.5.25}$$

式中：$l$ 为管横截面中心环线的长度。如果 $\delta$ 不是常数，则有

$$\theta = \frac{M}{4A^2 G} \oint_s \frac{1}{\delta} \, \mathrm{d}s \tag{8.5.26}$$

若 $\delta$ 为沿着管截面环向分段的常数，则有

$$\theta = \frac{M}{4A^2 G} \sum_{i=1}^{n} \frac{l_i}{\delta_i} \tag{8.5.27}$$

式中：$\delta_i$ 和 $l_i$ 分别为第 $i$ 段的厚度和长度，且

$$l = \sum_{i=1}^{n} l_i \tag{8.5.28}$$

式中：$l$ 为管壁中线的周长。

若闭口薄壁管有凹角，凹角处可能发生高度的应力集中现象，因此最好有圆弧过渡。

【**例 8.5.2**】 开口薄壁圆管与闭口薄壁圆管抗扭性能比较。

如图 8.5.6 所示，相同剪切模量 $G$、相同中径 $d_0$、相同壁厚 $\delta$、承受相同的扭矩 $M_T$ 的开口和闭口薄壁圆管，求它们的单位长度相对扭转角和最大切应力的比值。

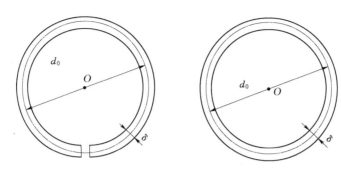

图 8.5.6 [例 8.5.2] 图

**解**：对于开口薄壁圆管

$$\theta = \frac{M_T}{JG} \tag{a}$$

$$\tau_{\max} = \frac{M_T}{J}\delta \tag{b}$$

因为

$$J = \frac{1}{3}S\delta^3 = \frac{1}{3}\pi d_0 \delta^3 \tag{c}$$

所以

$$\theta_{\text{open}} = \frac{3M_T}{\pi d_0 \delta^3 G} \tag{d}$$

$$\tau_{\text{open,max}} = \frac{3M_T}{\pi d_0 \delta^2} \tag{e}$$

对于闭口薄壁圆管：

$$\theta_{\text{close}} = \frac{M_T l}{4A^2 G\delta} = \frac{M_T \pi d_0}{4(\pi d_0^2/4)^2 G\delta} = \frac{4M_T}{\pi d_0^3 \delta G} \tag{f}$$

$$\tau_{\text{close,max}} = \frac{M_T}{2A\delta} = \frac{M_T}{2(\pi d_0^2/4)\delta} = \frac{2M_T}{\pi d_0^2 \delta} \tag{g}$$

开口薄壁管和闭口薄壁管的单位长度相对扭转角和最大切应力的相应比值为

$$\frac{\theta_{\text{open}}}{\theta_{\text{close}}} = \frac{3}{4}\left(\frac{d_0}{\delta}\right)^2 \tag{h}$$

$$\frac{\tau_{\text{open,max}}}{\tau_{\text{close,max}}} = \frac{3}{2}\left(\frac{d_0}{\delta}\right) \tag{i}$$

由上两式可见，因为薄壁管的中径远大于壁厚，所以开口薄壁管的扭转角和切应力都比闭口薄壁管大得多，例如当 $d_0 = 10\delta$ 时，开口薄壁管的扭转角和最大切应力分别是闭口薄壁管的 75 倍和 15 倍。

上述计算说明，同样材料的闭口薄壁管比开口薄壁管抗扭性能好得多，原因在于闭口薄壁管内切应力均匀分布，如图 8.5.7（a）所示，因此抗扭转时的材料利用率高；而开口薄壁管内切应力沿着壁厚线性变化，内外壁切应力方向相反，壁厚中线上则为 0，如图 8.5.7（b）所示，因此抗扭时的材料利用率低。

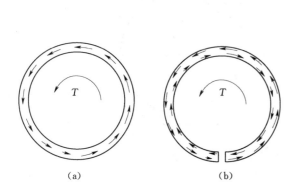

图 8.5.7　闭口薄壁管和开口薄壁管中的切应力
(a) 闭口薄壁管；(b) 开口薄壁管

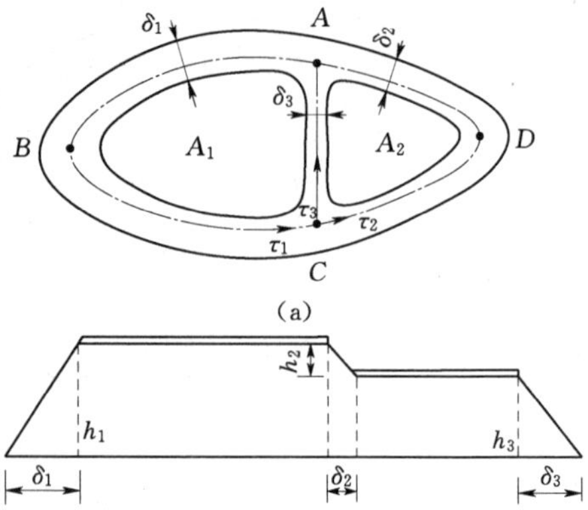

图 8.5.8　多室薄壁管的薄膜比拟
(a) 薄膜平面图；(b) 薄膜变形图

2. 多室薄壁管

下面分析多室薄壁管的扭转问题，以图 8.5.8（a）所示二室薄壁管为例，其扭转问题的薄膜比拟如图 8.5.8（b）所示，假想在薄壁管横截面的外边界张一个薄膜，内边界的孔洞部分则用粘在薄膜上的两个无重力不变形的平板盖起来。如图 8.5.8（a）所示，不同于单室薄壁管，横截面上的剪力流在各截面段大小不同，因此根据式（8.5.22），薄膜比拟时各个孔洞部分平板的最大垂度（$h_i$）也不同，各截面段的剪力流为

$$\left.\begin{aligned} Q_1 &= \tau_1 \delta_1 = h_1 \\ Q_2 &= \tau_2 \delta_2 = h_2 \\ Q_3 &= \tau_3 \delta_3 = Q_1 - Q_2 = \tau_1 \delta_1 - \tau_2 \delta_2 \end{aligned}\right\} \tag{8.5.29}$$

式中：$Q_i$、$\tau_i$、$\delta_i$（$i=1,2,3$）分别为第 $i$ 段的剪力流、切应力、管壁厚度。

式（8.5.29）中用到了剪力流的连续条件：

$$Q_3 = Q_1 - Q_2 \tag{8.5.30}$$

得到

$$\tau_3 \delta_3 = \tau_1 \delta_1 - \tau_2 \delta_2 \tag{8.5.31}$$

根据应力环量的计算式（8.4.14），可得

$$\oint_{ABCA} \tau \mathrm{d}s = \tau_1 l_1 + \tau_3 l_3 = 2\theta G A_1 \tag{8.5.32}$$

$$\oint_{ACDA} \tau \mathrm{d}s = \tau_2 l_2 - \tau_3 l_3 = 2\theta G A_2 \tag{8.5.33}$$

式中：$l_1$、$l_2$、$l_3$ 为管壁中心线 $\overset{\frown}{ABC}$、$\overset{\frown}{CDA}$ 和 $\overline{CA}$ 的长度。

根据薄膜比拟，薄壁管截面承受的扭矩是对应的薄膜下体积的 2 倍，所以有

$$M_T = 2V = 2(A_1 h_1 + A_2 h_2) = 2(A_1 \tau_1 \delta_1 + A_2 \tau_2 \delta_2) \tag{8.5.34}$$

联立式（8.5.31）～式（8.5.34），得到以 $\tau_1$、$\tau_2$、$\tau_3$、$\theta$ 为未知量的线性代数方程组，求解后得

$$\tau_1 = \frac{M_T}{N}[\delta_1 l_3(A_1 + A_2) + \delta_3 l_2 A_1]$$

$$\tau_2 = \frac{M_T}{N}[\delta_1 l_3(A_1 + A_2) + \delta_3 l_1 A_2]$$

$$\tau_3 = \frac{M_T}{N}(\delta_1 l_2 A_1 - \delta_2 l_1 A_2) \tag{8.5.35}$$

$$\theta = \frac{1}{2GA_1}(\tau_1 l_1 + \tau_3 l_3)$$

其中

$$N = 2[\delta_1\delta_3 l_2 A_1^2 + \delta_2\delta_3 l_1 A_2^2 + \delta_1\delta_2 l_3(A_1 + A_2)^2] \tag{8.5.36}$$

由上式可知，当截面形状对于隔板 $AC$ 对称时，$\tau_3 = 0$，此时隔板 $AC$ 在杆件抗扭中不起作用。

如果闭口薄壁杆具有更多的孔，也可按照类似的方法求解切应力和扭转角。

## 8.6 塑性扭转与沙堆比拟法

根据前面的讨论，柱体扭转时，$\sigma_x = \sigma_y = \sigma_z = \tau_{xy} = 0$，横截面上一点处于纯剪切应力状态，切应力的合力可用应力函数表示为

$$\tau = |\text{grad}\psi| = \frac{\partial \psi}{\partial n} \tag{8.6.1}$$

该切应力随着扭矩 $M_T$ 的增加而增加，当它达到屈服应力值时，柱体开始屈服。根据薄膜比拟，横截面边界的切应力最大，所以首先屈服，随后塑性区逐渐向内部延伸。塑性区的应力仍然满足弹性情况下的平衡方程和应变协调方程，即

$$\frac{\partial \tau_{zx}}{\partial x} + \frac{\partial \tau_{zy}}{\partial y} = 0 \tag{8.6.2}$$

$$\frac{\partial \tau_{zx}}{\partial y} - \frac{\partial \tau_{zy}}{\partial x} = -2G\theta \tag{8.6.3}$$

此外，塑性区还需要满足屈服条件，如果采用 Mises 屈服条件，则有

$$\sigma_{\text{Mises}} - \sigma_s = 0 \tag{8.6.4}$$

即

$$\sqrt{3(\tau_{zy}^2 + \tau_{zx}^2)} - \sigma_s = 0 \tag{8.6.5}$$

此时，如果我们引入塑性扭转的应力函数 $F_p(x, y)$，即设

$$\tau_{zx} = \frac{\partial F_p}{\partial y}, \tau_{zy} = -\frac{\partial F_p}{\partial x} \tag{8.6.6}$$

代入屈服条件后得

$$\left(\frac{\partial F_p}{\partial y}\right)^2 + \left(\frac{\partial F_p}{\partial x}\right)^2 = \frac{\sigma_s^2}{3} \tag{8.6.7}$$

切应力的合力则简化为

$$\tau = |\text{grad}F_p| = \frac{\partial F_p}{\partial n} = \sqrt{\left(\frac{\partial F_p}{\partial y}\right)^2 + \left(\frac{\partial F_p}{\partial x}\right)^2} = \frac{\sigma_s}{\sqrt{3}} \tag{8.6.8}$$

上式表明，应力函数 $F_p(x, y)$ 代表的曲面上任一点的梯度都等于常数 $\sigma_s/\sqrt{3}$。也就是说，

塑性应力函数代表的曲面是等倾斜面，这种曲面可以用在扭转柱体横截面上用沙子堆起常坡度沙堆的方法得到，因此称为沙堆比拟法。典型柱体横截面上用沙堆比拟法得到的塑性应力函数曲面如图 8.6.1 所示。

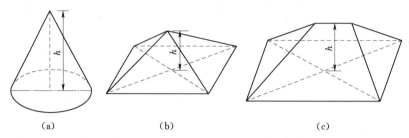

图 8.6.1　典型柱体扭转时的沙堆比拟法
(a) 圆截面；(b) 正方形截面；(c) 短形截面

横截面上某点切应力的大小等于对应的沙堆表面上该点的坡度，方向则平行于等高度切面的周界切线，如图 8.6.2 所示。

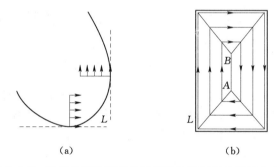

图 8.6.2　沙堆比拟法得到的柱体塑性扭转时的切应力方向
(a) 任意截面；(b) 矩形截面

沙堆比拟法获得的是整个横截面进入塑性流动时的情况，此时柱体能够承受的扭矩达到了最大值，称为极限扭矩，该极限扭矩可以通过类似于薄膜比拟法推导过程得到，为

$$M_T^0 = 2\iint_A F_p \mathrm{d}x\mathrm{d}y \tag{8.6.9}$$

由于 $F_p$ 面即为沙堆的表面，所以极限扭矩等于沙堆体积的 2 倍。

**【例 8.6.1】** 在 Mises 屈服条件下，计算屈服应力为 $\sigma_s$，横截面为 $a\times b$ 的矩形截面杆（$a$ 为短边，$b$ 为长边）开始出现屈服时的扭矩和塑性极限扭矩。

**解：** 弹性阶段的最大切应力为

$$\tau_{\max} = \frac{M_T^e}{\gamma a^2 b} = \frac{\sigma_s}{\sqrt{3}} \tag{a}$$

$\gamma$ 的取值见表 8.3.1，由长边与短边的比值确定，所以横截面开始出现屈服时的扭矩为

$$M_T^e = \frac{\sigma_s}{\sqrt{3}}\gamma a^2 b \tag{b}$$

塑性极限扭矩用沙堆比拟法求解。如图 8.6.1 (c) 所示，沙堆坡度为

$$\frac{h}{a/2}=\frac{\sigma_s}{\sqrt{3}} \tag{c}$$

所以沙堆高度

$$h=\frac{a\sigma_s}{2\sqrt{3}} \tag{d}$$

沙堆体积为

$$V=\frac{(b-a)ah}{2}+\frac{1}{3}a^2h \tag{e}$$

根据沙堆比拟，塑性极限扭矩等于沙堆体积的两倍，即 $M_T^s=2V$。将式（c）代入极限扭矩的表达式，得

$$M_T^s=\frac{a^2b\sigma_s}{2\sqrt{3}}-\frac{a^3\sigma_s}{6\sqrt{3}} \tag{f}$$

**【例 8.6.2】** 在 Mises 屈服条件下，计算屈服应力为 $\sigma_s$，横截面为 $a\times a$ 的正方形截面杆开始出现屈服时的扭矩和塑性极限扭矩。

**解**：根据上题结论，开始出现屈服时

$$M_T^e=\frac{0.208}{\sqrt{3}}\sigma_s a^3 \tag{a}$$

进入塑性极限状态时

$$M_T^s=\frac{a^3\sigma_s}{3\sqrt{3}} \tag{b}$$

可见极限扭矩是初始屈服扭矩的 1.603 倍。

**【例 8.6.3】** Mises 屈服条件下，计算屈服应力为 $\sigma_s$，半径为 $a$ 的圆截面杆开始出现屈服时的扭矩和极限扭矩。

**解**：弹性阶段的最大切应力可以根据材料力学公式得

$$\tau_{\max}=\frac{M_T^e}{I_p}a=\frac{M_T^e}{\frac{\pi a^4}{2}}a=\frac{\sigma_s}{\sqrt{3}} \tag{a}$$

由此得到横截面开始有屈服变形时的扭矩为

$$M_T^e=\frac{\pi a^3\sigma_s}{2\sqrt{3}} \tag{b}$$

塑性极限扭矩用沙堆比拟法求解。如图 8.6.1（a）所示，沙堆坡度为

$$\frac{h}{a}=\frac{\sigma_s}{\sqrt{3}} \tag{c}$$

即

$$h=\frac{\sigma_s}{\sqrt{3}}a \tag{d}$$

沙堆体积为

$$V=\frac{1}{3}\pi a^2h \tag{e}$$

根据沙堆比拟，$M_T^s=2V$，将式（d）代入后得到

$$M_T^s=\frac{2}{3}\pi a^3\frac{\sigma_s}{\sqrt{3}} \tag{f}$$

【**例 8.6.4**】 不规则形状截面杆的极限扭矩计算。

沙堆比拟法还有一个优势是适用于不规则截面杆的极限扭矩计算。因为计算不规则截面杆的沙堆体积有困难，所以可以用沙堆称重的方法，即称得不规则截面上的沙堆重量 $W_1$，另一圆截面上的沙堆重量为 $W_2$，圆截面的塑性极限扭矩 $M_{T2}^s$ 可以由［例 8.6.3］所示方法计算得到，而不规则截面杆的塑性极限扭矩 $M_{T1}^s$ 满足下式：

$$\frac{W_1}{W_2} = \frac{M_{T1}^s}{M_{T2}^s}$$

由此可以求得 $M_{T1}^s$。

## 8.7 弹塑性扭转与薄膜-屋顶比拟法

当柱体承受的扭矩在弹性极限扭矩（$M_T^e$）和塑性极限扭矩（$M_T^s$）之间时，横截面一部分进入塑性状态，一部分还在弹性状态，此时柱体处于弹塑性扭转状态。弹性区的应力函数满足：

$$\nabla^2 \psi = -2 \tag{8.7.1}$$

塑性区的应力函数满足：

$$|\mathrm{grad} F_p| = \tau = \frac{\sigma_s}{\sqrt{3}} \tag{8.7.2}$$

在弹塑性区的分界线上，则有

$$\tau_{zx} = G\theta \frac{\partial \psi}{\partial y} = \frac{\partial F_p}{\partial y}, \tau_{zy} = -G\theta \frac{\partial \psi}{\partial x} = -\frac{\partial F_p}{\partial x} \tag{8.7.3}$$

所以只需要求出弹性应力函数 $\psi$ 和塑性应力函数 $F_p$，即可获得弹塑性扭转的解。这一命题的数学求解比较困难，Nadai 为解决这一问题提出了一种薄膜-屋顶比拟法。具体分析过程如图 8.7.1 所示。

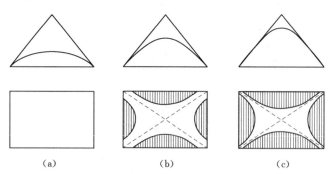

（a） （b） （c）

图 8.7.1 薄膜-屋顶比拟法分析过程

（a）弹性扭转；（b）弹塑性扭转；（c）塑性区的扩展

在薄膜比拟法中，在开好的孔上做一个屋顶，让它和沙堆比拟法的外表面重合，沙堆的表面高度为 $F_p$，然后仍然在孔上张薄膜，薄膜的垂度取 $G\theta\psi$：①当薄膜受的压力不大时，代表杆处于弹性扭转状态，薄膜不受屋顶的阻碍，和薄膜比拟法相同，如图 8.7.1（a）所示；②当压力增大到一定程度，薄膜的挠度加大，其边缘一部分与屋顶接触，表示这部分进入塑性状态，如图 8.7.1（b）所示；③当压力继续增大，薄膜与屋顶的接触面也加大，这相当于塑性区的扩展，薄膜与屋顶全部接触时即为塑性极限状态。

【例 8.7.1】 设有半径为 $a$ 的圆截面柱体，求弹塑性扭转情况下的扭矩。

**解**：根据上节的例题，当扭矩：

$$M_T = \frac{\sigma_s}{\sqrt{3}} \frac{\pi a^3}{2}$$

圆轴开始进入弹塑性状态，此时的单位长度扭转角为

$$\theta = \frac{M_T}{GJ} = \frac{\sigma_s}{\sqrt{3}} \frac{1}{Ga} \tag{a}$$

在弹塑性状态，弹性区与塑性区的分界线是一个半径小于 $a$ 的圆，假设其半径为 $c$，该圆上的切应力满足屈服条件，为

$$\tau = \tau_{\max} = \frac{\sigma_s}{\sqrt{3}} \tag{b}$$

弹性区在该圆的内侧，塑性区在圆外侧，分别求解如下。

（1）弹性区。弹性区的应力函数满足泊松方程：

$$\nabla^2 \psi = -2 \tag{c}$$

因为弹性区边界方程为

$$x^2 + y^2 = c^2 \tag{d}$$

所以可取弹性应力函数为

$$\psi = A(c^2 - x^2 - y^2) + B \tag{e}$$

其中 $A$、$B$ 为待定常数。根据泊松方程，得

$$A = \frac{1}{2} \tag{f}$$

所以应力函数为

$$\psi = -\frac{1}{2} r^2 + \frac{1}{2} c^2 + B \tag{g}$$

式中：$r^2 = x^2 + y^2$，$0 \leqslant r \leqslant c$；$B$ 为常数，根据弹塑性分界线上的条件来确定。

（2）塑性区。塑性区应力函数为

$$F_p = \frac{\sigma_s}{\sqrt{3}} (a - r), c \leqslant r \leqslant a \tag{h}$$

该塑性应力函数满足平衡方程式（8.6.2）和协调方程式（8.6.3）。

在弹塑性分界线上，相当于薄膜-屋顶比拟中开始相切的线，其上有

$$F_p |_{r=c} = G\theta\psi |_{r=c} \tag{i}$$

由此可得

$$B = \frac{\sigma_s}{G\theta\sqrt{3}} (a - c) \tag{j}$$

所以

$$\psi = -\frac{1}{2} r^2 + \frac{1}{2} c^2 + \frac{\sigma_s}{G\theta\sqrt{3}} (a - c) \tag{k}$$

$$F_p = \frac{\sigma_s}{\sqrt{3}} (a - r) \tag{l}$$

根据

$$\tau = G\theta \frac{\partial \psi}{\partial r} = G\theta r \tag{m}$$

当扭转角 $\theta$ 已知时，可算出弹塑性交界线的半径 $c$，即由

$$\tau = G\theta c = \frac{\sigma_s}{\sqrt{3}} \tag{n}$$

得

$$c = \frac{\sigma_s}{G\theta \sqrt{3}} \tag{o}$$

由上式也可知，当 $\theta$ 有限时，$c \neq 0$，即总有弹性区存在。至此，我们还需要确定单位长度的相对扭转角 $\theta$，它需要根据柱体承受的扭矩来计算。

（3）单位长度扭转角的计算。弹塑性扭转时的扭矩由截面弹性区和塑性区共同承担，即有

$$M_T = 2\iint_A \varphi \mathrm{d}x\mathrm{d}y = 2G\theta \int_0^c \psi 2\pi r\mathrm{d}r + 2\int_c^a F_p 2\pi r\mathrm{d}r$$

$$= 2\int_0^c \left[ -\frac{1}{2}G\theta r^2 + \frac{1}{2}G\theta c^2 + \frac{\sigma_s}{\sqrt{3}}(a-c) \right] 2\pi r\mathrm{d}r + 2\int_c^a \frac{\sigma_s}{\sqrt{3}}(a-r)2\pi r\mathrm{d}r \tag{p}$$

上式中 $\varphi$ 的取值与弹塑性区的范围有关，即

$$\varphi = \begin{cases} G\theta\psi, & 0 \leqslant r \leqslant c \\ F_p, & c < r \leqslant a \end{cases} \tag{q}$$

将弹塑性区交界线半径的表达式（o）代入式（p），得

$$M_T = \frac{2}{3}\pi a^3 \frac{\sigma_s}{\sqrt{3}} \left[ 1 - \frac{1}{4a^3}\left( \frac{\sigma_s}{a\theta\sqrt{3}} \right)^3 \right] \tag{r}$$

由式（r）可以在给定扭矩 $M_T$ 时求出单位长度的扭转角 $\theta$。当式（r）中 $\theta \to \infty$ 时，得到塑性极限扭矩：

$$M_T^0 = \frac{2}{3}\pi a^3 \frac{\sigma_s}{\sqrt{3}} \tag{s}$$

该表达式与 8.6 节［例 8.6.3］的结果一致。

# 习　题

8.1　为什么非圆截面受扭后，其截面会发生翘曲？

8.2　试证柱体扭转时，任一横截面上的切应力方向与边界切线方向重合。

提示：利用柱体侧面表面的自由边界条件容易得到。

8.3　如有边长为 $a$ 的正方形截面柱体和直径为 $a$ 的圆截面柱体，承受相同的扭矩 $M_T$，试求各自的最大切应力。哪一种截面的扭转刚度较大？

8.4　已知长半轴为 $a$，短半轴为 $b$ 的椭圆截面杆件，在杆件端部作用着扭矩 $M_i$，试求应力分量，最大切应力及位移分量。

8.5　试证明函数 $\varphi=m(r^2-a^2)$ 可作为圆杆或圆管的扭转应力函数。提示：对于圆管，在外边界（$r=a$）及内边界（$r=b$）处取 $(\varphi)_{r=a}=0$、$(\varphi)_{r=b}=m(b^2-a^2)$。

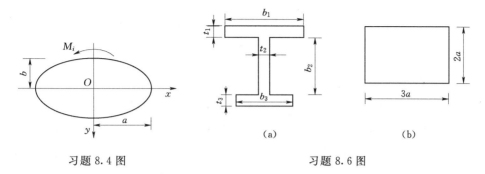

习题 8.4 图　　　　　　　　　　　　　　习题 8.6 图

8.6　试求如习题 8.6 图所示形状的截面柱体的扭转刚度 $K_T$。

8.7　如习题 8.7 图所示槽形薄壁截面杆件与正方形管状薄壁杆件，其截面的面积相等，试比较其抗扭刚度与最大切应力。

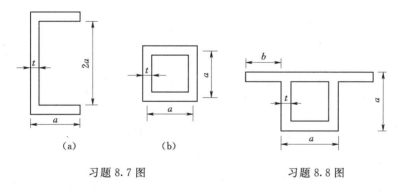

习题 8.7 图　　　　　　　　　　　　习题 8.8 图

8.8　求如习题 8.8 图所示单箱单室箱梁的抗扭刚度。

8.9　如习题 8.9 图所示截面的薄壁杆件，承受扭矩 $M_t$ 的作用，若杆件壁厚均为 $t$，试求管壁中最大切应力及单位长度的扭转角。

8.10　试求正方形截面柱体的极限扭矩计算公式。

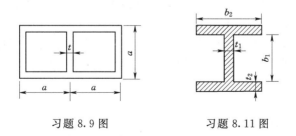

习题 8.9 图　　　　　　　　　习题 8.11 图

8.11　试求如习题 8.11 图所示工字梁的极限扭矩。

8.12　已知由理想弹塑性材料制成的半径为 $R$ 的圆轴，为了使圆轴处于弹塑性工作状态，试问应在什么范围内选择扭矩 $M_s$ 和单位扭转角 $\theta$。试写出扭矩 $M_s$、单位扭转角 $\theta$ 以及弹塑性分界线半径 $r_s$ 之间的关系式。

# 第 9 章 薄 板 的 弯 曲

板是工程中常用的构件，板的几何特点是其厚度远小于另外两个方向（长和宽）的尺寸。板在弯曲时应力、应变和位移的分析，属于弹塑性力学的空间问题。由于数学上的复杂性，要得到满足全部基本方程和边界条件的精确解非常困难，因此需要通过引入关于应变和应力分布规律的简化假设，建立针对薄板弯曲的近似理论，以便根据这种理论得到实际问题的足够精确的解。

## 9.1　一般概念与基本假定

### 9.1.1　薄板小挠度弯曲的定义

如图 9.1.1 所示，板是厚度（$h$）远小于其他两个方向尺寸（$a$ 和 $b$）的结构构件，图中上、下两平行表面称为板面，平分板厚的平面称为板的中面。

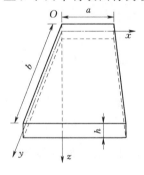

图 9.1.1　薄板

根据板厚度的大小，以及相应的受力状态，板又可以分为以下 3 类。

（1）厚板。厚板是指厚度与板面宽度的比值（$\frac{h}{a}$）大于 $\frac{1}{5}$ 的板，这种板的受力状态与三维实体类似。

（2）薄板。薄板是指厚度与板面宽度的比值在 $\frac{1}{5}$ 与 $\frac{1}{80}$ 之间的板，这种板可以抗弯、抗扭，也可以承担平面内的应力。

（3）薄膜。薄膜是指厚度与板面宽度的比值小于 $\frac{1}{80}$ 的板，这种板的抗弯、抗扭刚度很低，基本上只能够承受板平面内的张力。

本章的研究对象是薄板，即上述第二类定义中的板。对于薄板，当荷载作用于板中面内而不发生失稳现象时，应属于平面应力问题；当全部荷载都垂直于中面时，则主要发生弯曲变形。在板发生弯曲变形时，中面上各点沿垂直方向的位移，称为板的挠度。如果挠度与板厚之比小于 $\frac{1}{5}$ 时，可认为属于小挠度问题，否则可归属于大挠度问题。本章的讨论只限于薄板的小挠度弯曲问题。

### 9.1.2　Kirchhoff 假设

在薄板小挠度弯曲情况下，与梁弯曲的理论类似，可以略去某些次要因素而引入一些简化假设，这些假设称为 Kirchhoff 假设，主要包括以下内容。

（1）即变形前垂直于薄板中面的直线段（法线），变形后仍保持为直线，且垂直于弯曲变形后的中面，其长度不变。

这个假设又称为直法线假设，它与梁弯曲问题中的平截面假设相近似。根据这个假设，如果将薄板的中面作为 $Oxy$ 坐标平面，$z$ 轴垂直向下，如图 9.1.1 所示，则有

$$\gamma_{xx}=0,\gamma_{yz}=0,\varepsilon_z=0 \tag{9.1.1}$$

（2）与平面内应力 $\sigma_x$、$\sigma_y$、$\tau_{xy}$ 相比，垂直于中面方向的应力 $\sigma_z$ 较小，可以略去不计。这个假设类似于梁弯曲问题中纵向纤维之间无挤压的假设。

（3）薄板弯曲时，中面内各点只有垂直位移 $w$，而没有 $x$、$y$ 轴方向的位移，即

$$(u)_{z=0}=(v)_{z=0}=0,(w)_{z=0}=w(x,y) \tag{9.1.2}$$

根据这个假设，中面内的应变分量 $\varepsilon_x$、$\varepsilon_y$、$\gamma_{xy}$ 都等于 0，即中面内无应变发生。中面内的位移函数 $w(x,y)$ 称为挠度函数。

在上述假设基础上建立起来的薄板小挠度理论，属于薄板弯曲的经典理论，已经在许多工程问题的分析中得到了应用。实践证明，只要满足薄板和小挠度的定义，其计算精度能满足工程需要。

## 9.2　薄板小挠度理论的基本方程

根据 Kirchhoff 假设，利用弹性力学中的几何方程、物理方程、平衡微分方程，可以将薄板内任一点的位移分量、应变分量、应力分量和板横截面上的内力，都用挠度 $w$ 来表示。再通过板内任一单元体的平衡，建立挠度 $w$ 所满足的微分方程。因此，薄板的小挠度弯曲问题，可以用以挠度 $w$ 为基本未知量的位移法来求解，下面介绍相关的基本方程。

### 9.2.1　几何方程

根据 Kirchhoff 假设的第一条，由几何方程式（3.1.10），可将薄板弯曲时的应变简化为

$$\left.\begin{array}{l}\varepsilon_x=\dfrac{\partial u}{\partial x},\varepsilon_y=\dfrac{\partial v}{\partial y},\varepsilon_z=\dfrac{\partial w}{\partial z}=0,\\[2mm]\gamma_{xy}=\dfrac{\partial u}{\partial y}+\dfrac{\partial v}{\partial x},\gamma_{yz}=\dfrac{\partial w}{\partial y}+\dfrac{\partial v}{\partial z}=0,\gamma_{zx}=\dfrac{\partial w}{\partial x}+\dfrac{\partial u}{\partial z}=0\end{array}\right\} \tag{9.2.1}$$

由式（9.2.1）中第 3 式可知，位移分量 $w$ 只是 $x$、$y$ 的函数，而与坐标 $z$ 无关，即 $w=w(x,y)$。根据式（9.2.1）最后两式，可以得到

$$\frac{\partial u}{\partial z}=-\frac{\partial w}{\partial x},\frac{\partial v}{\partial z}=-\frac{\partial w}{\partial y} \tag{9.2.2}$$

上式对 $z$ 进行积分，得

$$u=-\frac{\partial w}{\partial x}z+f_1(x,y),v=-\frac{\partial w}{\partial y}z+f_2(x,y) \tag{9.2.3}$$

根据 Kirchhoff 假设的第 3 条：

$$u\big|_{z=0}=0,v\big|_{z=0}=0 \tag{9.2.4}$$

所以有

$$f_1(x,y)=f_2(x,y)=0 \tag{9.2.5}$$

于是有

$$u = -\frac{\partial w}{\partial x}z, \quad v = -\frac{\partial w}{\partial y}z \tag{9.2.6}$$

代入应变计算式（9.2.1），有

$$\varepsilon_x = -\frac{\partial^2 w}{\partial x^2}z, \quad \varepsilon_y = -\frac{\partial^2 w}{\partial y^2}z, \quad \gamma_{xy} = -2\frac{\partial^2 w}{\partial x \partial y}z \tag{9.2.7}$$

由上式可知，薄板小挠度弯曲时的面内应变（非零应变）都可以由挠度 $w$ 来表示，计算式可以简写为

$$\left. \begin{aligned} \varepsilon_x &= \kappa_x z \\ \varepsilon_y &= \kappa_y z \\ \gamma_{xy} &= 2\kappa_{xy}z \end{aligned} \right\} \tag{9.2.8}$$

其中

$$\kappa_x = -\frac{\partial^2 w}{\partial x^2}, \quad \kappa_y = -\frac{\partial^2 w}{\partial y^2}, \quad \kappa_{xy} = -\frac{\partial^2 w}{\partial x \partial y} \tag{9.2.9}$$

式中：$\kappa_x$ 为薄板弯曲时板中面在 $Oxz$ 平面内的曲率；$\kappa_y$ 为板中面在 $Oyz$ 平面内的曲率；$\kappa_{xy}$ 为中面的扭率。

式（9.2.6）和式（9.2.8）表明，板平面内的位移和应变沿着板厚度方向线性分布，板中面上的值为 0。

### 9.2.2　物理方程

根据 Kirchhoff 假设的第一和第二条，一般情况下的物理方程式（4.1.16）在薄板小挠度弯曲时简化为

$$\left. \begin{aligned} \sigma_x &= \frac{E}{1-\nu^2}(\varepsilon_x + \nu\varepsilon_y) \\ \sigma_y &= \frac{E}{1-\nu^2}(\varepsilon_y + \nu\varepsilon_x) \\ \tau_{xy} &= G\gamma_{xy} \end{aligned} \right\} \tag{9.2.10}$$

将应变分量表达式（9.2.8）代入上式，得

$$\left. \begin{aligned} \sigma_x &= \frac{E}{1-\nu^2}(\kappa_x + \nu\kappa_y)z \\ \sigma_y &= \frac{E}{1-\nu^2}(\kappa_y + \nu\kappa_x)z \\ \tau_{xy} &= 2G\kappa_{xy}z \end{aligned} \right\} \tag{9.2.11}$$

由此可见，应力沿着板厚也呈线性分布，其在中面上为 0，上下板面处达到极值，这与梁弯曲时横截面上的正应力分布规律相同。

由以上推导可见，只要求出薄板的挠度函数 $w(x, y)$，即可得到所有位移、应变和应力。

### 9.2.3　平衡方程

以下分析薄板的平衡，由此可以获得关于挠度函数 $w(x, y)$ 的求解方程。

如图 9.2.1 所示表面压强为 $q(x, y)$ 的薄

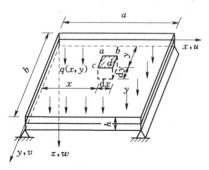

图 9.2.1　薄板的平衡

板，从中取出一个微小单元体 $abcd$，尺寸为 $h\mathrm{d}x\mathrm{d}y$，研究它的平衡，如图 9.2.2 所示。

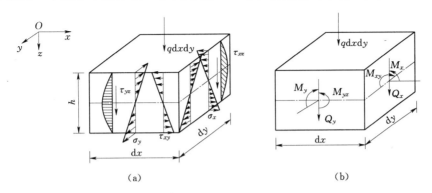

图 9.2.2  薄板单元体的平衡

(a) 单元体应力；(b) 单元体应力的合力

图 9.2.2 (a) 中的应力 $\sigma_x$、$\sigma_y$、$\tau_{xy}$、$\tau_{xz}$、$\tau_{yz}$ 可以合成为图 9.2.2 (b) 中的弯矩、扭矩和剪力，且有

$$M_x = \int_{-\frac{h}{2}}^{\frac{h}{2}} z\sigma_x\mathrm{d}z, \; M_y = \int_{-\frac{h}{2}}^{\frac{h}{2}} z\sigma_y\mathrm{d}z, \; M_{xy} = \int_{-\frac{h}{2}}^{\frac{h}{2}} z\tau_{xy}\mathrm{d}z$$

$$Q_x = \int_{-\frac{h}{2}}^{\frac{h}{2}} \tau_{xz}\mathrm{d}z, Q_y = \int_{-\frac{h}{2}}^{\frac{h}{2}} \tau_{yz}\mathrm{d}z \tag{9.2.12}$$

需要指出，上式中 $M_x$、$M_y$、$M_{xy}$ 的单位为 N，即为单位长度上的弯矩和扭矩；$Q_x$、$Q_y$ 的单位为 N/m，即单位长度上的剪力。

将式 (9.2.11) 代入式 (9.2.12) 的前 3 式，积分后得到用挠度函数 $w(x, y)$ 表示的板平面内弯矩和扭矩，即

$$M_x = D(\kappa_x + \nu\kappa_y), M_y = D(\kappa_y + \nu\kappa_x), M_{xy} = (1-\nu)D\kappa_{xy} \tag{9.2.13}$$

式中：$D$ 为薄板的抗弯刚度。

$$D = \frac{Eh^3}{12(1-\nu^2)} \tag{9.2.14}$$

然后分析如图 9.2.2 (b) 所示微元体的平衡，根据绕 $y$ 轴的力偶平衡，有

$$\left(M_x + \frac{\partial M_x}{\partial x}\mathrm{d}x\right)\mathrm{d}y - M_x\mathrm{d}y + \left(M_{yx} + \frac{\partial M_{yx}}{\partial y}\mathrm{d}y\right)\mathrm{d}x - M_{yx}\mathrm{d}x -$$

$$\left(Q_x + \frac{\partial Q_x}{\partial x}\mathrm{d}x\right)\mathrm{d}y\mathrm{d}x - q\mathrm{d}x\mathrm{d}y\frac{\mathrm{d}x}{2} = 0 \tag{9.2.15}$$

整理并略去高阶小量，得

$$\frac{\partial M_x}{\partial x} + \frac{\partial M_{yx}}{\partial y} = Q_x \tag{9.2.16}$$

同理，绕 $x$ 轴的力偶平衡，可求得

$$\frac{\partial M_y}{\partial y} + \frac{\partial M_{xy}}{\partial x} = Q_y \tag{9.2.17}$$

根据 $z$ 轴方向力的平衡，有

$$\frac{\partial Q_x}{\partial x}\mathrm{d}x\mathrm{d}y + \frac{\partial Q_y}{\partial y}\mathrm{d}x\mathrm{d}y + q\mathrm{d}x\mathrm{d}y = 0 \tag{9.2.18}$$

即

$$\frac{\partial Q_x}{\partial x}+\frac{\partial Q_y}{\partial y}=-q \tag{9.2.19}$$

将式 (9.2.16)、式 (9.2.17) 代入式 (9.2.19)，得

$$\frac{\partial^2 M_x}{\partial x^2}+2\frac{\partial^2 M_{xy}}{\partial x \partial y}+\frac{\partial^2 M_y}{\partial y^2}=-q \tag{9.2.20}$$

再将上式中的弯矩、扭矩用曲率、扭率来表示，即代入式 (9.2.13)，化简后得

$$\frac{\partial^4 w}{\partial x^4}+2\frac{\partial^4 w}{\partial x^2 \partial y^2}+\frac{\partial^4 w}{\partial y^4}=\frac{q}{D} \tag{9.2.21}$$

或

$$\nabla^2 \nabla^2 w=\frac{q}{D} \tag{9.2.22}$$

式中：$\nabla^2$ 为拉普拉斯算子。

$$\nabla^2=\frac{\partial^2}{\partial x^2}+\frac{\partial^2}{\partial y^2} \tag{9.2.23}$$

式 (9.2.21) 即为关于薄板挠度函数 $w(x,\ y)$ 的方程。

至此，薄板的小挠度弯曲问题归结为在满足边界条件情况下，求解式 (9.2.21)，获得挠度函数 $w(x,\ y)$，进而由式 (9.2.13) 得到弯矩和扭矩，也可由下式得到剪力：

$$Q_x=\frac{\partial M_x}{\partial x}+\frac{\partial M_{yx}}{\partial y}=-D\frac{\partial}{\partial x}(\nabla^2 w)\ ,Q_y=\frac{\partial M_y}{\partial y}+\frac{\partial M_{xy}}{\partial x}=-D\frac{\partial}{\partial y}(\nabla^2 w) \tag{9.2.24}$$

以下进一步求得薄板内的应力，板平面内的应力分量由式 (9.2.11) 得到，也可由内力计算，即

$$\left.\begin{array}{l}\sigma_x=\dfrac{12M_x}{h^3}z\\[2mm]\sigma_y=\dfrac{12M_y}{h^3}z\\[2mm]\tau_{xy}=\dfrac{12M_{xy}}{h^3}z\end{array}\right\} \tag{9.2.25}$$

板平面外的应力分量 $\tau_{xz}$、$\tau_{yz}$、$\sigma_z$ 因为远小于平面内应力分量 $\sigma_x$、$\sigma_y$、$\tau_{xy}$，所以在前面的计算中忽略不计，对这些分量进行分析时可以考虑弹性体不计体力的三维平衡方程，即

$$\left.\begin{array}{l}\dfrac{\partial \sigma_x}{\partial x}+\dfrac{\partial \tau_{yx}}{\partial y}+\dfrac{\partial \tau_{zx}}{\partial z}=0\\[2mm]\dfrac{\partial \tau_{xy}}{\partial x}+\dfrac{\partial \sigma_y}{\partial y}+\dfrac{\partial \tau_{zy}}{\partial z}=0\\[2mm]\dfrac{\partial \tau_{xz}}{\partial x}+\dfrac{\partial \tau_{yz}}{\partial y}+\dfrac{\partial \sigma_z}{\partial z}=0\end{array}\right\} \tag{9.2.26}$$

以及薄板上下板面的应力边界条件：

$$\left.\begin{array}{l}(\tau_{xz})_{z=\pm h/2}=0\\[1mm](\tau_{yz})_{z=\pm h/2}=0\\[1mm](\sigma_z)_{z=h/2}=0\\[1mm](\sigma_z)_{z=-h/2}=-q\end{array}\right\} \tag{9.2.27}$$

由此可得

$$
\left.
\begin{aligned}
\tau_{xz} &= \frac{E}{2(1-\nu^2)}\left(z^2 - \frac{h^2}{4}\right)\frac{\partial}{\partial x}(\nabla^2 w) \\
\tau_{yz} &= \frac{E}{2(1-\nu^2)}\left(z^2 - \frac{h^2}{4}\right)\frac{\partial}{\partial y}(\nabla^2 w) \\
\sigma_z &= \frac{Eh^3}{6(1-\nu^2)}\left(\frac{1}{2} - \frac{z}{h}\right)^2\left(1 + \frac{z}{h}\right)\nabla^2\nabla^2 w
\end{aligned}
\right\}
\tag{9.2.28}
$$

所以切应力 $\tau_{xz}$、$\tau_{yz}$ 沿着板厚方向呈抛物线分布，在中面处最大，这也与梁弯曲问题时切应力沿梁高的分布规律相同，挤压应力 $\sigma_z$ 则沿板厚呈三次抛物线规律分布，受压强作用的板面上最大。

## 9.3 薄板的边界条件

薄板小弯曲时的平衡方程式（9.2.21）是一个四阶偏微分方程，求解该方程时要结合薄板的边界条件。薄板的边界条件可以分为以下 3 类，即

（1）位移边界条件，即在边界上给定挠度和转角。

（2）应力边界条件：给定边界横向剪力、弯矩。

（3）混合边界条件：在边界上同时给定广义力和广义位移。

以下列举几种工程中常见的边界支撑情况及其边界条件。

### 9.3.1 固定边界

如图 9.3.1 所示薄板，在 $x=0$ 处为固定边界，则边界条件为

$$
\left.
\begin{aligned}
(w)_{x=0} &= 0 \\
\left(\frac{\partial w}{\partial x}\right)_{x=0} &= 0
\end{aligned}
\right\}
\tag{9.3.1}
$$

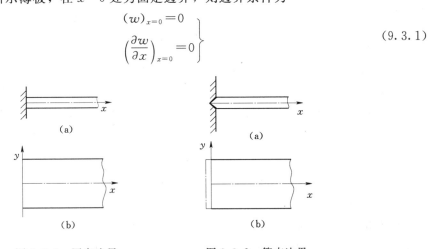

图 9.3.1　固定边界　　　　　　　图 9.3.2　简支边界
(a) 侧视图；(b) 俯视图　　　　　(a) 侧视图；(b) 俯视图

### 9.3.2 简支边界

如图 9.3.2 所示薄板，在 $x=0$ 处为简支边界，则边界条件为

$$
\left.
\begin{aligned}
(w)_{x=0} &= 0 \\
(M_x)_{x=0} &= 0
\end{aligned}
\right\}
\tag{9.3.2}
$$

根据式（9.2.13）、式（9.2.9），式（9.3.2）中的第 2 式可以用挠度函数来表达，即

$$\frac{\partial^2 w}{\partial y^2} = 0 \qquad (9.3.3)$$

所以边界条件式（9.3.2）可化为

$$\left.\begin{array}{r} (w)_{x=0} = 0 \\ \left(\dfrac{\partial^2 w}{\partial x^2}\right)_{x=0} = 0 \end{array}\right\} \qquad (9.3.4)$$

### 9.3.3 给定广义力的边界

以广义力为 0 的自由边界为例，如图 9.3.3 所示，在 $x=a$ 处为自由边界，边界条件为

$$\left.\begin{array}{r} (M_x)_{x=a} = 0 \\ (M_{xy})_{x=a} = 0 \\ (Q_x)_{x=a} = 0 \end{array}\right\} \qquad (9.3.5)$$

根据式（9.2.13），上式中分布弯矩的边界条件可改写为挠度函数的形式，即

$$\left(\frac{\partial^2 w}{\partial x^2} + \nu \frac{\partial^2 w}{\partial y^2}\right)_{x=a} = 0 \qquad (9.3.6)$$

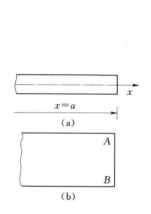

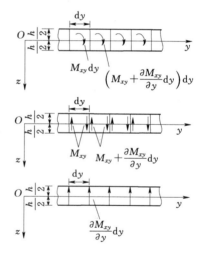

图 9.3.3 给定广义力边界
（a）侧视图；（b）俯视图

图 9.3.4 边界分布扭矩的化简

分布扭矩 $M_{xy}$ 则可以表示为剪力的形式。如图 9.3.4 所示，边界上长度为 $\mathrm{d}y$ 的微段上的扭矩为 $M_{xy}\mathrm{d}y$，可以用相距为 $\mathrm{d}y$、方向相反的一对垂直剪力 $M_{xy}$ 来代替。与其相邻的长度为 $\mathrm{d}y$ 的微段上作用的扭矩 $\left(M_{xy} + \dfrac{\partial M_{xy}}{\partial y}\mathrm{d}y\right)\mathrm{d}y$，同样可以用相距为 $\mathrm{d}y$、方向相反的一对垂直剪力 $M_{xy} + \dfrac{\partial M_{xy}}{\partial y}\mathrm{d}y$ 代替。依次类推，可知整个边界上相邻的微段交界处的垂直剪力 $M_{xy}$ 部分彼此相消，平均每 $\mathrm{d}y$ 长度上只余下 $\dfrac{\partial M_{xy}}{\partial y}\mathrm{d}y$ 的垂直向下剪力作用，即相当于

每单位长度上作用有分布剪力 $\dfrac{\partial M_{xy}}{\partial y}$。此外，在该边界的两端 $A$、$B$ 两点，还余下未被抵消的集中力 $(M_{xy})_A$ 和 $(M_{xy})_B$。于是，原来作用在自由边界上的分布扭矩 $M_{xy}$ 和分布剪力 $Q_x$ 就可以合并成一个总的分布剪力，即

$$V_x\mathrm{d}y = \left(Q_x + \frac{\partial M_{xy}}{\partial y}\right)\mathrm{d}y = 0 \tag{9.3.7}$$

根据式（9.2.13）、式（9.2.16），式（9.3.7）也可改写为挠度函数的形式，即

$$\left[\frac{\partial^3 w}{\partial x^3} + (2-\nu)\frac{\partial^3 w}{\partial x \partial y^2}\right]_{x=a} = 0 \tag{9.3.8}$$

还需要指出，当相邻两边都是自由边时，角点（图 9.3.5 中的 $B$ 点）上的集中力 $(M_{xy})_B$ 不能被抵消，因此将出现集中剪力 $R_B$（图 9.3.6），如果没有对应的支撑，则该剪力也需为 0，即

$$(R_B)_{\substack{x=a\\y=b}} = 2(M_{xy})_{\substack{x=a\\y=b}} = 0 \tag{9.3.9}$$

上式用挠度表示，为

$$\left(\frac{\partial^2 w}{\partial x \partial y}\right)_{\substack{x=a\\y=b}} = 0 \tag{9.3.10}$$

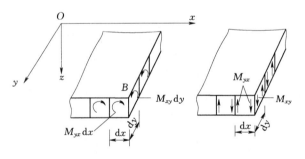

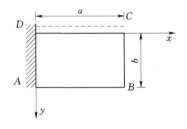

图 9.3.5　边界角点

图 9.3.6　角点的分布扭矩边界条件

当角点处有柱支承时，则边界条件为

$$(w)_{\substack{x=a\\y=b}} = 0 \tag{9.3.11}$$

以上为给定广义力为 0 的自由边界，对于给定广义力非零的情形，也可按照类似的步骤写出边界条件。

## 9.4　矩形板的经典解法

### 9.4.1　简支边矩形薄板的纳维解

如图 9.4.1 所示为一四边简支的矩形薄板，边长分别为 $a$ 和 $b$，受任意分布的荷载 $q(x, y)$ 作用。这一问题的边界条件为

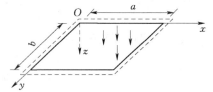

图 9.4.1　四边简支矩形薄板

$$\left.\begin{aligned} (w)_{x=0,a} &= 0 \\ (w)_{y=0,b} &= 0 \\ \left(\frac{\partial^2 w}{\partial x^2}\right)_{x=0,a} &= 0 \\ \left(\frac{\partial^2 w}{\partial y^2}\right)_{y=0,b} &= 0 \end{aligned}\right\} \tag{a}$$

因为任意的荷载函数 $q(x, y)$ 总能展开成双重的三角级数，所以，纳维用双重的三角级数求解了这一问题。假设

$$w = \sum_{m=1}^{\infty} \sum_{n=1}^{\infty} A_{mn} \sin\frac{m\pi x}{a} \sin\frac{n\pi y}{b} \tag{b}$$

其中的 $m$ 和 $n$ 为正整数。显然，它已满足了由式（a）表示的全部边界条件。

现在的问题是还要使式（b）满足薄板弯曲的基本方程式（9.2.21），为此，将式（b）代入式（9.2.21），得

$$\pi^4 D \sum_{m=1}^{\infty} \sum_{n=1}^{\infty} \left(\frac{m^2}{a^2} + \frac{n^2}{b^2}\right)^2 A_{mn} \sin\frac{m\pi x}{a} \sin\frac{n\pi y}{b} = q(x, y) \tag{c}$$

到此，可用两种方法确定系数 $A_{mn}$：一种方法是将 $q(x, y)$ 展成双重三角级数，其中的系数是可以求得的，然后代入式（c），比较两边的系数，可求得 $A_{mn}$；另一种方法是把式（c）等号左边的级数看成是 $q(x, y)$ 的展开式，从而去求系数 $A_{mn}$。这里，拟采用后一方法。为此，将式（c）等号两边同乘 $\sin\frac{i\pi x}{a} \sin\frac{j\pi y}{b}$，然后分别对 $x$ 和 $y$ 从 0 到 $a$ 和从 0 到 $b$ 积分，并利用三角函数的正交性：

$$\int_0^a \sin\frac{i\pi x}{a} \sin\frac{m\pi x}{a} \mathrm{d}x = \begin{cases} 0, & m \neq i \\ \dfrac{a}{2}, & m = i \end{cases}$$

$$\int_0^b \sin\frac{j\pi y}{b} \sin\frac{n\pi y}{b} \mathrm{d}y = \begin{cases} 0, & j \neq n \\ \dfrac{b}{2}, & j = n \end{cases}$$

于是

$$A_{mn} = \frac{4}{\pi^4 abD \left(\dfrac{m^2}{a^2} + \dfrac{n^2}{b^2}\right)^2} \int_0^a \int_0^b q\sin\frac{m\pi x}{a} \sin\frac{n\pi y}{b} \mathrm{d}x\mathrm{d}y \tag{d}$$

代入式（b），得挠度表达式为

$$w = \sum_{m=1}^{\infty} \sum_{n=1}^{\infty} \frac{4 \int_0^a \int_0^b q \sin \frac{m\pi x}{a} \sin \frac{n\pi y}{b} \mathrm{d}x \mathrm{d}y}{\pi^4 ab D \left( \frac{m^2}{a^2} + \frac{n^2}{b^2} \right)^2} \sin \frac{m\pi x}{a} \sin \frac{n\pi y}{b} \tag{9.4.1}$$

式（9.4.1）称为**纳维解**，由此，还可以求出内力和支反力。下面举两个具体的算例。

**【例 9.4.1】** 边长分别为 $a$ 和 $b$ 的四边简支的矩形薄板，如在全板上受均布荷载 $q_0$ 作用。试求板的挠度、弯矩和扭矩。

**解：** 由式（d），算得

$$A_{mn} = \frac{16 q_0}{\pi^6 D m n \left( \frac{m^2}{a^2} + \frac{n^2}{b^2} \right)^2}, m = 1,3,5,\cdots; n = 1,3,5,\cdots$$

因此得

$$w = \frac{16 q_0}{\pi^6 D} \sum_{m=1,3,5,\cdots}^{\infty} \sum_{n=1,3,5,\cdots}^{\infty} \frac{\sin \frac{m\pi x}{a} \sin \frac{n\pi y}{b}}{mn \left( \frac{m^2}{a^2} + \frac{n^2}{b^2} \right)^2} \tag{e}$$

最大挠度发生在板的中心，即 $x = \frac{a}{2}$，$y = \frac{b}{2}$ 处，为

$$w_{\max} = \frac{16 q_0}{\pi^6 D} \sum_{m=1,3,5,\cdots}^{\infty} \sum_{n=1,3,5,\cdots}^{\infty} \frac{(-1)^{\frac{m+n}{2}-1}}{mn \left( \frac{m^2}{a^2} + \frac{n^2}{b^2} \right)^2} \tag{f}$$

这个级数收敛很快，例如，对于正方形板，只取级数的第 1 项，即 $m = n = 1$，有 $w_{\max} = 0.00416 q_0 \frac{a^4}{D}$。如果取级数的前 4 项，即 $m = 1$，$n = 1$，$3$；$m = 3$，$n = 1$，$3$。如精确到 3 位有效数，则

$$w_{\max} = 0.00406 q_0 \frac{a^4}{D}$$

将式（e）代入式（9.2.13）可求得弯矩和扭矩分别为

$$\left. \begin{array}{l} M_x = \dfrac{16 q_0}{\pi^4} \sum\limits_{m=1,3,5,\cdots}^{\infty} \sum\limits_{n=1,3,5,\cdots}^{\infty} \dfrac{\frac{m^2}{a^2} + \nu \frac{n^2}{b^2}}{mn \left( \frac{m^2}{a^2} + \frac{n^2}{b^2} \right)^2} \sin \frac{m\pi x}{a} \sin \frac{n\pi y}{b} \\[4mm] M_y = \dfrac{16 q_0}{\pi^4} \sum\limits_{m=1,3,5,\cdots}^{\infty} \sum\limits_{n=1,3,5,\cdots}^{\infty} \dfrac{\nu \frac{m^2}{a^2} + \frac{n^2}{b^2}}{mn \left( \frac{m^2}{a^2} + \frac{n^2}{b^2} \right)^2} \sin \frac{m\pi x}{a} \sin \frac{n\pi y}{b} \\[4mm] M_{xy} = -\dfrac{16(1-\nu) q_0}{\pi^4 ab} \sum\limits_{m=1,3,5,\cdots}^{\infty} \sum\limits_{n=1,3,5,\cdots}^{\infty} \dfrac{\cos \frac{m\pi x}{a} \cos \frac{n\pi y}{b}}{\left( \frac{m^2}{a^2} + \frac{n^2}{b^2} \right)^2} \end{array} \right\} \tag{g}$$

可见，在板的中心，弯矩 $M_x$ 和 $M_y$ 最大，而 $M_{xy}$ 为 $0$；在板边，$M_x$ 和 $M_y$ 为 $0$，而 $M_{xy}$ 为最大。

**【例 9.4.2】** 现有一边长分别为 $a$ 和 $b$ 的四边简支的矩形薄板，如图 9.4.2 所示，如

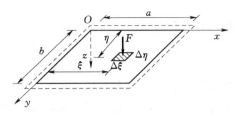

图 9.4.2 [例 9.4.2] 图

果在板上的一点 $M(\xi, \eta)$ 受集中力 $F$ 作用。试求板的挠度。

**解：** 对于集中力，可以看成作用在边长为 $\Delta x = \Delta \xi$、$\Delta y = \Delta \eta$ 的微小矩形面上的分布荷载 $q = \dfrac{F}{\Delta \xi \Delta \eta}$，在微小面 $\Delta \xi \Delta \eta$ 外，$q = 0$。于是由式 (d)，并利用积分中值定理，得

$$A_{mn} = \frac{4}{\pi^4 abD\left(\dfrac{m^2}{a^2} + \dfrac{n^2}{b^2}\right)^2} \int_{\xi - \frac{\Delta \xi}{2}}^{\xi + \frac{\Delta \xi}{2}} \int_{\eta - \frac{\Delta \eta}{2}}^{\eta + \frac{\Delta \eta}{2}} \frac{F}{\Delta \xi \Delta \eta} \sin \frac{m\pi x}{a} \sin \frac{n\pi y}{b} \mathrm{d}x \mathrm{d}y$$

$$= \frac{4F}{\pi^4 abD\left(\dfrac{m^2}{a^2} + \dfrac{n^2}{b^2}\right)^2 \Delta \xi \Delta \eta} \sin \frac{m\pi \xi}{a} \sin \frac{n\pi \eta}{b} \Delta \xi \Delta \eta$$

$$= \frac{4F}{\pi^4 abD\left(\dfrac{m^2}{a^2} + \dfrac{n^2}{b^2}\right)^2} \sin \frac{m\pi \xi}{a} \sin \frac{n\pi \eta}{b}$$

于是得板的挠度为

$$w = \frac{4F}{\pi^4 abD} \sum_{m=1}^{\infty} \sum_{n=1}^{\infty} \frac{\sin \dfrac{m\pi \xi}{a} \sin \dfrac{n\pi \eta}{b}}{\left(\dfrac{m^2}{a^2} + \dfrac{n^2}{b^2}\right)^2} \sin \frac{m\pi x}{a} \sin \frac{n\pi y}{b} \tag{h}$$

当荷载 $F$ 作用在板中心（即 $\xi = \dfrac{a}{2}$，$\eta = \dfrac{b}{2}$）时，上式简化为

$$w = \frac{4F}{\pi^4 abD} \sum_{m=1,3,5,\cdots}^{\infty} \sum_{n=1,3,5,\cdots}^{\infty} (-1)^{\frac{m+n}{2}-1} \frac{\sin \dfrac{m\pi x}{a} \sin \dfrac{n\pi y}{b}}{\left(\dfrac{m^2}{a^2} + \dfrac{n^2}{b^2}\right)^2} \tag{i}$$

最大挠度发生在板的中心，即 $x = \dfrac{a}{2}$、$y = \dfrac{b}{2}$ 处，为

$$w_{\max} = \frac{4F}{\pi^4 abD} \sum_{m=1,3,5,\cdots}^{\infty} \sum_{n=1,3,5,\cdots}^{\infty} \frac{1}{\left(\dfrac{m^2}{a^2} + \dfrac{n^2}{b^2}\right)^2} \tag{j}$$

如果为正方形板，则最大挠度为

$$w_{\max} = \frac{4Fa^2}{\pi^4 D} \sum_{m=1,3,5,\cdots}^{\infty} \sum_{n=1,3,5,\cdots}^{\infty} \frac{1}{(m^2 + n^2)^2} \tag{k}$$

取级数的前 4 项，得

$$w_{\max} = \frac{0.01121 Fa^2}{D} \tag{l}$$

它比精确值约小 3.5％。

本节所介绍的纳维解法的优点是：不论荷载分布如何，求解都比较简单易行。它的缺点是只适用于四边简支的矩形薄板，而且级数收敛较慢，特别是在计算内力时，往往要取很多项。

### 9.4.2 矩形薄板的莱维解

对矩形薄板有一对边简支而另一对边为任意支承的情况，莱维提出了单重三角级数的方法。这种方法不仅适用范围比纳维解法广泛，而且收敛性也比纳维解法好。仍设矩形薄板的边长分别为 $a$ 和 $b$，坐标选取如图 9.4.3 所示。现在取挠度为如下单重三角级数形式：

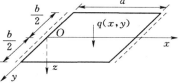

图 9.4.3 对边简支矩形薄板

$$w = \sum_{m=1}^{\infty} Y_m(y) \sin \frac{m\pi x}{a} \qquad (a)$$

这里的 $Y_m(y)$ 是待定函数，$m$ 为任意的正整数。显然，级数式（a）已经满足了 $x=0$、$x=a$ 处的 $(w)_{x=0,a}=0$ 和 $\left(\dfrac{\partial^2 w}{\partial x^2}\right)_{x=0,a}=0$ 的边界条件。下面根据式（a）满足薄板弯曲基本方程的要求，去寻求 $Y_m(y)$。为此，将式（a）代入方程式（9.2.21），从而得

$$\sum_{m=1}^{\infty} \left[\frac{\mathrm{d}^4 Y_m}{\mathrm{d}y^4} - 2\left(\frac{m\pi}{a}\right)^2 \frac{\mathrm{d}^2 Y_m}{\mathrm{d}y^2} + \left(\frac{m\pi}{a}\right)^4 Y_m\right] \sin \frac{m\pi x}{a} = \frac{q(x,y)}{D} \qquad (b)$$

在式（b）等号两边同乘 $\sin \dfrac{n\pi x}{a}$，然后对 $x$ 从 0 到 $a$ 积分，并利用三角函数的正交性（如前述），于是有

$$\frac{\mathrm{d}^4 Y_m}{\mathrm{d}y^4} - 2\left(\frac{m\pi}{a}\right)^2 \frac{\mathrm{d}^2 Y_m}{\mathrm{d}y^2} + \left(\frac{m\pi}{a}\right)^4 Y_m = \frac{2}{aD}\int_0^a q\sin \frac{m\pi x}{a}\mathrm{d}x \qquad (c)$$

这是四阶线性常系数非齐次常微分方程，对于给定的 $q(x,y)$，非齐次项是已知的。方程式（c）的齐次通解为

$$Y_m^0 = A_m \cosh \frac{m\pi y}{a} + B_m \frac{m\pi y}{a}\sinh \frac{m\pi y}{a} + C_m \sinh \frac{m\pi y}{a} + D_m \frac{m\pi y}{a}\cosh \frac{m\pi y}{a}$$

若以 $Y_m^*(y)$ 表示非齐次方程的任一特解，则方程式（c）的通解为

$$Y_m = A_m \cosh \frac{m\pi y}{a} + B_m \frac{m\pi y}{a}\sinh \frac{m\pi y}{a} + C_m \sinh \frac{m\pi y}{a} + D_m \frac{m\pi y}{a}\cosh \frac{m\pi y}{a} + Y_m^*(y) \quad (d)$$

将式（d）代入式（a），即得挠度表达式：

$$w = \sum_{m=1}^{\infty} \left[A_m \cosh \frac{m\pi y}{a} + B_m \frac{m\pi y}{a}\sinh \frac{m\pi y}{a} + C_m \sinh \frac{m\pi y}{a} \right.$$
$$\left. + D_m \frac{m\pi y}{a}\cosh \frac{m\pi y}{a} + Y_m^*(y)\right] \sin \frac{m\pi x}{a} \qquad (9.4.2)$$

式（9.4.2）称为**莱维解**，其中 $A_m$、$B_m$、$C_m$、$D_m$ 应由 $y=\pm\dfrac{b}{2}$ 的边界条件确定。

下面举两个例子，以说明莱维解的应用。

**【例 9.4.3】** 四边简支的矩形薄板，受均布荷载 $q_0$ 作用，试求挠度（坐标如图 9.4.3 所示）。

**解：** 根据莱维解的推导，式（c）等号右边的积分为

$$\frac{2q_0}{aD}\int_0^a \sin \frac{m\pi x}{a}\mathrm{d}x = \frac{2q_0}{\pi Dm}(1-\cos m\pi) = \frac{4q_0}{\pi Dm}, m=1,3,5,\cdots$$

于是，方程式（c）的特解可取为

$$Y_m^* = \frac{4q_0 a^4}{\pi^5 Dm^5}, m = 1, 3, 5, \cdots$$

代入式（9.4.2），并利用变形的对称性，即 $Y_m(y)$ 应是 $y$ 的偶函数，于是有

$$w = \sum_{m=1}^{\infty}\left(A_m\cosh\frac{m\pi y}{a} + B_m\frac{m\pi y}{a}\sinh\frac{m\pi y}{a}\right)\sin\frac{m\pi x}{a} + \frac{4q_0 a^4}{\pi^5 D}\sum_{m=1,3,5,\cdots}^{\infty}\frac{1}{m^5}\sin\frac{m\pi x}{a} \quad (e)$$

利用边界条件

$$(w)_{y=\pm\frac{b}{2}} = 0, \left(\frac{\partial^2 w}{\partial y^2}\right)_{y=\pm\frac{b}{2}} = 0$$

得下列联立方程

$$\left.\begin{array}{l} A_m\cosh\alpha_m + B_m\alpha_m\sinh\alpha_m + \dfrac{4q_0 a^4}{\pi^5 Dm^5} = 0 \\[2mm] (A_m + 2B_m)\cosh\alpha_m + B_m\alpha_m\sinh\alpha_m = 0 \end{array}\right\}, m = 1, 3, 5, \cdots$$

及

$$\left.\begin{array}{l} A_m\cosh\alpha_m + B_m\alpha_m\sinh\alpha_m = 0 \\[2mm] (A_m + 2B_m)\cosh\alpha_m + B_m\alpha_m\sinh\alpha_m = 0 \end{array}\right\}, m = 2, 4, 6, \cdots$$

其中：$\alpha_m = \dfrac{m\pi b}{2a}$。分别求解上述两组方程，得

$$A_m = -\frac{2(2 + \alpha_m\tanh\alpha_m)q_0 a^4}{\pi^5 Dm^5\cosh\alpha_m}, B_m = \frac{2q_0 a^4}{\pi^5 Dm^5\cosh\alpha_m}, m = 1, 3, 5, \cdots$$

和

$$A_m = B_m = 0, m = 2, 4, 6, \cdots$$

将 $A_m$、$B_m$ 代入式（c），得到挠度的最后表达式为

$$\begin{aligned} w = \frac{4q_0 a^4}{\pi^5 D}\sum_{m=1,3,5,\cdots}^{\infty}\frac{1}{m^5}\Bigg(&1 - \frac{2 + \alpha_m\tanh\alpha_m}{2\cosh\alpha_m}\cosh\frac{2\alpha_m y}{b} \\ &+ \frac{\alpha_m}{2\cosh\alpha_m}\frac{2y}{b}\sinh\frac{2\alpha_m y}{b}\Bigg)\sin\frac{m\pi x}{a} \end{aligned} \quad (f)$$

最大挠度发生在板的中心，为

$$w_{\max} = \frac{4q_0 a^4}{\pi^5 D}\sum_{m=1,3,5,\cdots}^{\infty}\frac{(-1)^{\frac{m-1}{2}}}{m^5}\left(1 - \frac{2 + \alpha_m\tanh\alpha_m}{2\cosh\alpha_m}\right)$$

这个表达式中的级数收敛很快。例如，对于正方形板，$a = b$，$\alpha_m = \dfrac{m\pi}{2}$，即得

$$w_{\max} = \frac{4q_0 a^4}{\pi^5 D}(0.314 - 0.004 + \cdots) = 0.00406\frac{q_0 a^4}{D}$$

可见，在级数中仅取两项，就能得到很精确的结果。但对其他各点的挠度，级数收敛则要慢一些。

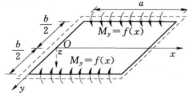

图 9.4.4　四边简支矩形薄板

【例 9.4.4】　现有一边长为 $a$ 和 $b$，四边简支的矩形薄板，在 $y = \pm\dfrac{b}{2}$ 的边界上受分布弯矩作用（图 9.4.4），设分布弯矩为对称分布，即其集度为同一个已知函数 $f(x)$，求挠度表达式。

**解**：因板面无分布荷载作用，所以，基本方程式（9.2.21）简化为

$$\frac{\partial^4 w}{\partial x^4} + 2\frac{\partial^4 w}{\partial x^2 \partial y^2} + \frac{\partial^4 w}{\partial y^4} = 0 \tag{g}$$

本问题的边界条件为

$$\left.\begin{array}{l}(w)_{x=0,a}=0 \\ \left(\dfrac{\partial^2 w}{\partial x^2}\right)_{x=0,a}=0\end{array}\right\} \tag{h}$$

$$\left.\begin{array}{l}(w)_{y=\pm\frac{b}{2}}=0 \\ (M_y)_{y=\pm\frac{b}{2}}=-D\left(\dfrac{\partial^2 w}{\partial y^2}\right)_{y=\pm\frac{b}{2}}=f(x)\end{array}\right\} \tag{i}$$

采用莱维解，取式（9.4.2）中的 $Y_m^*=0$，并由于变形的对称性，有 $C_m=D_m=0$，于是，式（9.4.2）变为

$$w=\sum_{m=1}^{\infty}\left(A_m\cosh\frac{m\pi y}{a}+B_m\frac{m\pi y}{a}\sinh\frac{m\pi y}{a}\right)\sin\frac{m\pi y}{a} \tag{j}$$

由式（i）的第 1 式，有

$$A_m\cosh\alpha_m+B_m\alpha_m\sinh\alpha_m=0$$

式中：$\alpha_m=\dfrac{m\pi b}{2a}$。由此得

$$A_m=-B_m\alpha_m\tanh\alpha_m$$

代入式（j），得

$$w=\sum_{m=1}^{\infty}B_m\left(\frac{m\pi y}{a}\sinh\frac{m\pi y}{a}-\alpha_m\tanh\alpha_m\cosh\frac{m\pi y}{a}\right)\sin\frac{m\pi x}{a} \tag{k}$$

利用边界条件式（i）的第 2 式，有

$$-2D\sum_{m=1}^{\infty}B_m\frac{m^2\pi^2}{a^2}\cosh\alpha_m\sin\frac{m\pi x}{a}=f(x)$$

等号两边同乘 $\sin\dfrac{n\pi x}{a}$，然后，对 $x$ 从 0 到 $a$ 积分，注意三角函数的正交性，得

$$B_m=-\frac{a^2 E_m}{2Dm^2\pi^2\cosh\alpha_m} \tag{l}$$

这里

$$E_m=\frac{2}{a}\int_0^a f(x)\sin\frac{m\pi x}{a}\mathrm{d}x \tag{m}$$

代回式（k），得挠度的表达式为

$$w=\frac{a^2}{2D\pi^2}\sum_{m=1}^{\infty}\frac{E_m}{m^2\cosh\alpha_m}\left(\alpha_m\tanh\alpha_m\cosh\frac{m\pi y}{a}\right.$$

$$\left.-\frac{m\pi y}{a}\sinh\frac{m\pi y}{a}\right)\sin\frac{m\pi y}{a} \tag{n}$$

如果 $f(x)=M_0=\mathrm{const}$，则

$$E_m=\frac{4M_0}{m\pi},m=1,3,5,\cdots$$

于是，式（n）变为

$$w = \frac{2M_0a^2}{D\pi^3} \sum_{m=1,3,5,\cdots}^{\infty} \frac{1}{m^3\cosh\alpha_m}\left(\alpha_m\tanh\alpha_m\cosh\frac{m\pi y}{a} - \frac{m\pi y}{a}\sinh\frac{m\pi y}{a}\right)\sin\frac{m\pi x}{a}$$

利用此式，可求得正方形板中心的挠度和弯矩分别为

$$w = 0.0368\frac{M_0a^2}{D}$$

$$M_x = 0.394M_0$$

$$M_y = 0.256M_0$$

这里，如果作用在 $y = \pm\frac{b}{2}$ 边界上的分布弯矩是反对称分布的，则边界条件式（i）的后一式改为

$$(M_y)_{y=\frac{b}{2}} = -(M_y)_{y=-\frac{b}{2}} = f(x)$$

而式（9.4.2）中的 $A_m$ 和 $B_m$ 取为 0，然后，采用同样的做法，可求得 $C_m$ 和 $D_m$，从而再求得挠度 $w$。现将结果写在下面：

$$w = \frac{a^2}{2\pi^2 D}\sum_{m=1}^{\infty}\frac{E_m}{m^2\sinh\alpha_m}\left(\alpha_m\coth\alpha_m\sinh\frac{m\pi y}{a} - \frac{m\pi y}{a}\cosh\frac{m\pi y}{a}\right)\sin\frac{m\pi x}{a} \qquad (o)$$

这里，如果在 $y = \pm\frac{b}{2}$ 的板边上的分布弯矩既不对称又不反对称，设分布弯矩分别为 $f_1(x)$ 和 $f_2(x)$，则可以利用叠加原理，先将这些弯矩分解成对称弯矩：

$$(M'_y)_{y=\frac{b}{2}} = (M'_y)_{y=-\frac{b}{2}} = \frac{1}{2}[f_1(x) + f_2(x)]$$

和反对称弯矩：

$$(M''_y)_{y=\frac{b}{2}} = -(M''_y)_{y=-\frac{b}{2}} = \frac{1}{2}[f_1(x) - f_2(x)]$$

对于对称弯矩，可以利用式（n），而对于反对称弯矩，则可以利用式（o），其中的 $E_m$ 分别将 $\frac{1}{2}[f_1(x) + f_2(x)]$ 和 $\frac{1}{2}[f_1(x) - f_2(x)]$ 代替式（m）中的 $f(x)$ 并积分而求得，分别以 $E'_m$ 和 $E''_m$ 表示。将上述两个结果叠加后即得要求的挠度表示式：

$$w = \frac{a^2}{2\pi^2 D}\sum_{m=1}^{\infty}\frac{1}{m^2}\left[\frac{E'_m}{\cosh\alpha_m}\left(\alpha_m\tanh\alpha_m\cosh\frac{m\pi y}{a} - \frac{m\pi y}{a}\sinh\frac{m\pi y}{a}\right)\right.$$

$$\left. + \frac{E''_m}{\sinh\alpha_m}\left(\alpha_m\coth\alpha_m\sinh\frac{m\pi y}{a} - \frac{m\pi y}{a}\cosh\frac{m\pi y}{a}\right)\right]\sin\frac{m\pi x}{a} \qquad (p)$$

## 9.5 薄板弯曲的叠加法

图 9.5.1 表示两对边简支而另外两对边固定的矩形薄板，边长分别为 $a$ 和 $b$，受均布分布荷载 $q_0$ 作用，求挠度 $w$。

我们拟采用铁木辛柯（S. P. Timoshenko）提出的方法求解，此法与求解超静定结构

相同。为此，选取四边简支的板作为基本体系，即把图 9.4.3（此时 $y=\pm\dfrac{b}{2}$ 也为简支边且受均匀分布荷载 $q_0$ 作用）与图 9.4.4 两者进行叠加，而得到板面受均匀分布荷载 $q_0$ 作用，且在 $y=\pm\dfrac{b}{2}$ 的边界上受弯矩 $M_y$，作用的四边简支的薄板弯曲问题。因为固定边的挠度斜率为 0，故可将图 9.4.4 中的 $M_y$ 作为未知量，通过边界条件

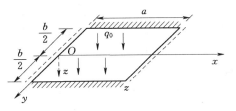

图 9.5.1　两对边简支两对边固定矩形薄板

$$\left(\frac{\partial w}{\partial y}\right)_{y=\pm\frac{b}{2}}=\left(\frac{\partial w_1}{\partial y}\right)_{y=\pm\frac{b}{2}}+\left(\frac{\partial w_2}{\partial y}\right)_{y=\pm\frac{b}{2}}=0 \tag{a}$$

而求得。式（a）中的 $w_1$ 和 $w_2$ 分别为对应于图 9.4.3（$y=\pm\dfrac{b}{2}$ 为简支边）和图 9.4.4 中的挠度。将 9.4.2 节中的式（f）和式（n）代入式（a），即可求得与作用在 $y=\pm\dfrac{b}{2}$ 边上的未知弯矩 $M_y$ 对应的系数

$$E_m=\frac{4qa^2}{\pi^3 m^3}\frac{\alpha_m-\tanh\alpha_m(1+\alpha_m\tanh\alpha_m)}{\alpha_m-\tanh\alpha_m(\alpha_m\tanh\alpha_m-1)} \tag{b}$$

将式（b）代入 9.4.2 节中的式（n）后再与 9.4.2 节中的式（f）叠加，即得如图 9.5.1 所示问题的挠度。最大挠度发生在板的中心，即 $x=\dfrac{a}{2}$、$y=0$ 处。此时，级数收敛很快，对正方形板，如果取一项，可得最大挠度值为

$$w_{\max}=0.00192\frac{qa^4}{D} \tag{c}$$

同时，可以求得 $y=\pm\dfrac{b}{2}$ 上的弯矩为

$$\left[M_y(x)\right]_{y=\pm\frac{b}{2}}=\frac{4qa^2}{\pi^3}\sum_{m=1,3,5,\cdots}^{\infty}\frac{\sin\dfrac{m\pi x}{a}}{m^3}\frac{\alpha_m-\tanh\alpha_m(1+\alpha_m\tanh\alpha_m)}{\alpha_m-\tanh\alpha_m(\alpha_m\tanh\alpha_m-1)} \tag{d}$$

它的最大值发生在 $y=\pm\dfrac{b}{2}$ 边上的 $x=\dfrac{a}{2}$ 处。此时，级数收敛很快。对正方形板，如果取三项，得到最大弯矩值为 $-0.070qa^2$。

对于四边固定的矩形弹性薄板，在均布荷载或非均布荷载作用下的弯曲问题，也可采用上述叠加方法求解，但由于计算比较复杂，这里就不作详述了。

# 习　　题

9.1　薄板的定义是什么？薄板理论的基本假定有哪些方面使问题得到简化？

9.2　矩形薄板 $OABC$ 的两对边 $AB$ 与 $OC$ 为简支，受有均匀分布的弯矩 $M$ 作用，$OA$ 和 $BC$ 为自由边，受弯矩 $\nu M$ 作用，板面无横向荷载作用，如习题 9.2 图所示。试证明 $w=w(y)$ 可以作为此问题的解，并求挠度、内力和总剪力。

9.3　矩形薄板 $OA$ 边和 $OC$ 边为简支边，$AB$ 边和 $BC$ 边为自由边，在点 $B$ 处受向下的横向集中力 $F$ 作用，如习题 9.3 图所示。试证明 $w=mxy$ 可作为问题的解答，并求出常数 $m$、内力和反力。

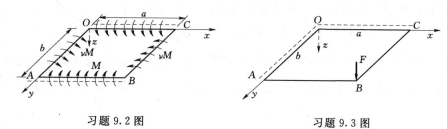

习题 9.2 图　　　　　　　　　　　习题 9.3 图

9.4　半椭圆形薄板，在直线边界 $AOB$ 上为简支，曲线边界 $ACB$ 为固定边，承受横向荷载 $q=q_0\dfrac{x}{a}$，如习题 9.4 图所示。试证明 $w=mx\left(\dfrac{x^2}{a^2}+\dfrac{y^2}{b^2}-1\right)^2$ 可作为解答，并求挠度以及它的最大值。

9.5　四边简支的矩形薄板手静水压力作用，如习题 9.5 图所示，荷载分布规律为 $q(x,y)=\dfrac{q_0}{a}x$，试求板的挠度。

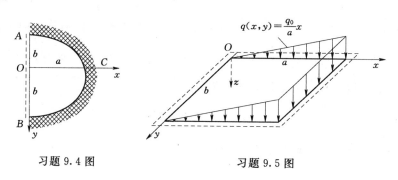

习题 9.4 图　　　　　　　　　　习题 9.5 图

# 第 10 章 热 传 导 与 热 应 力

前面各章讨论了一系列由外力引起的可变形固体应力和变形问题，除了外力的影响外，许多工程结构常常处于温度变化的环境中，由此导致物体内部的温度变化。如果由于温度变化而产生的热胀冷缩受到结构内部或者外部的约束而不能自由进行的话，这些结构内部还将产生热应力。热应力在土木工程、航空航天、机械、化工、核能等领域中，已经成为不可或缺的研究内容，在结构分析与设计中占据重要的位置。

为了求得固体内的热应力，需进行两方面的计算：①由热传导方程和问题的初始条件及边界条件，计算固体内各点的瞬态温度场；②按照热弹性力学理论，求固体由于温度变化引起的热应力。因此本章首先介绍热传导问题及其求解方法，然后再介绍热弹性力学的基本方程与解法。

## 10.1 热传导方程及其求解方法

考虑如图 10.1.1 所示的三维体，在热传导分析时，其温度场是空间和时间的函数，即

$$T = T(x, y, z, t) \tag{10.1.1}$$

物体内不同温度的区域之间存在着热量的传递，将单位时间单位面积上传递的热流定义为热流密度 $q$，热流密度是一个矢量。根据傅里叶定律，对各向同性材料，有

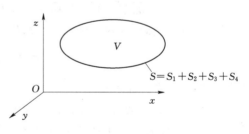

图 10.1.1 物体外表面 $S$ 上的四类边界条件
（$S_1$、$S_2$、$S_3$、$S_4$）

$$q = -k\,\mathrm{grad}\,T = -k\left(\frac{\partial T}{\partial x}\boldsymbol{i} + \frac{\partial T}{\partial y}\boldsymbol{j} + \frac{\partial T}{\partial z}\boldsymbol{k}\right) \tag{10.1.2}$$

式中：$k$ 为材料的导热系数；$\boldsymbol{i}$、$\boldsymbol{j}$、$\boldsymbol{k}$ 分别为坐标轴 $x$、$y$、$z$ 方向的单位矢量。

式（10.1.2）表明，热流密度和温度梯度成正比，而方向相反。对各向异性材料，导热系数沿各个方向不同，在材料主轴上，傅里叶定律为

$$q = -\left(k_x\frac{\partial T}{\partial x}\boldsymbol{i} + k_y\frac{\partial T}{\partial y}\boldsymbol{j} + k_z\frac{\partial T}{\partial z}\boldsymbol{k}\right) \tag{10.1.3}$$

式中：$k_x$、$k_y$、$k_z$ 分别为沿 $x$、$y$、$z$ 方向的导热系数。

根据能量守恒定律，在热传导问题中，物体单位时间内获得的热量 $Q$ 等于内能的增加量 $\Delta E$ 和对外界耗散功 $A$ 之和，即

$$Q = \Delta E + A \tag{10.1.4}$$

因为固体材料的变形较小，可以假设忽略耗散功。此外不考虑热能和机械能的相互转换（热机耦合），这一假设在许多分析中都是适用的，但可能在分析例如金属成型过程时是不合适的。由此物体单位时间内获得的热量等于内能的增加，即

$$Q_1 + Q_2 = Q_3 \tag{10.1.5}$$

式中：$Q_1$、$Q_2$、$Q_3$ 分别为单位时间内物体表面从外界获得的热量、内部热源产生的热量、物体温度升高所需的热量。

物体表面从外界获得的热量为

$$Q_1 = -\iint_S \boldsymbol{q} \cdot \boldsymbol{n} \mathrm{d}S = \iint_S \left( k_x \frac{\partial T}{\partial x} \boldsymbol{i} + k_y \frac{\partial T}{\partial y} \boldsymbol{j} + k_z \frac{\partial T}{\partial z} \boldsymbol{k} \right) \cdot \boldsymbol{n} \mathrm{d}S \tag{10.1.6}$$

式中：$S$ 为物体表面；$\boldsymbol{n}$ 为物体表面的单位外法线向量。

利用格林公式，将上式转化为体积分

$$Q_1 = \iiint_V \left[ \frac{\partial}{\partial x} \left( k_x \frac{\partial T}{\partial x} \right) + \frac{\partial}{\partial y} \left( k_y \frac{\partial T}{\partial y} \right) + \frac{\partial}{\partial z} \left( k_z \frac{\partial T}{\partial z} \right) \right] \mathrm{d}V \tag{10.1.7}$$

单位时间内内部热源产生的热量和温度升高所需的热量分别为

$$Q_2 = \iiint_V W \mathrm{d}V, Q_3 = \iiint_V c\rho \frac{\partial T}{\partial t} \mathrm{d}V \tag{10.1.8}$$

式中：$W$ 为体热源强度；$c$ 为比热；$\rho$ 为密度。

将 $Q_1$、$Q_2$、$Q_3$ 的表达式代入到能量平衡方程式（10.1.5），得到

$$\iiint_V \left[ \frac{\partial}{\partial x} \left( k_x \frac{\partial T}{\partial x} \right) + \frac{\partial}{\partial y} \left( k_y \frac{\partial T}{\partial y} \right) + \frac{\partial}{\partial z} \left( k_z \frac{\partial T}{\partial z} \right) + W - c\rho \frac{\partial T}{\partial t} \right] \mathrm{d}V = 0 \tag{10.1.9}$$

由于上式对任意体积域 $V$ 都成立，所以被积函数应该处处为 0，即

$$\frac{\partial}{\partial x} \left( k_x \frac{\partial T}{\partial x} \right) + \frac{\partial}{\partial y} \left( k_y \frac{\partial T}{\partial y} \right) + \frac{\partial}{\partial z} \left( k_z \frac{\partial T}{\partial z} \right) + W - c\rho \frac{\partial T}{\partial t} = 0 \tag{10.1.10}$$

上式即为反映固体内部热传导规律的热传导方程，对于均质的各向同性材料，可以简化为

$$k \nabla^2 T + W - c\rho \frac{\partial T}{\partial t} = 0 \tag{10.1.11}$$

式中：$\nabla^2$ 为拉普拉斯算子。

式（10.1.10）或式（10.1.11）求解时，还需要给出定解条件，包括边界条件和初始条件。在结构外表面 $S$ 上通常可以建立 4 类边界条件。

（1）给定温度的边界条件。

$$T|_{S_1} = T(x,y,z,t) \tag{10.1.12}$$

（2）给定热流密度边界条件，即给定边界法向的温度梯度。

$$k_n \frac{\partial T}{\partial n} \bigg|_{S_2} = \overline{q}(x,y,z,t) \tag{10.1.13}$$

式中：$n$ 代表边界外法向方向；$k_n$ 为边界法向的热传导系数，给定热流密度 $\overline{q}$ 以吸收为正，发散为负，对绝热边界，$\overline{q} = 0$。

（3）对流换热的边界条件。

$$-k_n \frac{\partial T}{\partial n} \bigg|_{S_3} = h(T - T_a) \tag{10.1.14}$$

式中：$h$ 为表面的对流换热系数，在自然对流情况下 $T_a = T_\infty$，$T_\infty$ 为外界环境温度；在强

迫对流情况下，$T_a$ 为流体边界的绝热壁温。

（4）辐射换热的边界条件。

$$-k_n \frac{\partial T}{\partial n}\bigg|_{S_4} = \sigma\varepsilon(T^4 - T_\infty^4) \tag{10.1.15}$$

式中：$\sigma$ 为斯蒂芬—玻尔兹曼（Stefan-Boltzmann）常数；$\varepsilon$ 为物体表面的发射率。和前 3 个边界条件不同的是，辐射换热的边界条件是非线性的边界条件。

除了上述 4 类边界条件外，还需给定初始时刻的结构温度分布，作为求解热传导方程的初始条件：

$$T(x, y, z, 0) = T_0 \tag{10.1.16}$$

热传导方程和边界条件以及初始条件一起构成了瞬态热传导的定解问题。从数学上讲，这是一个抛物型偏微分方程的求解问题，其解法主要分为两大类：一类是解析方法，即用分析的方法求出精确的理论解；另一类是数值方法，即采用有限元等数值方法求解给定域内的数值解。

解析方法的优点是在整个求解过程中物理概念和逻辑推理清楚，最后的表达式可以比较清楚地反映各种因素对温度场的影响，同时还可以用来检验数值解法。但是解析法只适用于简单的问题，对于复杂的几何形状、多样化的边界条件、材料性质随时间变化等就无能为力了，而解决这些问题正是数值方法的长处。因此，对于工程中经常碰到的复杂条件下的温度场分析问题，往往采用数值方法求解。常用的数值解法主要是有限元法和有限差分法。鉴于有限元法在处理具有不规则几何形状的结构时表现出的明显优势，用有限元法分析热传导问题成为通用的数值方法。

热传导问题的求解在传热学中已有详细论述，本书仅做上述简单介绍。

## 10.2 热应力的基本概念

### 10.2.1 热应变

一般来说，固体存在热胀冷缩现象，各向同性材料组成的固体当温度由 $T_1$ 升高到 $T_2$ 时，如果其变形完全不受限制，则在任何方向上都将产生相同的正应变，大小为

$$\varepsilon_T = \alpha(T_2 - T_1) = \alpha\Delta T \tag{10.2.1}$$

式中：$\varepsilon_T$ 为热应变；$\alpha$ 为材料的热膨胀系数。

由自由膨胀（收缩）产生的应变只有正应变分量，切应变分量为 0。

### 10.2.2 考虑热应变的广义胡克定律

在热弹性力学问题中，弹性体的应变分量由两部分叠加而成，一部分是由于自由热膨胀（收缩）引起的应变分量，另一部分为应力导致的应变分量，因此考虑热应变的广义胡克定律为

$$\varepsilon_{ij} = \frac{1+\nu}{E}\sigma_{ij} - \frac{\nu}{E}\delta_{ij}\sigma_{kk} + \alpha\Delta T\delta_{ij} \tag{10.2.2}$$

在以下几种情形，物体内部由于变温将会产生热应力：

（1）物体内部的温度分布是均匀的，但外部受约束，此时由于热应变受到约束，物体

内部将产生热应力。

（2）物体内部的温度分布不均匀，此时即使没有任何外部约束，内部也会因为各个质点之间相互制约而产生热应力。

（3）对于不同材料组成的构件，由于材料的热膨胀系数不同，即使构件处于均匀温度场中，也会由于不同材料的热膨胀不同，使构件产生热应力。

图 10.2.1 ［例 10.2.1］图

【例 10.2.1】 如图 10.2.1 所示的等直杆 $AB$ 的两端分别与刚性支承连接。设两支承间的距离（即杆长）为 $l$，杆的横截面面积为 $A$，材料的弹性模量为 $E$，线膨胀系数为 $\alpha_l$。试求温度升高 $\Delta t$ 时杆内的热应力。

**解：** $AB$ 杆为轴向拉压杆，未知力是左、右支座的支反力（$F_A$ 和 $F_B$），共 2 个，均为轴向力。因为共线力系仅有 1 个独立的平衡方程，所以本题有 1 个方程、2 个未知数，是 1 次超静定结构。

超静定问题要结合静力平衡方程和几何相容方程求解，静力平衡方程为

$$F_A = F_B \tag{a}$$

几何相容方程为

$$\Delta l = 0 \tag{b}$$

式中：$\Delta l$ 为杆件的伸长量。

根据几何关系：

$$\varepsilon = \frac{\Delta l}{l} = 0 \tag{c}$$

将考虑热应变的广义胡克定律代入上式，得

$$\varepsilon = \frac{\sigma}{E} + \alpha_l \Delta t = \frac{F_A}{EA} + \alpha_l \Delta t = 0 \tag{d}$$

所以温度内力为

$$F_A = -EA\alpha_l \Delta t \tag{e}$$

相应的热应力为

$$\sigma = -E\alpha_l \Delta t \tag{f}$$

结果为负，说明杆件受压力，热应力为压应力。

如果杆件为钢杆 $\alpha_l = 1.2 \times 10^{-5}/℃$，$E = 210\text{GPa}$，温度升高为 40℃，此时 $\sigma = -E\alpha_l \Delta t = -100\text{MPa}$。普通钢材的许用应力约为 170MPa，这说明在超静定结构中，热应力相当可观，要避免有害的热应力。例如铁路钢轨接头处的空隙，混凝土路面上的预留空隙等。

【例 10.2.2】 任意截面的均质梁，横截面上的温度沿高度变化，温度变化量的分布规律为 $T = T(y)$，如图 10.2.2 所示。试求因为梁横截面上温度变化引起的热应力。

**解：** 如果梁的纵向纤维之间不受约束，能够自由变形时，沿梁高各点的热应变为

$$\varepsilon_T(y) = \alpha T(y) \tag{a}$$

这种变形将导致横截面不再保持为平面。但是实际上，梁的纵向纤维之间互相有约

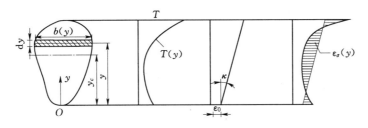

图 10.2.2 ［例 10.2.2］图

束，因此我们仍然可以假设梁的横截面在变形后保持平面，所以实际的应变分布应该是线性的，即

$$\varepsilon(y) = \varepsilon_0 + \kappa y \tag{b}$$

式中：$\varepsilon_0$ 为截面上 $y=0$ 处的应变；$\kappa$ 为曲率。

上式中 $\varepsilon(y)$ 是热应变 $\varepsilon_T(y)$ 和纵向纤维间的约束应变 $\varepsilon_\sigma(y)$ 之和，即

$$\varepsilon(y) = \varepsilon_T(y) + \varepsilon_\sigma(y) \tag{c}$$

所以约束应变为

$$\varepsilon_\sigma(y) = \varepsilon(y) - \varepsilon_T(y) = \varepsilon_0 + \kappa y - \alpha T(y) \tag{d}$$

对应的约束应力为

$$\sigma_x = E\varepsilon_\sigma = E[(\varepsilon_0 + \kappa y) - \alpha T(y)] \tag{e}$$

上式就是弹性梁横截面上的热应力。上式中的 $\varepsilon_0$ 和 $\kappa$ 要根据应力边界条件确定，如果作用于横截面上的外力和外力偶都为 0，那么热应力的合力和合力矩也应为 0，即

$$N = \iint_A \sigma_x \, \mathrm{d}y \mathrm{d}z = \int_h E[(\varepsilon_0 + \kappa y) - \alpha T(y)] b(y) \mathrm{d}y = 0 \tag{f}$$

$$M = \iint_A \sigma_x (y - y_c) \, \mathrm{d}y \mathrm{d}z = \int_h E[(\varepsilon_0 + \kappa y) - \alpha T(y)](y - y_c) b(y) \mathrm{d}y = 0 \tag{g}$$

式中：$b(y)$ 为梁横截面宽度；$y_c$ 为截面形心的 $y$ 坐标值。

注意到

$$\int_h b(y) \mathrm{d}y = A \tag{h}$$

$$\int_h y b(y) \mathrm{d}y = A y_c \tag{i}$$

$$\int_h (y - y_c) y b(y) \mathrm{d}y = I \tag{j}$$

代入合力和合力矩的表达式，得

$$\varepsilon_0 A + \kappa A y_c - \int_h \alpha T(y) b(y) \mathrm{d}y = 0 \tag{k}$$

$$\kappa I - \int_h \alpha T(y) b(y)(y - y_c) \mathrm{d}y = 0 \tag{l}$$

由上式解得

$$\kappa = \frac{\alpha}{I} \int_h T(y) b(y)(y - y_c) \mathrm{d}y \tag{m}$$

$$\varepsilon_0 = \frac{\alpha}{A} \int_h T(y) b(y) \mathrm{d}y - \kappa y_c \tag{n}$$

将上述 $\varepsilon_0$ 和 $\kappa$ 代入本题式（e），即可得到热应力。

可以验证，当沿梁高的温度变化量为线性函数时，即

$$T(y) = c_1 y + c_2 \tag{o}$$

此时

$$\kappa = \frac{\alpha}{I}\int_h (c_1 y + c_2)b(y)(y - y_c)\mathrm{d}y = \alpha c_1 \tag{p}$$

$$\varepsilon_0 = \frac{\alpha}{A}\int_h (c_1 y + c_2)b(y)\mathrm{d}y - \kappa y_c = \alpha c_2 \tag{q}$$

将式（o）、式（p）、式（q）代入式（e），得到

$$\sigma_x = 0 \tag{r}$$

上式表明，当沿梁高的温度变化量线性分布时，不会引起梁横截面上的热应力。

## 10.3　热弹性力学的基本方程

上节介绍了热应力的基本概念，并介绍了热应力、热变性求解的两个特例。本节介绍一般情况下的热弹性力学的基本方程，仍然包括平衡方程、几何方程和本构方程。其中平衡方程和几何方程与前述弹性力学问题相同，但本构方程需要考虑热应变。平衡方程为

$$\sigma_{ij,j} + F_{bi} = 0 \tag{10.3.1}$$

几何方程为

$$\varepsilon_{ij} = \frac{1}{2}(u_{i,j} + u_{j,i}) \tag{10.3.2}$$

本构方程为

$$\varepsilon_{ij} = \frac{1+\nu}{E}\sigma_{ij} - \frac{\nu}{E}\delta_{ij}\sigma_{kk} + \alpha\Delta T\delta_{ij} \tag{10.3.3}$$

其中右端最后一项代表了温度变化导致的热应变。如果用应变表示应力，则为

$$\sigma_{ij} = \frac{E}{1+\nu}\varepsilon_{ij} + \frac{\nu E\delta_{ij}\varepsilon_{kk}}{(1+\nu)(1-2\nu)} - \frac{\alpha E T\delta_{ij}}{1-2\nu} \tag{10.3.4}$$

进一步用位移表示上式中的应变，则有

$$\sigma_{ij} = G(u_{i,j} + u_{j,i}) + \frac{\nu E\delta_{ij}u_{k,k}}{(1+\nu)(1-2\nu)} - \frac{\alpha E T\delta_{ij}}{1-2\nu} \tag{10.3.5}$$

边界条件方程的形式与以往相同，应力边界条件为

$$\overline{p}_i = \sigma_{ij}n_j,\ i = 1,2,3 \tag{10.3.6}$$

位移边界条件为

$$u_i = \overline{u}_i,\ i = 1,2,3 \tag{10.3.7}$$

上述边界条件应用时，其中的应力分量 $\sigma_{ij}$ 要考虑温度变化的影响，即采用式（10.3.4）的表达形式。

根据平衡方程、几何方程、本构方程，结合边界条件，即可求解热弹性力学问题。

## 10.4　热弹性力学问题的基本解法

解决热弹性力学问题仍可采用两种方法，即位移法和应力法。下面，我们分别讨论这

两种方法。

### 10.4.1 位移法

1. 基本方程与等效荷载法

位移法是以位移为基本未知函数的方法，将式（10.3.5）代入平衡方程式（10.3.1），就得到以位移为基本未知量的平衡方程。

$$
\left.
\begin{aligned}
(\lambda+\mu)\frac{\partial\theta}{\partial x}+\mu\,\nabla^2 u+F_{bx}-\frac{\alpha E}{1-2\nu}\frac{\partial T}{\partial x}=0\\
(\lambda+\mu)\frac{\partial\theta}{\partial y}+\mu\,\nabla^2 v+F_{by}-\frac{\alpha E}{1-2\nu}\frac{\partial T}{\partial y}=0\\
(\lambda+\mu)\frac{\partial\theta}{\partial z}+\mu\,\nabla^2 w+F_{bz}-\frac{\alpha E}{1-2\nu}\frac{\partial T}{\partial z}=0
\end{aligned}
\right\}
\tag{10.4.1}
$$

式中：$\theta=\varepsilon_x+\varepsilon_y+\varepsilon_z$；$\nabla^2$ 为拉普拉斯算子。

上式可以简写为张量分量的形式

$$
(\lambda+\mu)u_{j,ji}+\mu u_{i,jj}+f_i-\frac{\alpha E}{1-2\nu}T_{,i}=0
\tag{10.4.2}
$$

位移法求解时，应力边界条件也须改用位移分量表示，即

$$
p_i=\sigma_{ij}n_j=\left[\frac{E}{2(1+\nu)}(u_{i,j}+u_{j,i})+\frac{\nu E\delta_{ij}u_{k,k}}{(1+\nu)(1-2\nu)}-\frac{\alpha ET\delta_{ij}}{1-2\nu}\right]n_j
\tag{10.4.3}
$$

考察热弹性力学方程的基本方程与边界条件，发现与不考虑温度情况相比，热弹性力学方程中增加了类似于体力的分量，即

$$
-\frac{\alpha E}{1-2\nu}T_{,i}
$$

边界条件中增加了类似于面力的分量

$$
\frac{\alpha ET}{1-2\nu}n_i
$$

因此，可以把热弹性问题转化为在体力分量 $-\dfrac{\alpha E}{1-2\nu}T_{,i}$ 和面力分量 $\dfrac{\alpha ET}{1-2\nu}n_i$ 作用下的弹性力学问题来求解，这种求解方法称为等效荷载法。

2. 热弹性位移势

方程式（10.4.2）中的位移可以认为是由体力和温度两个因素造成的，根据叠加原理，两者可以分别求解，然后再叠加得到总位移。本节只研究温度导致的位移，所以热弹性力学方程简化为

$$
(\lambda+\mu)u_{j,ji}+\mu u_{i,jj}-\frac{\alpha E}{1-2\nu}T_{,i}=0
\tag{10.4.4}
$$

其解答可以由两部分组成，即齐次通解和非齐次特解。为了获得特解，可引入热弹性位移势 $\Phi(x,y,z)$，使

$$
u=\frac{\partial\Phi}{\partial x},v=\frac{\partial\Phi}{\partial y},w=\frac{\partial\Phi}{\partial z}
\tag{10.4.5}
$$

或简写为

$$
u_i=\Phi_{,i}
\tag{10.4.6}
$$

将上式代入几何方程，得到用热弹性位移势函数表示的应变分量：

$$\varepsilon_{ij} = \Phi_{,ij} \tag{10.4.7}$$

体积应变为

$$e = \varepsilon_x + \varepsilon_y + \varepsilon_z = \frac{\partial^2 \Phi}{\partial x^2} + \frac{\partial^2 \Phi}{\partial y^2} + \frac{\partial^2 \Phi}{\partial z^2} = \nabla^2 \Phi \tag{10.4.8}$$

将上式代入热弹性方程式（10.4.4），得

$$(\lambda + \mu)\Phi_{,jji} + \mu\Phi_{,ijj} - \frac{\alpha E}{1-2\nu}T_{,i} = 0 \tag{10.4.9}$$

将拉梅弹性常数的表达式（4.1.10）代入上式，得

$$\left( \frac{1-\nu}{1-2\nu}\Phi_{,jj} - \frac{1+\nu}{1-2\nu}\alpha T \right)_{,i} = 0 \tag{10.4.10}$$

所以有

$$\frac{1-\nu}{1-2\nu}\Phi_{,jj} - \frac{1+\nu}{1-2\nu}\alpha T = \text{const} \tag{10.4.11}$$

对于一个特解来说，可令常数 const＝0，因此有

$$\nabla^2 \Phi = \frac{1+\nu}{1-\nu}\alpha T \tag{10.4.12}$$

根据上式求出热弹性位移势 $\Phi$，即可由式（10.4.5）求得热弹性力学问题的位移特解，叠加上无体力不考虑变温情况下的位移通解后，即为方程式（10.4.4）的通解，该通解应该准确地满足问题的边界条件。

在求出热弹性力学问题的位移解后，可以由几何方程式（10.3.2）、本构方程式（10.3.4）求得应变和应力。

### 10.4.2　应力法

采用应力法求解热弹性力学问题时，需要满足平衡方程、应力边界条件，以及应力表示的应变协调方程。与等温情况下类似，可以推导得到变温情况下不考虑体力的协调方程：

$$\nabla^2 \sigma_{ij} + \frac{1}{1+\nu}\sigma_{,ij} = -\frac{\alpha E}{1-\nu}\delta_{ij}T_{,kk} - \frac{\alpha E}{1+\nu}T_{,ij} \tag{10.4.13}$$

式中：$\sigma = \sigma_x + \sigma_y + \sigma_z$。

在实际计算中，也可采用等效荷载法来求解，把热弹性问题转化为在体力分量 $-\frac{\alpha E}{1-2\nu}T_{,i}$ 和面力分量 $\frac{\alpha ET}{1-2\nu}n_i$ 作用下的弹性力学问题来求解，得到"应力分量" $\tilde{\sigma}_{ij}$，然后由下式求得热应力 $\sigma_{ij}$：

$$\sigma_{ij} = \tilde{\sigma}_{ij} - \frac{\alpha ET\delta_{ij}}{1-2\nu} \tag{10.4.14}$$

## 10.5　平面热弹性力学问题

### 10.5.1　平面应变问题

如果采用位移法，则位移分量、应变分量和应力分量都可以用热弹性位移势来表示。

根据前面的讨论，其解可由两部分叠加得到：特解和无体力无变温的弹性解，这两组解之和需满足边界条件。

首先考虑特解，此时可用热弹性位移势求解，位移、应变、应力分别为

$$
\left.
\begin{aligned}
& u^T = \frac{\partial \Phi}{\partial x},\ v^T = \frac{\partial \Phi}{\partial y},\ w^T = 0 \\[2mm]
& \varepsilon_x^T = \frac{\partial^2 \Phi}{\partial x^2},\ \varepsilon_y^T = \frac{\partial^2 \Phi}{\partial y^2},\ \gamma_{xy}^T = \frac{\partial^2 \Phi}{\partial x \partial y},\ \varepsilon_z^T = \gamma_{xz}^T = \gamma_{yz}^T = 0 \\[2mm]
& \sigma_x^T = -2G \frac{\partial^2 \Phi}{\partial y^2},\ \sigma_y^T = -2G \frac{\partial^2 \Phi}{\partial x^2},\ \sigma_z^T = -2G \frac{1+\nu}{1-\nu}\alpha T,\ \tau_{xy}^T = 2G \frac{\partial^2 \Phi}{\partial x \partial y},\ \tau_{xz}^T = \tau_{yz}^T = 0
\end{aligned}
\right\}
$$

$$(10.5.1)$$

热弹性位移势 $\Phi$ 则根据方程式（10.4.12）求出。

然后再考虑通解，通解是不考虑变温、且无体力的平面应变问题，根据前述内容，这类问题可以用 7.2.1 节的艾里应力函数求解，即

$$
\tilde{\sigma}_x = \frac{\partial^2 \varphi}{\partial y^2},\ \tilde{\sigma}_y = \frac{\partial^2 \varphi}{\partial x^2},\ \tilde{\tau}_{xy} = -\frac{\partial^2 \varphi}{\partial x \partial y},\ \tilde{\sigma}_z = \nu(\tilde{\sigma}_x + \tilde{\sigma}_y) = \nu \nabla^2 \varphi,\ \tilde{\tau}_{xz} = \tilde{\tau}_{yz} = 0 \quad (10.5.2)
$$

艾里应力函数 $\varphi$ 根据以下双调和方程求解：

$$
\nabla^4 \varphi = \frac{\partial^4 \varphi}{\partial x^4} + 2 \frac{\partial^4 \varphi}{\partial x^2 \partial y^2} + \frac{\partial^4 \varphi}{\partial y^4} = 0
$$

最终的热应力为特解式（10.5.1）和通解式（10.5.2）两部分应力之和。

### 10.5.2　平面应力问题

在热弹性平面应力问题中，若采用应力法求解，仍然可以引入艾里应力函数，使得

$$
\sigma_x = \frac{\partial^2 \varphi}{\partial y^2},\ \sigma_y = \frac{\partial^2 \varphi}{\partial x^2},\ \tau_{xy} = -\frac{\partial^2 \varphi}{\partial x \partial y} \tag{10.5.3}
$$

上式可以使不计体力的平衡方程式（7.2.1）自动满足。而应力边界条件式（7.2.3）改写为

$$
\left.
\begin{aligned}
& p_x = \frac{\partial^2 \varphi}{\partial y^2} n_x - \frac{\partial^2 \varphi}{\partial x \partial y} n_y \\[2mm]
& p_y = -\frac{\partial^2 \varphi}{\partial x \partial y} n_x + \frac{\partial^2 \varphi}{\partial x^2} n_y
\end{aligned}
\right\} \tag{10.5.4}
$$

将式（10.5.3）代入考虑温度变化的本构方程式（10.3.3），再代入应变协调方程式（7.1.19），整理后得到

$$
\nabla^2 \varphi = -\alpha E \nabla^2 T \tag{10.5.5}
$$

这样，问题转化为在以应力函数表示的应力边界条件式（10.5.4）下，求解偏微分方程（10.5.5）。确定应力函数 $\varphi$ 之后，可进一步求得应力、应变和位移。

【例 10.5.1】　四边固定的薄板，设板的弹性模量为 $E$，线膨胀系数为 $\alpha$，泊松比为 $\nu$，试求当温度均匀升高 $T$ 时，板中的热应力分布。如果为一对边固定一对边自由，板中的热应力如何分布。

**解**：如果四边自由，没有约束，板内不会产生热应力。

如果四边固定，则有

$$\left.\begin{array}{l} \varepsilon_x = \dfrac{1}{E}(\sigma_x - \nu\sigma_y) + \alpha T = 0 \\[2mm] \varepsilon_y = \dfrac{1}{E}(\sigma_y - \nu\sigma_x) + \alpha T = 0 \end{array}\right\} \tag{a}$$

求解上式得

$$\sigma_x = \sigma_y = -\frac{1}{1-\nu} E\alpha T \tag{b}$$

如果一对边固定一对边自由，假设与 $x$ 轴平行的对边固定，与 $y$ 轴平行的对边自由，则有

$$\left.\begin{array}{l} \varepsilon_y = \dfrac{1}{E}(\sigma_y - \nu\sigma_x) + \alpha T = 0 \\[2mm] \sigma_x = 0 \end{array}\right\} \tag{c}$$

所以

$$\sigma_y = -E\alpha T \tag{d}$$

相比式（b），热应力有所减小。因此，两对边固定情况比一对边固定情况约束强，相同温度变化情形下热应力大。

# 习　题

10.1　试写出三维的热传导方程，以及常用的边界条件。

10.2　非均匀材料具有均匀变温场时，是否产生热应力？为什么？

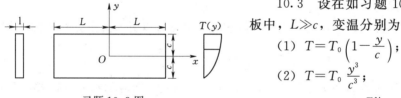

习题 10.3 图

10.3　设在如习题 10.3 图所示的矩形板中，$L \gg c$，变温分别为

(1) $T = T_0\left(1 - \dfrac{y}{c}\right)$;

(2) $T = T_0\dfrac{y^3}{c^3}$;

(3) $T = T_0\cos\dfrac{\pi y}{2c}$

求板内热应力。

10.4　证明在定常温度场中不产生热应力的必要条件为体内无热源，即变温 $T$ 满足拉普拉斯方程。

10.5　试就平面应力问题，证明在不计体力和面力但考虑变温时，以位移表示的平衡方程为

$$\frac{\partial^2 u}{\partial x^2} + \frac{1-\nu}{2}\frac{\partial^2 u}{\partial y^2} + \frac{1+\nu}{2}\frac{\partial^2 v}{\partial x\partial y} - (1+\nu)\alpha\frac{\partial T}{\partial x} = 0$$

$$\frac{\partial^2 v}{\partial y^2} + \frac{1-\nu}{2}\frac{\partial^2 v}{\partial x^2} + \frac{1+\nu}{2}\frac{\partial^2 u}{\partial x\partial y} - (1+\nu)\alpha\frac{\partial T}{\partial y} = 0$$

而力的边界条件为

$$l\left(\frac{\partial u}{\partial x} + \nu\frac{\partial v}{\partial y}\right) + m\frac{1-\nu}{2}\left(\frac{\partial u}{\partial y} + \frac{\partial v}{\partial x}\right) = l(1+\nu)\alpha T$$

$$m\left(\frac{\partial v}{\partial y} + \nu\frac{\partial u}{\partial x}\right) + l\frac{1-\nu}{2}\left(\frac{\partial v}{\partial x} + \frac{\partial u}{\partial y}\right) = m(1+\nu)\alpha T$$

对于平面应变问题，则须将 $E$、$\nu$ 和 $\alpha$ 分别换成 $\dfrac{E}{1-\nu^2}$、$\dfrac{\nu}{1-\nu}$ 和 $(1+\nu)\alpha$。

# 第 11 章  变 分 原 理 及 其 应 用

在以上各章求解弹塑性力学问题时，归结为求解偏微分方程的某种边值问题，当所研究的物体形状或边界条件比较复杂时，要求得精确解答是非常困难的，甚至是不可能的。因此，对于实际工程中大量的复杂结构的弹塑性力学问题，有必要寻求适应性强的近似解法，而变分原理与相应的近似解法是其中的最有效的方法之一，而且它还是有限元法等数值方法的理论基础。这种方法，就其本质而言，是把弹性力学基本方程的定解问题，转换为求泛函的极值（或驻值）问题。而在求问题的近似解时，泛函的极值（或驻值）问题，又进而变成函数的极值（或边值）问题，最后把问题归结为求解线性代数方程组。

由于变分原理中的泛函与系统的能量有关，所以弹塑性力学中的变分原理又称为能量原理，对应的各种变分解法又称为能量法。

## 11.1  基本概念

### 11.1.1  真实状态与可能状态

根据第 6 章内容，弹塑性力学的基本方程可以分为 3 类，即静力平衡方程、本构方程、几何方程，此外还需要满足位移和应力边界条件。在变分原理中，把同时满足弹塑性力学全部基本方程的应力或应变状态，称为真实状态；把已知满足部分基本方程的应力或应变状态，称为可能状态。在经典的变分原理中，可能状态又可以分为变形可能状态和静力可能状态，变形可能状态是已知满足几何方程和位移边界条件的可能状态，静力可能状态是已知满足平衡方程和应力边界条件的可能状态。

由变形可能状态出发，我们可以得到虚位移的概念。所谓虚位移，是指从某一几何可能的位移状态变化到无限临近的另一几何可能的位移状态，期间发生的微小的位移变化，记作 $\delta u$。根据这一定义，在小变形条件下，有

$$
\left.
\begin{aligned}
\delta \varepsilon_x &= \frac{\partial}{\partial x}(\delta u) = \delta\left(\frac{\partial u}{\partial x}\right) \\[4pt]
\delta \varepsilon_y &= \frac{\partial}{\partial y}(\delta v) = \delta\left(\frac{\partial v}{\partial y}\right) \\[4pt]
\delta \varepsilon_z &= \frac{\partial}{\partial z}(\delta w) = \delta\left(\frac{\partial w}{\partial z}\right) \\[4pt]
\delta \gamma_{xy} &= \frac{\partial}{\partial y}(\delta u) + \frac{\partial}{\partial x}(\delta v) = \delta\left(\frac{\partial u}{\partial y} + \frac{\partial v}{\partial x}\right) \\[4pt]
\delta \gamma_{yz} &= \frac{\partial}{\partial y}(\delta w) + \frac{\partial}{\partial z}(\delta v) = \delta\left(\frac{\partial w}{\partial y} + \frac{\partial v}{\partial z}\right) \\[4pt]
\delta \gamma_{zx} &= \frac{\partial}{\partial x}(\delta w) + \frac{\partial}{\partial z}(\delta u) = \delta\left(\frac{\partial w}{\partial x} + \frac{\partial u}{\partial z}\right)
\end{aligned}
\right\}
\tag{11.1.1}
$$

上式可以简写为张量形式：

$$\delta\varepsilon_{ij}=\frac{1}{2}(\delta u_{i,j}+\delta u_{j,i}) \tag{11.1.2}$$

此外，虚位移还需要满足位移边界条件：

$$\left.\begin{array}{l}\delta u=0\\ \delta v=0\\ \delta w=0\end{array}\right\},在\ S_u\ 上 \tag{11.1.3}$$

式中：$S_u$ 为给定位移的表面。

上式可简写为

$$\delta u_i=0,在\ S_u\ 上 \tag{11.1.4}$$

由静力可能状态出发，我们可以得到虚应力的概念。所谓虚应力，是指从某一静力可能的应力状态变化到无限临近的另一静力可能的应力状态，期间发生的微小的应力变化，记作 $\delta\sigma_{ij}$。根据这一定义，在弹塑性体内部任一点，虚应力都要满足以下平衡微分方程：

$$\left.\begin{array}{l}\dfrac{\partial(\delta\sigma_x)}{\partial x}+\dfrac{\partial(\delta\tau_{yx})}{\partial y}+\dfrac{\partial(\delta\tau_{zx})}{\partial z}=0\\[2mm] \dfrac{\partial(\delta\tau_{xy})}{\partial x}+\dfrac{\partial(\delta\sigma_y)}{\partial y}+\dfrac{\partial(\delta\tau_{zy})}{\partial z}=0\\[2mm] \dfrac{\partial(\delta\tau_{xz})}{\partial x}+\dfrac{\partial(\delta\tau_{yz})}{\partial y}+\dfrac{\partial(\delta\sigma_z)}{\partial z}=0\end{array}\right\} \tag{11.1.5}$$

上式简写为

$$\delta\sigma_{ij,j}=0 \tag{11.1.6}$$

此外，虚应力还需要满足应力边界条件：

$$\left.\begin{array}{l}\delta\sigma_x n_x+\delta\tau_{yx}n_y+\delta\tau_{zx}n_z=0\\ \delta\tau_{xy}n_x+\delta\sigma_y n_y+\delta\tau_{zy}n_z=0\\ \delta\tau_{xz}n_x+\delta\tau_{yz}n_y+\delta\sigma_z n_z=0\end{array}\right\},在\ S_\sigma\ 上 \tag{11.1.7}$$

式中：$S_\sigma$ 为给定应力的表面；$n_x$、$n_y$、$n_z$ 分别为表面上一点的外法线方向单位矢量在直角坐标轴方向的 3 个分量。

上式可简写为

$$\delta\sigma_{ij}n_j=0,在\ S_\sigma\ 上 \tag{11.1.8}$$

可能状态的引入给变分原理中带来了极大的灵活性，变分原理中选择了不同的自变函数、不同的泛函，实际上就是不同的可能状态。

### 11.1.2 泛函、变分与变分法的概念

1. 泛函的定义

当一个变量 $y$ 以确定的关系依赖于另一个变量 $x$ 时，$x$ 称为自变量，$y$ 则称为 $x$ 的函数，即

$$y=y(x) \tag{11.1.9}$$

在数学物理问题中，还会遇到另外一类变量 $J$，它们依赖于在一定约束条件下函数关系可以任意变化的函数 $y(x)$，此时 $y(x)$ 称为自变函数，变量 $J$ 称为泛函，记为

$$J=J[y(x)] \tag{11.1.10}$$

所以泛函是依赖于自变函数的变量，或者可以称为函数的函数。与函数一样，泛函也有极值和驻值问题，以下举例说明泛函极值问题的概念。

**【例 11.1.1】** 已知二维空间中的两个点 $A$ 和 $B$ 的坐标分别为 $(x_1，y_1)$ 和 $(x_2，y_2)$，求连接 $A$、$B$ 两点的最短的曲线方程。

**解：** 这就是数学上所谓的最短连线问题，连接 $A$、$B$ 两点的曲线长度为

$$L = \int_A^B \mathrm{d}s = \int_A^B \sqrt{(\mathrm{d}x)^2 + (\mathrm{d}y)^2} = \int_{x_1}^{x_2} \sqrt{1 + [y'(x)]^2}\,\mathrm{d}x = L[y(x)] \tag{a}$$

显然，曲线长度 $L$ 与曲线方程 $y(x)$ 有关，即 $L$ 依赖于自变函数 $y(x)$，是一个泛函。问题就变成了在 $y(x)$ 满足以下约束条件下求泛函 $L$ 的极值（本题为最小值）问题：

$$\left.\begin{array}{l} y(x_1) = y_1 \\ y(x_2) = y_2 \end{array}\right\} \tag{b}$$

**2. 泛函的变分**

设 $y(x)$ 是自变量 $x$ 的函数，由自变量增量 $\mathrm{d}x$ 所引起的函数增量的线性主部为

$$\mathrm{d}y = y'(x)\mathrm{d}x \tag{11.1.11}$$

式中：$\mathrm{d}y$ 为函数的微分，表示函数增量的线性主部。

当 $y(x)$ 是某个泛函的自变函数时，函数本身可以直接变成与它相邻的容许函数 $\bar{y}(x)$：

$$\bar{y}(x) = y(x) + \varepsilon\eta(x) \tag{11.1.12}$$

式中：$\varepsilon$ 为无穷小量；$\eta(x)$ 为与 $y(x)$ 具有相同光滑程度的同类函数。

这种因函数的直接变化（非自变量 $x$ 的变化）所引起的增量为 $\delta y(x) = \bar{y}(x) - y(x) = \varepsilon\eta(x)$，该增量称为函数的一阶变分，简称变分，记为 $\delta y$。在变分过程中，函数 $y(x)$ 的自变量 $x$ 保持不变，$\delta y$ 是自变量 $x$ 的函数，表示任一自变量 $x$ 处相邻两条曲线间的函数值之差。

对于具有 $n$ 阶连续导数的函数，变分和求导的顺序可以交换，即

$$\delta\left(\frac{\partial^n y}{\partial x^n}\right) = \frac{\partial^n}{\partial x^n}(\delta y) = \varepsilon\frac{\partial^n \eta}{\partial x^n} \tag{11.1.13}$$

即

$$\delta y^{(n)} = (\delta y)^{(n)} \tag{11.1.14}$$

上式也可以推广为

$$\delta[L(y)] = L(\delta y) \tag{11.1.15}$$

式中：$L(\cdot)$ 为某一线性微分算子。

**3. 复合函数的变分**

当函数为复合函数时，即

$$F = F[x, y, y', \cdots, y^{(n)}] \tag{11.1.16}$$

由自变函数的变分 $\delta y$ 引起的函数增量 $\Delta F$ 的线性主部，称为复合函数的一阶变分，计算如下：

$$\delta F = \frac{\partial F}{\partial y}\delta y + \frac{\partial F}{\partial y'}\delta y' + \cdots + \frac{\partial F}{\partial y^{(n)}}\delta y^{(n)} \tag{11.1.17}$$

复合函数的高阶变分定义为

$$\delta^2 F = \delta(\delta F), \cdots, \delta^n F = \delta(\delta^{n-1} F) \tag{11.1.18}$$

若把复合函数 $F$ 在定义域 $a \leqslant x \leqslant b$ 内积分，从而定义一个依赖于自变函数 $y(x)$ 的泛函，即

$$J = \int_a^b F[x, y, y', \cdots, y^{(n)}] \mathrm{d}x \qquad (11.1.19)$$

该泛函的一阶变分为

$$\delta J = \int_a^b \left[ \frac{\partial F}{\partial y} \delta y + \frac{\partial F}{\partial y'} \delta y' + \cdots + \frac{\partial F}{\partial y^{(n)}} \delta y^{(n)} \right] \mathrm{d}x \qquad (11.1.20)$$

上式利用了变分和积分可以互换顺序的性质。类似可得各阶泛函的变分为

$$\delta^k J = \int_a^b \delta^k F \mathrm{d}x \qquad (11.1.21)$$

式 (11.1.17)、式 (11.1.20) 表明，泛函的一阶变分是由自变函数的变分 $\delta y$ 引起的泛函增量的线性主部。

4. 变分法

变分法的基本问题是：在满足约束条件的容许函数中，求能使泛函 $J[y(x)]$ 取极值的自变函数 $y^0(x)$。若定义 $\Delta J$ 为

$$\Delta J = J[y(x)] - J[y^0(x)] \qquad (11.1.22)$$

当 $\Delta J > 0$ 时，$J[y^0(x)]$ 为极小值；当 $\Delta J < 0$ 时，$J[y^0(x)]$ 为极大值，$y(x)$ 为 $y^0(x)$ 邻域内的任意函数。

函数取极值的必要条件是函数的微分为 0，与此类似，泛函取极值的必要条件是泛函的一阶变分为 0，即

$$\delta J = 0 \qquad (11.1.23)$$

当 $\delta^2 J > 0$ 时，泛函取极小值；当 $\delta^2 J < 0$ 时，则为极大值。

## 11.1.3  能量守恒定律

变分原理中的泛函往往与系统的能量有关，可变形体在弹塑性变形过程中，必定遵守能量守恒定律，即

$$\delta E_k + \delta U = \delta W + \delta Q \qquad (11.1.24)$$

式中：$\delta E_k$ 为动能的改变量；$\delta U$ 为势能（应变能）的改变量；$\delta W$ 为外力（体力、面力等）所做的功；$\delta Q$ 为物体从周围介质中吸收（或发散）的热量。

能量守恒定律表明，可变形体动能和势能的改变量之和等于外力做功与物体吸收外界热量之和。对于没有与外界热量交换的绝热过程来说，能量守恒定律简化为

$$\delta E_k + \delta U = \delta W \qquad (11.1.25)$$

对于静力平衡问题，则有

$$\delta U = \delta W \qquad (11.1.26)$$

因此，在静力变形计算时，弹性体应变能是由于外力做功储存在变形体中的能量。

弹性体内应变能的计算公式如下：

$$U = \int_V U_0 \mathrm{d}V \qquad (11.1.27)$$

式中：$U_0$ 为应变能密度，其在物体体积域 $V$ 上的积分记为应变能。应变能密度的计算式为

$$U_0 = \int_0^{\epsilon_{ij}} \sigma_{ij}\, d\epsilon_{ij} \tag{11.1.28}$$

应变能密度的一阶导数为

$$\frac{\partial U_0}{\partial \epsilon_{ij}} = \sigma_{ij} \tag{11.1.29}$$

在一维应力状态下，应变能密度等于应力-应变关系曲线下方阴影部分的面积（图 11.1.1）。对于线弹性材料，则有

$$U_0 = \frac{1}{2}\sigma_{ij}\epsilon_{ij} \tag{11.1.30}$$

余能是一个与应变能互补的能量概念，其定义为

$$U' = \int_V U_0'\, dV \tag{11.1.31}$$

式中：$U_0'$ 为余能密度，与应变能密度互补，其定义为

$$U_0' = \int_0^{\sigma_{ij}} \epsilon_{ij}\, d\sigma_{ij} \tag{11.1.32}$$

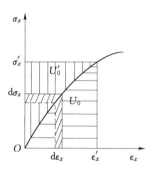

图 11.1.1　应变能密度与
余能密度

余能密度的一阶导数为

$$\frac{\partial U_0'}{\partial \sigma_{ij}} = \epsilon_{ij} \tag{11.1.33}$$

一维应力状态下，大小为图 11.1.1 中应力-应变曲线上方阴影部分面积。对于线弹性材料，则有

$$U_0' = \frac{1}{2}\sigma_{ij}\epsilon_{ij} \tag{11.1.34}$$

因此在线弹性情况下，应变能等于余能。

在变分原理中，应变能对应的是基于位移的变分原理，而余能对应基于应力的变分原理，以下分别进行介绍。

## 11.2　基于位移的变分原理

### 11.2.1　虚位移原理

如图 11.2.1 所示变形体，其体积为 $V$，在边界 $S_u$ 上给定位移，在边界 $S_\sigma$ 上受到面力 $p_i$ 作用，内部有体力 $F_{bi}$ 作用。该变形体在外力作用下处于平衡状态，当给该变形体微小的虚位移 $\delta u_i$ 时，外力所作的总虚功 $\delta W$ 等于物体内部产生的总虚应变能 $\delta U$，这就是虚位移原理，也称为虚功原理，其表达式为

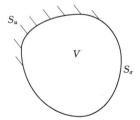

图 11.2.1　变形体

$$\delta W = \iiint_V F_{bi}\delta u_i\, dV + \iint_{S_\sigma} p_i\delta u_i\, dS = \iiint_V \sigma_{ij}\delta\epsilon_{ij}\, dV = \delta U \tag{11.2.1}$$

虚位移原理证明如下。

因为变形体处于平衡状态，所以满足平衡方程：

$$\sigma_{ij,j} + F_{bi} = 0 \tag{a}$$

当它在平衡位置发生一个虚位移时，外力的总虚功为体力和面力在虚位移上所做的功，即

$$\delta W = \iiint_V F_{bi} \delta u_i \mathrm{d}V + \iint_{S_\sigma} p_i \delta u_i \mathrm{d}S \tag{b}$$

上式中 $S_\sigma$ 是给定面力的边界，在此边界上有

$$p_i = \sigma_{ij} l_j \tag{c}$$

而在给定位移的边界 $S_u$ 上有 $\delta u_i = 0$，因此总虚功可以改写为

$$\delta W = \iiint_V F_{bi} \delta u_i \mathrm{d}V + \iint_S \sigma_{ij} l_j \delta u_i \mathrm{d}S \tag{d}$$

式中：$S = S_\sigma + S_u$ 为变形体的全部表面。根据散度定理，上式中的面积分也可以转换为体积分，即

$$\delta W = \iiint_V F_{bi} \delta u_i \mathrm{d}V + \iiint_V (\sigma_{ij} \delta u_i)_{,j} \mathrm{d}V$$

$$= \iiint_V (F_{bi} + \sigma_{ij,j}) \delta u_i \mathrm{d}V + \iiint_V \sigma_{ij} \delta u_{i,j} \mathrm{d}V \tag{e}$$

因为根据平衡方程式（a），以及

$$\sigma_{ij} \delta u_{i,j} = \sigma_{ij} \left( \frac{1}{2} \delta u_{i,j} + \frac{1}{2} \delta u_{j,i} \right) = \sigma_{ij} \delta \varepsilon_{ij} \tag{f}$$

式（e）简化为

$$\delta W = \iiint_V \sigma_{ij} \delta \varepsilon_{ij} \mathrm{d}V = \delta U \tag{g}$$

所以有

$$\delta W = \iiint_V F_{bi} \delta u_i \mathrm{d}V + \iint_{S_\sigma} p_i \delta u_i \mathrm{d}S = \iiint_V \sigma_{ij} \delta \varepsilon_{ij} \mathrm{d}V = \delta U \tag{h}$$

虚位移原理得证。

在上述证明过程中，位移变分方程式（11.2.1）是由平衡方程和应力边界条件推导得到的；反之，我们也可以由位移变分方程得到静力平衡方程和边界条件，步骤与上述证明正好相反。因此，位移变分方程等价于平衡微分方程和应力边界条件，在利用虚位移原理求解时，所选取的位移函数，只需要满足变形几何方程和位移边界条件。

需要指出的是，在虚位移原理的证明中，我们只用到线性的几何关系，此时需要满足小变形条件。因此，在小变形的前提下，虚位移原理适用于弹性和塑性材料。

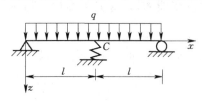

图 11.2.2 ［例 11.2.1］图

【例 11.2.1】 如图 11.2.2 所示的简支梁，跨中有弹性支承，受均布荷载 $q$ 作用，试求梁的挠曲线微分方程和边界条件。

解：梁在平衡状态有附加虚位移 $\delta w$ 时，虚位移原理给出

$$\delta U = \delta W \tag{a}$$

此处

$$\delta U = 2 \int_0^l \left( \int_A \sigma_x \delta \varepsilon_x \mathrm{d}A \right) \mathrm{d}x \tag{b}$$

$$\varepsilon_x = -zw'', \quad \sigma_x = -Ezw''$$

$$\delta \varepsilon_x = -z \delta(w'') = -z(\delta w)''$$

代入式（b）并整理后得

$$\delta U = 2EI \int_0^l w''(\delta w'') \mathrm{d}x$$

式中：$I$ 为梁横截面的惯性矩。

即

$$I = \int_A z^2 \mathrm{d}A$$

两次分部积分后，可化为

$$\delta U = 2EI \left[ w''(\delta w)' \big|_0^l - w^{(3)}(\delta w) \big|_0^l + \int_0^l w^{(4)} \delta w \mathrm{d}x \right] \tag{c}$$

如令弹簧内的反力为 $P$，则

$$\delta W = 2 \int_0^l q \delta w \mathrm{d}x - P \delta w_c \tag{d}$$

此处 $w_c$ 为梁在弹簧支承 $c$ 处的挠度。因此，式（a）化为

$$2 \int_0^l (EIw^{(4)} - q) \delta w \mathrm{d}x + 2EIw''(\delta w)' \big|_0^l - 2EIw^{(3)}(\delta w) \big|_0^l + P \delta w_c = 0 \tag{e}$$

边界条件为

$$(\delta w)'_l = 0, \cdot (\delta w)_0 = 0, (\delta w)_l = \delta w_c$$

考虑到 $\delta w$ 除弹簧支承处外，均为任意，故欲使式（e）成立，必有

$$(EIw'')_{x=0} = 0, 2[EIw^{(3)}]_{x=l} - P = 0 \tag{f}$$

挠度函数必须满足方程：

$$EIw^{(4)} - q = 0 \tag{g}$$

以及边界条件：

$$(w)_{x=0} = 0, (w)'_{x=l} = 0 \tag{h}$$

### 11.2.2　最小势能原理

由虚位移原理可以推导出弹塑性力学中一个重要的原理，即最小势能原理。将应变能密度的一阶变分：

$$\delta U_0 = \frac{\partial U_0}{\partial \varepsilon_{ij}} \delta \varepsilon_{ij} = \sigma_{ij} \delta \varepsilon_{ij} \tag{11.2.2}$$

代入虚位移原理表达式（11.2.1），得到

$$\iiint_V F_{bi} \delta u_i \mathrm{d}V + \iint_{S_\sigma} p_i \delta u_i \mathrm{d}S = \iiint_V \delta U_0 \mathrm{d}V \tag{11.2.3}$$

根据变分和积分两种运算可以交换次序的特点，有

$$\delta \left[ \iiint_V U_0 \mathrm{d}V - \left( \iiint_V F_{bi} u_i \mathrm{d}V + \iint_{S_\sigma} p_i u_i \mathrm{d}S \right) \right] = 0 \tag{11.2.4}$$

令

$$\Pi_P = \iiint_V U_0 \, \mathrm{d}V - \left( \iiint_V F_{bi} u_i \, \mathrm{d}V + \iint_{S_\sigma} p_i u_i \, \mathrm{d}S \right) \tag{11.2.5}$$

则有

$$\delta \Pi_P = 0 \tag{11.2.6}$$

式中：$\Pi_P$ 为总势能。$\Pi_P$ 是位移分量的泛函，但位移分量还需事先满足给定的位移边界条件，即

$$u_i = \overline{u}_i, \text{在 } S_u \text{ 上} \tag{11.2.7}$$

式（11.2.6）即为最小势能原理的表达式，该式表明，真实的位移场使总势能取驻值。以下进一步证明，该驻值为极小值。

假设 $u_i$ 为真实位移场，$u_i^*$ 是与 $u_i$ 无限接近的某一几何可能的位移场，则有

$$u_i^* = u_i + \delta u_i \tag{a}$$

相应的应变场为

$$\varepsilon_{ij}^* = \varepsilon_{ij} + \delta \varepsilon_{ij} \tag{b}$$

相应的总势能为

$$\Pi_P(\varepsilon_{ij}^*) = \iiint_V U_0(\varepsilon_{ij} + \delta \varepsilon_{ij}) \, \mathrm{d}V - \left[ \iiint_V F_{bi}(u_i + \delta u_i) \, \mathrm{d}V + \iint_{S_\sigma} p_i(u_i + \delta u_i) \, \mathrm{d}S \right] \tag{c}$$

所以

$$\Pi_P(\varepsilon_{ij}^*) - \Pi_P(\varepsilon_{ij}) = \iiint_V [U_0(\varepsilon_{ij} + \delta \varepsilon_{ij}) - U_0(\varepsilon_{ij})] \, \mathrm{d}V - \left( \iiint_V F_{bi} \delta u_i \, \mathrm{d}V + \iint_{S_\sigma} p_i \delta u_i \, \mathrm{d}S \right) \tag{d}$$

将上式中的 $U_0(\varepsilon_{ij} + \delta \varepsilon_{ij})$ 按泰勒级数展开，并略去二阶以上的高阶小量，得

$$U_0(\varepsilon_{ij} + \delta \varepsilon_{ij}) = U_0(\varepsilon_{ij}) + \frac{\partial U_0}{\partial \varepsilon_{ij}} \delta \varepsilon_{ij} + \frac{\partial^2 U_0}{2 \partial \varepsilon_{ij} \partial \varepsilon_{kl}} \delta \varepsilon_{ij} \delta \varepsilon_{kl}$$

$$= U_0(\varepsilon_{ij}) + \delta U_0 + \frac{1}{2} \delta^2 U_0 \tag{e}$$

代入式（d），并注意到

$$\iiint_V F_{bi} \delta u_i \, \mathrm{d}V + \iint_{S_\sigma} p_i \delta u_i \, \mathrm{d}S = \iiint_V \delta U_0 \, \mathrm{d}V \tag{f}$$

所以有

$$\Pi_P(\varepsilon_{ij}^*) - \Pi_P(\varepsilon_{ij}) = \frac{1}{2} \iiint_V \delta^2 U_0 \, \mathrm{d}V \tag{g}$$

上式中的 $\delta^2 U_0$ 还可进一步简化，令应变能密度的表达式（e）中的真实应变场 $\varepsilon_{ij} = 0$，从而 $\sigma_{ij} = 0$，此时

$$U_0(0) = 0, \delta U_0(0) = \sigma_{ij} \delta \varepsilon_{ij} = 0 \tag{h}$$

代入式（e），得

$$U_0(\delta \varepsilon_{ij}) = \frac{1}{2} \delta^2 U_0 \tag{i}$$

因此

$$\Pi_P(\varepsilon_{ij}^*) - \Pi_P(\varepsilon_{ij}) = \frac{1}{2} \iiint_V \delta^2 U_0 \, \mathrm{d}V = \iiint_V U_0(\delta \varepsilon_{ij}) \, \mathrm{d}V \tag{j}$$

对于稳定的平衡状态来说，应变能密度 $U_0(\delta\varepsilon_{ij})$ 非负，所以有

$$\Pi_P(\varepsilon_{ij}^*) - \Pi_P(\varepsilon_{ij}) \geqslant 0 \tag{k}$$

上式表明，真实的位移场附近发生任一微小位移，都会使总势能增加（或不变）；也就是说，真实位移场使总势能取最小值。

最小势能原理和虚位移原理一样，都等价于平衡方程和应力边界条件。采用最小势能原理求解时，问题归结为在满足以下变分方程：

$$\delta\Pi_P(u_i) = 0 \tag{11.2.8}$$

和位移边界条件：

$$u_i = \bar{u}_i，在 S_u 上 \tag{11.2.9}$$

情况下，求变形体的位移。

**【例 11.2.2】** 受集度为 $q(x)$ 的分布荷载作用的简支梁，如图 11.2.3 所示试用最小势能原理导出梁的挠曲线方程。

**解**：根据最小势能原理：

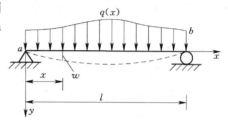

图 11.2.3 ［例 11.2.2］图

$$\begin{aligned}\delta\Pi_P &= \delta(U - W)\\ &= \delta\Big[\iiint_V U_0 \mathrm{d}V - \Big(\iiint_V F_{bi} u_i \mathrm{d}V + \iint_{S_\sigma} p_i u_i \mathrm{d}S\Big)\Big]\\ &= 0\end{aligned} \tag{a}$$

对于细长梁，不计剪切应变能，应变能为

$$U = \iiint_V U_0 \mathrm{d}V = \iiint \frac{1}{2}\sigma_x\varepsilon_x \mathrm{d}x\mathrm{d}y\mathrm{d}z = \frac{1}{2E}\iiint\sigma_x^2 \mathrm{d}x\mathrm{d}y\mathrm{d}z \tag{b}$$

利用材料力学中应力的表达式：

$$\sigma_x = \frac{My}{I}，M = -EI\frac{\mathrm{d}^2 w}{\mathrm{d}x^2} \tag{c}$$

所以

$$U = \frac{1}{2}\int_0^l EI\Big(\frac{\mathrm{d}^2 w}{\mathrm{d}x^2}\Big)^2 \mathrm{d}x \tag{d}$$

外力（分布荷载）做功为

$$W = \int_0^l qw \mathrm{d}x \tag{e}$$

所以

$$\delta\Pi_P = \delta(U - W) = \int_0^l EIw''(\delta w)'' \mathrm{d}x - \int_0^l q\delta w \mathrm{d}x \tag{f}$$

上式等号右端第 1 项利用两次分部积分，得

$$\int_0^l EIw''(\delta w)'' \mathrm{d}x = EIw''(\delta w)' \big|_0^l - (EIw'')'\delta w \big|_0^l + \int_0^l (EIw'')''\delta w \mathrm{d}x \tag{g}$$

根据简支梁的边界条件：

$$(w'')_{x=0} = (w'')_{x=l} = 0 \tag{h}$$

$$(\delta w)_{x=0} = (\delta w)_{x=l} = 0 \tag{i}$$

得

$$EIw''(\delta w)'|_0^l = 0 , (EIw'')'\delta w|_0^l = 0 \tag{j}$$

所以有

$$\delta \Pi_P = \int_0^l (EIw'')''\delta w \mathrm{d}x - \int_0^l q\delta w \mathrm{d}x = \int_0^l [(EIw'')'' - q]\delta w \mathrm{d}x \tag{k}$$

由 $\delta w$ 的任意性，得

$$(EIw'')'' - q = 0 \tag{l}$$

这就是梁的挠曲线方程，当 $EI$ 沿梁长不变时，即为

$$EIw^{(4)} - q = 0 \tag{m}$$

## 11.3　基于应力的变分原理

以上从变形可能状态出发，导出了虚位移原理与最小势能原理。下面从静力可能状态出发，导出虚应力原理与最小余能原理。

### 11.3.1　虚应力原理

仍然考虑如图 11.2.1 所示在外力作用下处于平衡状态的变形体，虚应力原理表明，在已知位移的边界 $S_u$ 上，虚面力 $\delta \overline{p}_i$ 在真实位移上 $\overline{u}_i$ 所做的总虚功 $\delta W'$ 等于虚应力 $\delta \sigma_{ij}$ 在真实应变 $\varepsilon_{ij}$ 上所完成的总虚应变余能 $\delta U'$，即

$$\delta W' = \iint_{S_u} \overline{u}_i \delta \overline{p}_i \mathrm{d}S = \delta U' = \iiint_V \varepsilon_{ij} \delta \sigma_{ij} \mathrm{d}V \tag{11.3.1}$$

虚应力原理证明如下。

假想物体内的应力分量发生了一个微小的变化，即产生虚应力 $\delta \sigma_{ij}$，由于应力分量的变化，在给定位移的边界 $S_u$ 上，面力分量也随之变化，所以有

$$\delta \sigma_{ij} l_j = \delta \overline{p}_i \tag{11.3.2}$$

式中：$\delta \overline{p}_i$ 为位移边界上由于虚应力引起的虚面力。因此由应变位移关系式（3.1.10）和位移边界条件式（11.2.7），对平衡状态下产生虚应力的变形体，成立下式：

$$\iiint_V \left[ \varepsilon_{ij} - \frac{1}{2}(u_{i,j} + u_{j,i}) \right] \delta \sigma_{ij} \mathrm{d}V - \iint_{S_u} (u_i - \overline{u}_i)\delta \overline{p}_i \mathrm{d}S = 0 \tag{11.3.3}$$

根据 $u_{i,j}\delta \sigma_{ij} = u_{j,i}\delta \sigma_{ij}$，上式可以改写为

$$\left[ \iiint_V \varepsilon_{ij}\delta \sigma_{ij} \mathrm{d}V - \iint_{S_u} \overline{u}_i \delta \overline{p}_i \mathrm{d}S \right] - \left[ \iint_{S_u} u_i \delta \overline{p}_i \mathrm{d}S - \iiint_V u_{i,j}\delta \sigma_{ij} \mathrm{d}V \right] = 0 \tag{11.3.4}$$

上式第 2 个括号中的表达式可以简化如下：

$$\iint_{S_u} u_i \delta \overline{p}_i \mathrm{d}S - \iiint_V u_{i,j}\delta \sigma_{ij} \mathrm{d}V = \iint_{S_u} u_i \delta \overline{p}_i \mathrm{d}S - \iiint_V [(u_i \delta \sigma_{ij})_{,j} - u_i \delta \sigma_{ij,j}] \mathrm{d}V$$

$$= \iint_{S_u} u_i \delta \overline{p}_i \mathrm{d}S - \iiint_V (u_i \delta \sigma_{ij})_{,j} \mathrm{d}V$$

$$= \iint_{S_u} u_i \delta \overline{p}_i \mathrm{d}S - \iint_{S} u_i \delta \sigma_{ij} l_j \mathrm{d}S$$

$$= \iint_{S_u} u_i(\delta\,\overline{p}_i - \delta\sigma_{ij}l_j)\mathrm{d}S - \iint_{S_\sigma} u_i\delta\sigma_{ij}l_j\mathrm{d}S$$

$$= \iint_{S_u} u_i(\delta\,\overline{p}_i - \delta\sigma_{ij}l_j)\mathrm{d}S$$

$$= 0 \tag{11.3.5}$$

上式中用到了散度定理以及由平衡方程式（2.3.3）得到的等式：

$$\delta\sigma_{ij,j} = 0 \tag{11.3.6}$$

最后式（11.3.4）简化为

$$\iiint_V \varepsilon_{ij}\,\delta\sigma_{ij}\,\mathrm{d}V - \iint_{S_u} \overline{u}_i\delta\,\overline{p}_i\mathrm{d}S = 0 \tag{11.3.7}$$

即

$$\delta W' = \iint_{S_u} \overline{u}_i\delta\,\overline{p}_i\mathrm{d}S = \iiint_V \varepsilon_{ij}\,\delta\sigma_{ij}\,\mathrm{d}V = \delta U' \tag{11.3.8}$$

虚应力原理得证。在上述证明过程中，应力变分方程式（11.3.1）实质上等价于变形协调方程和位移边界条件，因此在应用它求解弹塑性力学问题时，所选取的应力函数，只需要满足平衡方程和应力边界条件。

### 11.3.2 最小余能原理

应变余能密度的一阶变分为

$$\delta U'_0 = \frac{\partial U_0}{\partial\sigma_{ij}}\delta\sigma_{ij} = \varepsilon_{ij}\,\delta\sigma_{ij} \tag{11.3.9}$$

将其代入虚应力原理表达式：

$$\iint_{S_u} \overline{u}_i\delta\,\overline{p}_i\mathrm{d}S = \iiint_V \varepsilon_{ij}\,\delta\sigma_{ij}\,\mathrm{d}V \tag{11.3.10}$$

得

$$\iint_{S_u} \overline{u}_i\delta\,\overline{p}_i\mathrm{d}S = \iiint_V \delta U'_0\,\mathrm{d}V \tag{11.3.11}$$

由于边界 $S_u$ 上的位移是给定的，所以上式的变分符号可以提到积分号外边，从而改写为

$$\delta\left(\iiint_V U'_0\,\mathrm{d}V - \iint_{S_u} \overline{u}_i\,\overline{p}_i\mathrm{d}S\right) = 0 \tag{11.3.12}$$

令

$$\Pi_c = \iiint_V U'_0\,\mathrm{d}V - \iint_{S_u} \overline{u}_i\,\overline{p}_i\mathrm{d}S = \iiint_V U'_0\,\mathrm{d}V - \iint_{S_u} \overline{u}_i\sigma_{ij}n_j\mathrm{d}S \tag{11.3.13}$$

则有

$$\delta\Pi_c = 0 \tag{11.3.14}$$

式中：$\Pi_c$ 为总余能，它是应力分量的泛函。

上式表明，真实应力场对应的总余能的一阶变分为 0，也就是说，真实的应力场使总余能取驻值。采用与 9.2.2 节类似的方法，还可以进一步证明，该余能驻值为最小值，这

就是最小余能原理。

如果在物体表面上都是给定面力的边界条件，那么最小余能原理简化为

$$\delta\left(\iiint_V U_0' \mathrm{d}V\right) = 0 \tag{11.3.15}$$

上式称为最小功原理，说明如果物体表面全部给定面力，则当物体处于平衡状态时，在所有满足平衡微分方程和应力边界条件的应力场中，真实的应力场使总应变余能取最小值。

在我们推导虚应力原理和最小余能原理时，仅利用了弹性应变余能的定义式，并未涉及材料性质，所以它们能够用于线性和非线性弹性体。对于弹塑性体，可以证明，在应力加载路径满足简单加载路径时，全量理论的最小余能原理仍然成立。

除了基于位移和基于应力的变分原理外，还有混合型的一般变分原理，可参考变分原理或弹塑性力学的相关文献。

## 11.4 基于位移变分原理的近似解法

11.2 节中给出了由虚位移原理和最小势能原理导出弹性力学问题所需要满足的微分方程和边界条件的示例。但变分原理的最主要应用并不在于此，而在于它为弹塑性力学问题的求解，提供了有效的近似解法。下面介绍几种基于虚位移原理（最小势能原理）的近似解法。

### 11.4.1 里茨法

根据最小势能原理，只要能列出所有几何可能的位移，则其中使总势能取最小值的那组位移分量，就是我们所要求的真实的位移。难点在于要列出所有几何可能的位移是非常困难的，甚至是不可能的。因此，在计算实际问题时，往往需要缩小范围，找到一组位移分量使总势能最小。一般来说，这组位移分量不是真实的，但它是接近真实位移的一组，可以作为问题的近似解。因此我们可以选取位移函数为

$$\left. \begin{aligned} u &= u_0(x,y,z) + \sum_{k=1}^{n} a_k u_k(x,y,z) \\ v &= v_0(x,y,z) + \sum_{k=1}^{n} b_k v_k(x,y,z) \\ w &= w_0(x,y,z) + \sum_{k=1}^{n} c_k w_k(x,y,z) \end{aligned} \right\} \tag{11.4.1}$$

式中：$u_0$、$v_0$、$w_0$ 和 $u_k$、$v_k$、$w_k$ 都是坐标 $x$、$y$、$z$ 的已知函数；$a_k$、$b_k$、$c_k$ 为待定常数。

根据前面的分析，虚位移原理（最小势能原理）等价于平衡微分方程和应力边界条件，因此，采用虚位移原理（最小势能原理）求解时，选取的位移函数只需要满足位移边界条件，也就是说，只要选取几何可能的位移函数即可。由此我们要求 $u_0$、$v_0$、$w_0$ 满足位移边界条件：

$$u_0 = \overline{u}, v_0 = \overline{v}, w_0 = \overline{w}, 在 S_u 上 \tag{11.4.2}$$

而 $u_k$、$v_k$、$w_k$ 满足零位移边界条件：

$$u_k = 0、v_k = 0、w_k = 0，在 S_u 上 \tag{11.4.3}$$

这样，假设的位移函数 $u$、$v$、$w$ 总能满足位移边界条件，因此是几何可能的位移函数。

将位移的表达式（11.4.1）代入最小势能原理的变分方程式（11.2.6），得到

$$\delta \Pi_P = \sum_{k=1}^{n} \left( \frac{\partial \Pi_P}{\partial a_k} \delta a_k + \frac{\partial \Pi_P}{\partial b_k} \delta b_k + \frac{\partial \Pi_P}{\partial c_k} \delta c_k \right) = 0 \tag{11.4.4}$$

考虑到待定常数的变分 $\delta a_k$、$\delta b_k$、$\delta c_k$ 的任意性，上式成立的条件是

$$\left. \begin{aligned} \frac{\partial \Pi_P}{\partial a_k} &= 0 \\ \frac{\partial \Pi_P}{\partial b_k} &= 0 \\ \frac{\partial \Pi_P}{\partial c_k} &= 0 \end{aligned} \right\}, k = 1, 2, \cdots, n \tag{11.4.5}$$

对于线弹性问题，总势能 $\Pi_P$ 是待定常数 $a_k$、$b_k$、$c_k$ 的二次函数，由此得到的方程组式（11.4.5）是关于 $a_k$、$b_k$、$c_k$ 的线性代数方程组，一共 $3n$ 个方程，包含 $3n$ 个待定系数，联立求解可得 $a_k$、$b_k$、$c_k$，从而得到所求问题的一组近似位移解。进而可以根据几何关系式（3.1.10）求得应变分量，再由广义胡克定律式（4.1.16）获得应力分量。上述弹性力学问题的解法称为里茨法。

应当指出，当假设的位移模式包含了所有几何可能情况时，里茨法的解即为精确解。但是一般情况下，里茨法的解答往往是近似的。

### 11.4.2 迦辽金法

进一步发展里茨法，使选取的位移函数不仅满足位移边界条件，而且满足应力边界条件，从而使解的精度得到提高，在这种求解思路下，下面介绍的迦辽金法即采用了这种思想。

根据最小势能原理，总势能的变分为 0，即

$$\delta \Pi_P = \iiint_V \sigma_{ij} \delta \varepsilon_{ij} \mathrm{d}V - \iiint_V F_{bi} \delta u_i \mathrm{d}V - \iint_{S_\sigma} p_i \delta u_i \mathrm{d}S = 0 \tag{11.4.6}$$

代入几何关系，上式变分可以转化为

$$\delta \Pi_P = \iiint_V (\sigma_{ij} \delta u_i)_{,j} \mathrm{d}V - \iiint_V (\sigma_{ij,j} + F_{bi}) \delta u_i \mathrm{d}V - \iint_{S_\sigma} p_i \delta u_i \mathrm{d}S = 0 \tag{11.4.7}$$

利用散度定理，将体积分转换为面积分，得

$$\delta \Pi_P = \iint_{S_u} \sigma_{ij} \delta u_i l_j \mathrm{d}S + \iint_{S_\sigma} (\sigma_{ij} l_j - p_i) \delta u_i \mathrm{d}S - \iiint_V (\sigma_{ij,j} + F_{bi}) \delta u_i \mathrm{d}V = 0 \tag{11.4.8}$$

当假设的位移函数满足位移和应力边界条件时，上式简化为

$$\iiint_V (\sigma_{ij,j} + F_{bi}) \delta u_i \mathrm{d}V = 0 \tag{11.4.9}$$

将下列假设的位移函数代入式（11.4.9）：

$$\left. \begin{aligned} u &= u_0(x, y, z) + \sum_{k=1}^{n} a_k u_k(x, y, z) \\ v &= v_0(x, y, z) + \sum_{k=1}^{n} b_k v_k(x, y, z) \\ w &= w_0(x, y, z) + \sum_{k=1}^{n} c_k w_k(x, y, z) \end{aligned} \right\} \tag{11.4.10}$$

得

$$\sum_{k=1}^{n}\left\{\iiint_V\left[\left(\frac{\partial\sigma_x}{\partial x}+\frac{\partial\tau_{xy}}{\partial y}+\frac{\partial\tau_{zx}}{\partial z}+F_{bx}\right)u_k\delta a_k+\left(\frac{\partial\tau_{yx}}{\partial x}+\frac{\partial\sigma_y}{\partial y}+\frac{\partial\tau_{yz}}{\partial z}+F_{by}\right)v_k\delta b_k\right.\right.$$

$$\left.\left.+\left(\frac{\partial\tau_{zx}}{\partial x}+\frac{\partial\tau_{zy}}{\partial y}+\frac{\partial\sigma_z}{\partial z}+F_{bz}\right)w_k\delta c_k\right]\mathrm{d}V\right\}=0 \tag{11.4.11}$$

根据 $\delta a_k$、$\delta b_k$、$\delta c_k$ 彼此无关且为任意值，有

$$\left.\begin{aligned}\iiint_V\left(\frac{\partial\sigma_x}{\partial x}+\frac{\partial\tau_{xy}}{\partial y}+\frac{\partial\tau_{zx}}{\partial z}+F_{bx}\right)u_k\mathrm{d}V=0\\[2mm]\iiint_V\left(\frac{\partial\tau_{yx}}{\partial x}+\frac{\partial\sigma_y}{\partial y}+\frac{\partial\tau_{yz}}{\partial z}+F_{by}\right)v_k\mathrm{d}V=0\\[2mm]\iiint_V\left(\frac{\partial\tau_{zx}}{\partial x}+\frac{\partial\tau_{zy}}{\partial y}+\frac{\partial\sigma_z}{\partial z}+F_{bz}\right)w_k\mathrm{d}V=0\end{aligned}\right\},k=1,2,\cdots,n \tag{11.4.12}$$

上式中，各应力分量可以用位移分量表示，对于线弹性材料，参照式（6.2.1），得

$$\left.\begin{aligned}\iiint_V\left[(\lambda+\mu)\frac{\partial e}{\partial x}+\mu\nabla^2 u+F_{bx}\right]u_k\mathrm{d}V=0\\[2mm]\iiint_V\left[(\lambda+\mu)\frac{\partial e}{\partial x}+\mu\nabla^2 v+F_{bx}\right]v_k\mathrm{d}V=0\\[2mm]\iiint_V\left[(\lambda+\mu)\frac{\partial e}{\partial x}+\mu\nabla^2 w+F_{bx}\right]w_k\mathrm{d}V=0\end{aligned}\right\},k=1,2,\cdots,n \tag{11.4.13}$$

将假设的位移表达式（11.4.10）代入上式，得到关于待定系数 $a_k$、$b_k$、$c_k$ 的线性代数方程组，包含 $3n$ 个方程，待定系数也是 $3n$ 个，联立解得 $a_k$、$b_k$、$c_k$ 后，即可得到问题的解。

上述方法称为迦辽金法，迦辽金法求解时，假设的位移函数必须同时满足位移边界条件和应力边界条件。和里茨法类似，当假设的位移模式包含了所有几何可能情况时，迦辽金法的解即为精确解。但是一般情况下，迦辽金法的解答也是近似的。

从最后的表达式（11.4.13）可以看出，迦辽金法求解时，放松了原问题域内满足平衡微分方程的要求，而仅满足平衡微分方程与一个加权函数的乘积在域内积分等于 0 的条件，因此迦辽金法又称为加权残差法。

在上述迦辽金法中，假设位移函数式（11.4.10）定义域和求解方程式（11.4.13）中的积分域都是整个可变形体，这提高了该方法在复杂工程结构中使用的难度。因此，我们可以将可变性体切分为多个子域（单元），然后在子域上定义近似函数，再利用迦辽金法得到子域内的求解方程，将多个子域内的方程联立求解后，得到整个可变形体的求解方程，这就是著名的有限单元法的基本思想。有限单元法已经成为解决工程问题的有力工具，而其基础正是弹塑性力学的变分原理。

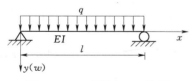

图 11.4.1　［例 11.4.1］图

【例 11.4.1】　设有长度为 $l$ 的简支梁，受均布荷载 $q$ 作用，如图 11.4.1 所示，用近似解法求梁的挠度 $w$。

**解：**1. 用里茨法求解

（1）假定多项式形式的位移函数：

$$w(x) = c_1 x(l-x) + c_2 x^2(l^2 - x^2) + \cdots \tag{a}$$

上式满足位移边界条件：

$$w(0) = w(l) = 0 \tag{b}$$

仅选取位移函数的第 1 项，势能为

$$\Pi_P = U - W = \frac{1}{2}\int_0^l EI\left(\frac{\mathrm{d}^2 w}{\mathrm{d}x^2}\right)^2 \mathrm{d}x - \int_0^l qw\,\mathrm{d}x \tag{c}$$

根据最小势能原理：

$$\frac{\partial \Pi_P}{\partial c_1} = 0$$

由此可求得 $c_1 = \dfrac{ql^2}{24EI}$，代入位移函数，得

$$w(x) = \frac{ql^4}{24EI}\left(\frac{x}{l} - \frac{x^2}{l^2}\right) \tag{d}$$

跨中最大挠度为

$$w\left(\frac{l}{2}\right) = \frac{ql^4}{96EI} \tag{e}$$

材料力学中初等理论解为

$$w\left(\frac{l}{2}\right) = \frac{ql^4}{76.8EI} \tag{f}$$

如果位移函数取前两项，则计算结果接近初等理论解。

（2）假定三角级数形式的位移函数。再假定位移函数为下列三角级数：

$$\nu = a_1 \sin\frac{\pi x}{l} + a_2 \sin\frac{2\pi x}{l} + \cdots + a_n \sin\frac{n\pi x}{l} + \cdots = \sum_{n=1}^{\infty} a_n \sin\frac{n\pi x}{l} \tag{g}$$

式中：$a_n$ 为待定系数，即梁的挠度曲线将由一组正弦曲线叠加而成。

此时，最小势能原理的总势能 $E_t$ 仍为

$$E_t = \int_0^l \frac{EI}{2}\left(\frac{\mathrm{d}^2 v}{\mathrm{d}x^2}\right)^2 \mathrm{d}x - \int_0^l qv\,\mathrm{d}x \tag{h}$$

而其中等号右边第 1 项的被积函数为

$$\frac{\mathrm{d}^2 v}{\mathrm{d}x^2} = -a_1\frac{\pi}{l^2}\sin\frac{\pi x}{l} - 4a_2\frac{\pi^2}{l^2}\sin\frac{2\pi x}{l} - 9a_3\frac{\pi^2}{l^2}\sin\frac{3\pi x}{l} - \cdots$$

将上式代入式（h），并注意到

$$\int_0^l \sin\frac{n\pi x}{l}\mathrm{d}x = \frac{l}{2}$$

$$\int_0^l \sin\frac{n\pi x}{l}\sin\frac{m\pi x}{l}\mathrm{d}x = 0, m \neq n$$

得

$$E_t = \frac{EI\pi^4}{4l^3}\sum_{n=1}^{\infty} n^4 a_n^2 - \frac{2ql}{\pi}\sum_{n=1,3,5,\cdots}\frac{a_n}{n} \tag{i}$$

根据里茨法，有

$$\frac{\partial E_t}{\partial a_n} = 0 \tag{j}$$

当 $n$ 为奇数时，有

$$\frac{2EI\pi^4}{4l^3}n^4 a_n - \frac{2ql}{n\pi} = 0$$

当 $n$ 为偶数时，有

$$\frac{2EI\pi^4}{4l^3}n^4 a_n = 0$$

由此，$n$ 为奇数时，得

$$a_n = \frac{4ql^4}{EIn^5\pi^5}$$

$n$ 为偶数时，得

$$a_n = 0$$

于是梁的挠曲线可写为

$$\nu = \frac{4ql^4}{EI\pi^5}\sum_{n=1,3,5,\cdots}\frac{1}{n^5}\sin\frac{n\pi x}{l} \tag{k}$$

级数式（k）收敛很快，一般地说，取前两项已足够精确。

梁中点的最大挠度为

$$\nu_{\max} = \frac{4ql^4}{EI\pi^5}\left(1 - \frac{1}{3^5} + \frac{1}{5^5} - \cdots\right)$$

当取级数的第 1 项时，有

$$\nu_{\max} = \frac{ql^4}{76.6EI}$$

与初等理论的解 $\bar\nu_{\max}$ 相比，误差为 $0.26\%$。

2. 用迦辽金法求解

迦辽金法求解时，位移函数要满足位移边界条件和应力边界条件。位移边界条件为

$$w(0) = w(l) = 0$$

应力边界条件为

$$w''(0) = w''(l) = 0$$

假定多项式形式的位移函数，则需要选取 4 次多项式：

$$w(x) = a_1 x^4 + a_2 x^3 + a_3 x^2 + a_4 x + a_5 \tag{l}$$

根据位移边界条件和应力边界条件，上式中的待定系数可以化为 1 个，得

$$w(x) = a_1(x^4 - 2lx^3 + l^3 x) \tag{m}$$

对于梁的平面弯曲问题，迦辽金法方程为

$$\int_0^l [EIw^{(4)} - q]w\,\mathrm{d}V = 0 \tag{n}$$

由此可以求得

$$a_1 = \frac{q}{24EI}$$

由此得到挠度的近似解：

$$w(x) = \frac{q}{24EI}(x^4 - 2lx^3 + l^3 x) \tag{o}$$

这个解实际上就是梁的初等理论解。

## 11.5　基于应力变分原理的近似解法

根据最小余能原理，如果将所有静力可能的应力都列出来，则其中使总余能取最小值的那组应力分量即为真实的应力。在实际计算中，很难列出所有静力可能的应力，但是可以缩小范围，找到一组静力可能的应力，使总余能取最小值，该组应力即为问题的近似解答。

假设的应力分量往往取成如下形式：

$$
\left.
\begin{aligned}
\sigma_x &= \sigma_x^0 + \sum_{k=1}^{n} A_k \sigma_x^{(k)}, \quad \tau_{xy} = \tau_{xy}^0 + \sum_{k=1}^{n} A_k \tau_{xy}^{(k)} \\
\sigma_y &= \sigma_y^0 + \sum_{k=1}^{n} A_k \sigma_y^{(k)}, \quad \tau_{yz} = \tau_{yz}^0 + \sum_{k=1}^{n} A_k \tau_{yz}^{(k)} \\
\sigma_z &= \sigma_z^0 + \sum_{k=1}^{n} A_k \sigma_z^{(k)}, \quad \tau_{zx} = \tau_{zx}^0 + \sum_{k=1}^{n} A_k \tau_{zx}^{(k)}
\end{aligned}
\right\}
\tag{11.5.1}
$$

式中：$\sigma_{ij}^0$（$\sigma_x^0$，$\sigma_y^0$，$\sigma_z^0$，$\tau_{xy}^0$，$\tau_{yz}^0$，$\tau_{zx}^0$）为平衡微分方程的特解，并适合应力边界条件；$\sigma_{ij}^{(k)}$（$\sigma_x^{(k)}$，$\sigma_y^{(k)}$，$\sigma_z^{(k)}$，$\tau_{xy}^{(k)}$，$\tau_{yz}^{(k)}$，$\tau_{zk}^{(k)}$）为满足无体力的平衡微分方程和无面力的应力边界条件；$A_k$ 为待定常数。

由此可知，式（11.5.1）假设的应力分量是静力可能的，把它们代入总余能的表达式（11.3.13），则总余能是 $A_k$ 的二次函数，其取极值的条件是

$$
\frac{\partial \Pi_c}{\partial A_k} = 0, \ k = 1, 2, \cdots, n
\tag{11.5.2}
$$

求解上述线性代数方程组，得到 $A_k$ 后，代回式（11.5.1），即得问题的近似解。

应当指出，基于应力变分原理求解时，需要选取静力可能的应力场，即要求满足平衡微分方程和应力边界条件，这往往是很难做到的。但是，对于某些问题，如果应力分量可以用应力函数来表示，则平衡微分方程已经自动满足，因此只需要设定应力函数的表达式，使由此求得的应力分量满足应力边界条件即可，从而避免直接假设应力场函数的困难。

**【例 11.5.1】** 一矩形截面杆，杆长为 $l$，截面尺寸为 $2a \times 2b$（图 11.5.1）。设材料为线弹性的，求该杆自由扭转问题的解。

**解**：建立如图 11.5.1 所示的直角坐标系。由第 8 章可知，在该坐标系中，矩形杆横截面上的切应力 $\tau_{zx}$ 和 $\tau_{zy}$ 可以用应力函数 $\psi$ 表示为

$$
\tau_{zx} = \frac{\partial \psi}{\partial y}, \tau_{zy} = \frac{\partial \psi}{\partial x}
\tag{a}
$$

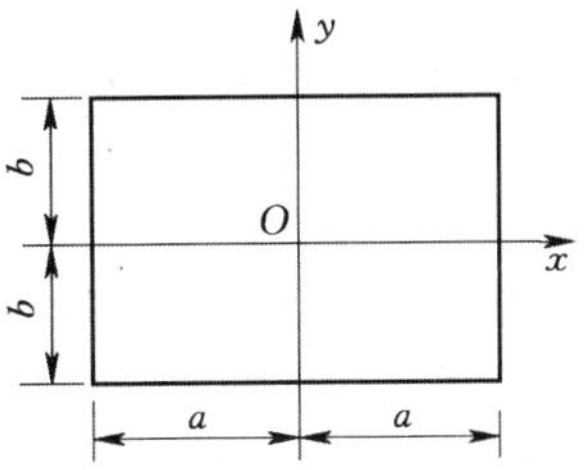

图 11.5.1　［例 11.5.1］图

杆件的总应变余能为

$$U' = u = \frac{l}{2G}\iint_A (\tau_{zx}^2 + \tau_{yz}^2)\mathrm{d}x\mathrm{d}y = \frac{l}{2G}\iint_A \left[ \left(\frac{\partial \psi}{\partial x}\right)^2 + \left(\frac{\partial \psi}{\partial y}\right)^2 \right]\mathrm{d}x\mathrm{d}y$$

式中：$A$ 为杆件的横截面面积。

外力功 $W'$ 为

$$W' = M_T \theta l = 2\theta l \iint_A \psi \mathrm{d}x\mathrm{d}y$$

式中：$\theta$ 为受扭杆件单位长度上的相对扭转角。

于是，自由扭转杆件的总余能 $\Pi_c$ 就为

$$\Pi_c = \frac{l}{2G}\iint_A \left[ \left(\frac{\partial \psi}{\partial x}\right)^2 + \left(\frac{\partial \psi}{\partial y}\right)^2 \right]\mathrm{d}x\mathrm{d}y - 2\theta l \iint_A \psi \mathrm{d}x\mathrm{d}y$$

$$= \frac{l}{2G}\iint_A \left[ \left(\frac{\partial \psi}{\partial x}\right)^2 + \left(\frac{\partial \psi}{\partial y}\right)^2 - 4G\theta\psi \right]\mathrm{d}x\mathrm{d}y \tag{b}$$

取应力函数为

$$\psi = (x^2 - a^2)(y^2 - b^2)\sum A_{mn} x^m y^n \tag{c}$$

显然，所取应力函数在矩形截面的边界上为 0。由薄膜比拟可知，这里的 $m$ 和 $n$ 必须是偶数。只取以上级数的第一项，即 $m = n = 0$，则

$$\psi = A_0 (x^2 - a^2)(y^2 - b^2) \tag{d}$$

将式（d）代入式（b），积分后有

$$\Pi_c = \frac{l}{2G} \times \frac{64}{45}\left[ 2A_0^2 a^3 b^3 (a^2 + b^2) - 5A_0 a^3 b^3 G\theta \right]$$

由 $\dfrac{\partial \Pi_c}{\partial A_0} = 0$，得

$$A_0 = \frac{5G\theta}{4(a^2 + b^2)}$$

代入式（d），得应力函数的近似解：

$$\psi = \frac{5G\theta}{4(a^2 + b^2)}(x^2 - a^2)(y^2 - b^2)$$

代入用应力函数求解扭矩的公式，得

$$M_T = 2\iint_A \psi \mathrm{d}x\mathrm{d}y = \frac{40}{9}\frac{(b/a)^3}{1 + (b/a)^2}G\theta a^4$$

最大切应力发生在长边中点处，其值为

$$\tau_{\max} = -\left(\frac{\partial \psi}{\partial x}\right)_{\substack{x=a \\ y=0}} = \frac{9}{16}\left(\frac{a}{b}\right)\frac{M_T}{a^3}$$

对于正方形截面杆，上面给出的 $M_T = 0.1388G\theta(2a)^4$，与精确值 $M_T = 0.1406G\theta(2a)^4$ 比较，误差为 $1.33\%$；最大切应力的近似值为 $0.563M_T/a^3$，与精确值 $0.600M_T/a^3$ 比较，误差为 $-6.2\%$。如果 $b/a = 10$，则 $M_T$ 的误差为 $-11.9\%$；最大切应力的近似值的误差为 $-40.1\%$。

# 习　题

**11.1**　试从虚位移原理出发，导出变形体的平衡微分方程和应力边界条件。

**11.2**　试证：

$$\iiint_V \frac{1}{2}\sigma_{ij}(u_{i,j}+u_{j,i})\mathrm{d}V = \int_S \sigma_{ij}n_j u_i \mathrm{d}S - \iiint_V \sigma_{ij,j}u_i \mathrm{d}V \text{。}$$

**11.3**　试证明如习题 11.3 图所示的悬臂梁的应变能公式

$$U = \frac{1}{2}\int_l^0 EJ(w'')^2 \mathrm{d}x$$

及

$$E_t = \frac{1}{2}\int_l^0 EJ(w'')\mathrm{d}x - \int_l^0 q(x)w\mathrm{d}x - Mw'(l) + Fw(l)$$

并说明其附加条件。

**11.4**　设有如习题 11.4 图所示的悬臂梁右端受集中力 $P$ 作用，如取挠曲线为 $w = ax^2 + bx^3$，试求 $a$、$b$ 的值。

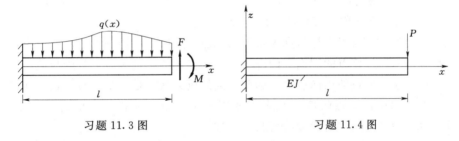

习题 11.3 图　　　　　　　　　　习题 11.4 图

**11.5**　试用最小势能原理推导出弹性力学平面应力问题中用位移表示的平衡微分方程和应力边界条件。

**11.6**　如习题 11.6 图所示的等截面悬臂梁，长度为 $l$，梁的抗弯刚度为 $EI$，受均布荷载 $q_0$ 的作用，试分别用里茨法和伽辽金法求梁的挠度，并进行比较。

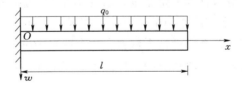

习题 11.6 图

# 附录 I　张量的下标记号法和求和约定

## I.1　张量简介

在数学与物理中，有些几何量与物理量与坐标系的选择无关，例如图形的面积、物体的体积、温度等，它们都可以用一个数来表示，称为标量。有些更复杂的量包含空间指向，例如力、位移等，称为矢量，矢量的大小与方向和坐标系的选取无关，但其具体的表达则需要引入坐标系，例如在直角坐标系中，矢量 $u$ 可以表示为

$$u = ui + vj + wk \qquad (I.1.1)$$

式中：$i$、$j$、$k$ 分别为沿 $x$、$y$、$z$ 坐标轴正方向的单位矢量；$u$、$v$、$w$ 分别为矢量 $u$ 在 $x$、$y$、$z$ 坐标轴方向的 3 个分量。

因此可以用分量来定义矢量，$u_i (i=1, 2, 3)$ 分别代表 $x$、$y$、$z$ 坐标轴方向的分量 $u$、$v$、$w$，这种表示方法称为矢量的下标记号法。

在弹塑性力学中，仅引入标量和矢量的概念还不足以表示物理量，例如应力状态。一点的应力状态是由通过该点的截面上的应力分量来描述的，该应力分量既与截面的外法线方向有关，也与应力分量的指向有关，因此一点的应力状态是一个具有二重指向特征的物理量。在三维空间中，一点的应力状态需要用 9 个分量才能描述（即 $\sigma_{ij}$，$i$，$j=1, 2, 3$），并且不会因为坐标系的变换而改变其客观性。

在三维空间中，描述以上物理量的分量数目可统一表示成

$$M = 3^n \qquad (I.1.2)$$

对于标量来说，$n=0$，$M=1$；对于矢量，$n=1$，$M=3$；对于描述应力状态的物理量，$n=2$，$M=9$。这些物理量可统一称为张量，$n$ 为张量的阶次。于是，标量可以称为零阶张量，矢量称为一阶张量，应力称为二阶张量，以后还可以知道，应变也是二阶张量。对于二阶以上的张量（$n>2$），在三维空间中已经没有直观的几何意义了，但是也可以通过张量的运算法则来变换，本构关系中弹性系数就是一个四阶张量。

下面以直角坐标系为例，介绍张量的下标记号法和求和约定，更详细的张量运算可参考张量分析相关书籍。

## I.2　下标记号法

对于一阶以上的张量，可用一组分量来表示，为了书写上的方便，采用下标字母符号来区别该张量的所有分量，这种表示张量的方法，就称为下标记号法。例如：

（1）矢量（一阶张量）含有 3 个独立的分量，可用一个下标符号表示。例如 $x_i (i=1, 2, 3)$ 表示点的位置矢量 $(x, y, z)$，$u_i (i=1, 2, 3)$ 表示位移矢量 $(u, v, w)$。

（2）对于应力、应变等二阶张量，可用二个下标符号表示。例如 $\sigma_{ij}(i, j=1, 2, 3)$ 表示应力二阶张量，1、2、3 分别代表 $x$、$y$、$z$ 轴，所以 $\sigma_{11}=\sigma_x$，$\sigma_{22}=\sigma_y$，$\sigma_{33}=\sigma_z$，$\sigma_{12}=\tau_{xy}$，$\sigma_{23}=\tau_{yz}$，$\sigma_{31}=\tau_{zx}$。又如 $\varepsilon_{ij}(i, j=1, 2, 3)$ 表示应变二阶张量。

（3）三阶张量可表示为 $C_{ijk}$，四阶张量可表示为 $C_{ijkl}$。

（4）在弹塑性力学中，常常会遇到位移分量、应力分量、应变分量等对坐标求偏导数，这种情形也可以用下标记号法表示：

$$\left.\begin{array}{ll} u_{i,j}=\dfrac{\partial u}{\partial x_j}, & u_{i,jk}=\dfrac{\partial^2 u}{\partial x_j \partial x_k} \\[2mm] \sigma_{ij,k}=\dfrac{\partial \sigma_{ij}}{\partial x_k}, & \sigma_{ij,kl}=\dfrac{\partial^2 \sigma_{ij}}{\partial x_k \partial x_l} \\[2mm] \varepsilon_{ij,k}=\dfrac{\partial \varepsilon_{ij}}{\partial x_k}, & \varepsilon_{ij,kl}=\dfrac{\partial^2 \varepsilon_{ij}}{\partial x_k \partial x_l} \end{array}\right\} \tag{Ⅰ.2.1}$$

## Ⅰ.3  求和约定

在张量的同一项内，当一个字母下标出现两次时，则对此下标在取值范围内遍历，然后对下标所在的量求和，这种运算称为求和约定。例如：

$$x_i y_i = \sum_{i=1}^{3} x_i y_i = x_1 y_1 + x_2 y_2 + x_3 y_3 \tag{Ⅰ.3.1}$$

$$\sigma_{ij}\varepsilon_{ij} = \sum_{i=1}^{3}\sum_{j=1}^{3} \sigma_{ij}\varepsilon_{ij} \tag{Ⅰ.3.2}$$

按求和约定求和的下标称为哑指标。

同一项内不重复出现的下标叫做自由指标，它可以在允许取值中任取一个值，例如 $x_i=c_{ij}y_j$ 表示下述 3 个方程式：

$$\left.\begin{array}{l} x_1=c_{11}y_1+c_{12}y_2+c_{13}y_3 \\ x_2=c_{21}y_1+c_{22}y_2+c_{23}y_3 \\ x_3=c_{31}y_1+c_{32}y_2+c_{33}y_3 \end{array}\right\} \tag{Ⅰ.3.3}$$

求和约定同样也适合于含有导数的项，例如 $\sigma_{ij,j}$ 中 $i$ 为自由指标，$j$ 为哑指标，逗号表示求偏导数，因此

$$\sigma_{ij,j} = \sum_{j=1}^{3} \frac{\partial \sigma_{ij}}{\partial x_j}, \ i=1,2,3 \tag{Ⅰ.3.4}$$

等式 $\sigma_{ij,j}=0$ 展开后为

$$\left.\begin{array}{l} \dfrac{\partial \sigma_{11}}{\partial x_1}+\dfrac{\partial \sigma_{12}}{\partial x_2}+\dfrac{\partial \sigma_{13}}{\partial x_3}=0 \\[2mm] \dfrac{\partial \sigma_{21}}{\partial x_1}+\dfrac{\partial \sigma_{22}}{\partial x_2}+\dfrac{\partial \sigma_{23}}{\partial x_3}=0 \\[2mm] \dfrac{\partial \sigma_{31}}{\partial x_1}+\dfrac{\partial \sigma_{32}}{\partial x_2}+\dfrac{\partial \sigma_{33}}{\partial x_3}=0 \end{array}\right\} \tag{Ⅰ.3.5}$$

即为无体力情况下的静力平衡微分方程。

## I.4　克罗内克符号

$\delta_{ij}$ 称为克罗内克符号，是张量分析中常用的基本符号，其定义为

$$\delta_{ij} = \begin{cases} 1, & i=j \\ 0, & i \neq j \end{cases}$$ （I.4.1）

$\delta_{ij}$ 有两个下标，可以视为一个拥有 9 个分量的二阶张量，排成矩阵即为

$$\delta_{ij} = \begin{bmatrix} 1 & 0 & 0 \\ 0 & 1 & 0 \\ 0 & 0 & 1 \end{bmatrix}$$ （I.4.2）

克罗内克符号可以简化张量表达式的书写，例如各向同性材料的广义胡克定律可以简化为

$$\varepsilon_{ij} = \frac{1+v}{E}\sigma_{ij} - \frac{v}{E}\delta_{ij}\sigma_{kk}$$ （I.4.3）

具体展开可由读者自行证明。

# 附录Ⅱ 部分习题参考答案

2.2 $p_{vx}=1.508a$, $p_{vy}=2.111a$, $p_{vz}=0.905a$; $\sigma_v=2.637a$, $\tau_v=0.771a$

2.7 $\sigma_1=17.083\times10^3\text{Pa}$, $\theta=40°16'$

2.8 $\sigma_1=107.3a$, $\sigma_2=44.1a$, $\sigma_3=-91.4a$; (0.314, $-0.900$, $-0.305$), (0.948, 0.282, 0.146), ($-0.048$, 0.337, $-0.940$)

3.2 $\varepsilon_{1,2}=-2.764\times10^{-3}$, $-7.236\times10^{-3}$; 与 $x$ 轴成 $121°43'$; $I'_1=-0.01$, $I'_2=-20\times10^{-5}$, $I'_3=0$

3.3 (1) 可能; (2) 不可能

3.4 (1) $I'_1=\varepsilon_x+\varepsilon_y$, $I'_2=\varepsilon_x\varepsilon_y-\dfrac{1}{4}\gamma_{xy}^2$, $I'_3=0$; $\varepsilon_{1,2}=\dfrac{\varepsilon_x+\varepsilon_y}{2}\pm\dfrac{1}{2}\sqrt{(\varepsilon_x-\varepsilon_y)^2+\gamma_{xy}^2}$;

(2) $\varepsilon_{1,2}=\dfrac{\varepsilon_0+\varepsilon_{90}}{2}\pm\dfrac{\sqrt{2}}{2}\sqrt{(\varepsilon_0-\varepsilon_{45})^2+(\varepsilon_{45}-\varepsilon_{90})^2}$; $\alpha_0$ 为 $\varepsilon_0$ 和 $\varepsilon_1$ 夹角, $\tan2\alpha_0=\dfrac{\varepsilon_0-2\varepsilon_{45}+\varepsilon_{90}}{\varepsilon_0-\varepsilon_{90}}$

4.1 $\sigma_x=\sigma_y=-\dfrac{\nu}{1-\nu}q$, $\sigma_z=-q$; $\theta=-\dfrac{1}{E}\dfrac{(1+\nu)(1-2\nu)}{1-\nu}q$; $\tau_{\max}=\pm\dfrac{1-2\nu}{2(1-\nu)}q$

4.2 $E_c=\dfrac{(1-\mu)E}{(1+\mu)(1-2\mu)}$

4.3 $\varepsilon_1=150\times10^{-6}$, $\varepsilon_2=-150\times10^{-6}$, $\gamma_{\max}=300\times10^{-6}$, $\sigma_1=24.2\text{N/mm}^2$, $\sigma_2=-24.2\text{N/mm}^2$

5.2 使用 Mises 屈服条件时, 若取 $\sigma_r=0$, 则 $p=5.77\text{N/mm}^2$, 若取 $\sigma_r=-p$, 则 $p=5.66\text{N/mm}^2$, 误差为 1.9%; 使用 Tresca 屈服条件时, 若取 $\sigma_x=0$, 则 $p=5.0\text{N/mm}^2$, 若取 $\sigma_r=-p$, 则 $p=4.9\text{N/mm}^2$, 误差为 2%

5.5 $d\varepsilon_\theta : d\varepsilon_r : d\varepsilon_z=1:(-1):0$

5.6 $d\varepsilon_1^p : d\varepsilon_2^p : d\varepsilon_3^p=2:(-1):(-1)$; $d\varepsilon_1^p : d\varepsilon_2^p : d\varepsilon_3^p=1:0:(-1)$

5.7 $\varepsilon_r^p : \varepsilon_\theta^p : \varepsilon_z^p=s_r:s_\theta:s_z=(-1):1:0$;

$$\varepsilon_\theta^p=\dfrac{\sqrt{3}}{2}E_1^{-\frac{1}{n}}\left(\dfrac{\sqrt{3}pr}{2t}-\sigma_z\right)^{\frac{1}{n}} \text{ 或 } p=\dfrac{2t}{\sqrt{3}r}\left[E_1\left(\dfrac{2}{\sqrt{3}}\varepsilon_\theta^p\right)^n+\sigma_s\right]$$

7.8 应力分量 $\sigma_y=-\dfrac{F}{b}\left(1+3\dfrac{x}{b}\right)$, $\sigma_x=\tau_{xy}=0$;

位移分量 $u=\dfrac{\mu F}{Eb}\left(x+\dfrac{3}{2b}x^2\right)+\dfrac{3F}{2Eb^2}(h-y)^2$, $v=\dfrac{Fy}{Eb}\left(1+\dfrac{3}{b}x\right)(h-y)$

7.9 $\sigma_x=\rho gx\cot^2\alpha-2\rho gy\cot\alpha$, $\sigma_y=-\rho gy$, $\tau_{xy}=-\rho gy\cot\alpha$

7.10 $\sigma_x=\dfrac{2\rho_2 g}{b^3}x^3y+\dfrac{3\rho_2 g}{5b}xy-\dfrac{4\rho_2 g}{b^3}xy^3-\rho_1 gx$, $\sigma_y=\rho_2 gx\left(2\dfrac{y^3}{b^3}-\dfrac{3y}{2b}-\dfrac{1}{2}\right)$,

$$\tau_{xy} = -\rho_2 g x^2 \left(3\frac{y^2}{b^3} - \frac{3}{4b}\right) - \rho_2 g y \left(-\frac{y^3}{b^3} + \frac{3y}{10b} - \frac{b}{80y}\right)$$

7.12  $q_c = \dfrac{2bc^2 q_0 - E'(c^2 - b^2)\delta}{(1-\mu')[a(c^2-b^2)+b^3]+(1+\mu')bc^2}$，当 $q_c > 0$ 时，实心圆轴产生应

力，即

$$\frac{q_0}{\delta} > \frac{E'(c^2-b^2)}{2bc^2}，上述表达式中的 E' = \frac{E}{1-\mu^2}，\mu' = \frac{\mu}{1-\mu}$$

7.13  $q = \dfrac{E\delta}{\dfrac{b_1^2}{b_1^2-a_1^2}\left[(1-\mu)b_1+(1+\mu)\dfrac{a_1^2}{b_1}\right]+\dfrac{a_2^2}{b_2^2-a_2^2}\left[(1-\mu)a_2+(1+\mu)\dfrac{b_2^2}{a_2}\right]}$

一般情况下，因过盈量 $\delta$ 很小，所以在计算中可不考虑变形前后尺寸的影响，而直接
采用变形后的尺寸，即在上式中可取 $b_1 = a_2 = c_0$，从而可得

$$q = \frac{E\delta(b_2^2-c_0^2)(c_0^2-a_1^2)}{2c_0^3(b_2^2-a_1^2)}$$

7.14  $a=0$，$b=-\gamma_1$，$c=\gamma\cot\beta - 2\gamma_1\cot^3\beta$，$d=\gamma_1\cot^2\beta - \gamma$

7.16  $\sigma_x = -\dfrac{2x^3}{\pi}\sum\limits_{i=1}^{n}\dfrac{P_i}{[x^2+(y-y_i)^2]^2}$，$\sigma_y = -\dfrac{2x}{\pi}\sum\limits_{i=1}^{n}\dfrac{P_i(y-y_i)^2}{[x^2+(y-y_i)^2]^2}$，

$\tau_{xy} = -\dfrac{2x^2}{\pi}\sum\limits_{i=1}^{n}\dfrac{P_i(y-y_i)}{[x^2+(y-y_i)^2]^2}$

7.17  $c = \dfrac{s}{2\sin 2\alpha}$

7.19  $\theta_A = \dfrac{\sigma_s l}{2Eh}$，$w_p = \dfrac{20l^2\sigma_s}{27Eh} \approx 2.22 w_e$

7.21  $\dfrac{p_p}{p_e} = \dfrac{2\ln\dfrac{b}{a}}{1-\dfrac{a^2}{b^2}}$

8.3  $\tau_{max}^{(a)} < \tau_{max}^{(b)}$，$K_t^{(a)} > K_t^{(b)}$

8.4  $\tau_{zx} = -\dfrac{2M_i}{\pi ab^3}y$，$\tau_{zy} = \dfrac{2M_i}{\pi a^3 b}x$；$\tau_{max} = \dfrac{2M_i}{\pi ab^2}$；$u = -\dfrac{(a^2+b^2)}{\pi Ga^3 b^3}M_i zy$，

$v = -\dfrac{(a^2+b^2)}{\pi Ga^3 b^3}M_i zx$，$w = -\dfrac{(a^2-b^2)}{\pi Ga^3 b^3}M_i xy$

8.6  $K_T = G(b_1 t_1^3 + b_2 t_2^3 + b_3 t_3^3)$；$K_T = 4.704 Ga^4$

8.7  $\dfrac{c_b}{c_a} = \dfrac{3(a-t)^2}{4t^2}$，$\dfrac{(\tau_b)_{max}}{(\tau_a)_{max}} = \dfrac{2t}{3(a-t)}$

8.9  中间管壁内 $\tau = 0$，其余管壁 $\tau = \dfrac{M_t}{4a^2 t}$；$\theta = \dfrac{3M_t}{8Ga^3 t}$

8.10  $M_T^0 = \dfrac{1}{3}ka^3$

8.12  当扭矩 $M_s$ 为 $\dfrac{\pi}{2}kR^3 < M_s < \dfrac{2\pi}{3}kR^3$ 时，或当 $\theta > \theta_e = \dfrac{k}{GR}$ 时，杆件处于弹塑性工

作状态。$M_s$ 和 $\theta$、$r_s$ 之间的关系 $M_s = \dfrac{2\pi}{3}kR^3 - \dfrac{\pi k^4}{6\theta^3 G^3}$ 或 $M_s = \dfrac{2\pi}{3}kR^3 - \dfrac{\pi k}{6}r_s^3$

9.2　$w = -\dfrac{M}{2D}y^2 + \dfrac{bM}{2D}y = \dfrac{My}{2D}(b-y)$，$M_x = \mu M$，$M_y = M$，$M_{xy} = 0$，

$F_{Sx} = F_{Sy} = 0$，$F'_{Sx} = F'_{Sy} = 0$

9.3　$m = \dfrac{F}{2D(1-\mu)}$，$w = \dfrac{F}{2D(1-\mu)}xy$，$M_x = M_y = F_{Sx} = F_{Sy} = 0$，$M_{xy} = -\dfrac{F}{2}$，

$F_{RA} = 2(M_{xy})_{x=0,y=b} = -F$，$F_{RB} = F_{RC} = F_{RO} = -F$

9.4　$w = \dfrac{q_0 x}{24aD\left(\dfrac{5}{a^4} + \dfrac{2}{a^2 b^2} + \dfrac{1}{b^4}\right)}\left(\dfrac{x^2}{a^2} + \dfrac{y^2}{b^2} - 1\right)^2$，$w_{\max} = \dfrac{2\sqrt{5}q_0}{375D\left(\dfrac{5}{a^4} + \dfrac{2}{a^2 b^2} + \dfrac{1}{b^4}\right)}$

9.5　$w = \dfrac{8q_0}{\pi^6 D}\displaystyle\sum_{m=1,2,3,\cdots}\sum_{n=1,3,5,\cdots}\dfrac{(-1)^{m+1}}{mn\left(\dfrac{m^2}{a^2} + \dfrac{n^2}{b^2}\right)^2}\sin\dfrac{m\pi x}{a}\sin\dfrac{n\pi y}{b}$

11.4　$a = \dfrac{Pl}{2EJ}$，$b = -\dfrac{P}{6EJ}$

# 参 考 文 献

［1］ 吴家龙. 弹性力学 ［M］. 2版. 北京：高等教育出版社，2011.

［2］ 徐芝纶. 弹性力学简明教程 ［M］. 北京：高等教育出版社，1980.

［3］ 杨桂通. 弹塑性力学引论 ［M］. 北京：清华大学出版社，2004.

［4］ 余同希. 塑性力学 ［M］. 北京：高等教育出版社，1989.

［5］ 卓卫东. 应用弹塑性力学 ［M］. 北京：科学出版社，2005.

［6］ Chen W F，Han D J. Plasticity for Structural Engineers ［M］. New York：Springer-Verlag，1988.

［7］ 徐秉业，黄炎，刘信声，等. 弹性力学与塑性力学解题指导及习题集 ［M］. 北京：高等教育出版社，1985.

［8］ 刘章军. 弹性力学内容精要与典型题例 ［M］. 北京：中国水利水电出版社，2009.

［9］ 黄克智，薛明德，陆明万. 张量分析 ［M］. 2版. 北京：清华大学出版社，2003.

［10］ 陆明万，张雄，葛东云. 工程弹性力学与有限元法 ［M］. 北京：清华大学出版社，2004.

［11］ 黄克智，夏之熙，薛明德，等. 板壳理论 ［M］. 北京：清华大学出版社，1987.

［12］ 孙训方，方孝淑，关来泰. 材料力学 I/II ［M］. 5版. 北京：高等教育出版社，2009.

［13］ Gere J M，Timoshenko S P. Mechanics of Materials ［M］. 4th. Boston：PWS Publishing Company，1997.

［14］ 王勖成. 有限单元法 ［M］. 北京：清华大学出版社，2003.

［15］ 王龙甫. 弹性力学 ［M］. 2版. 北京：科学出版社，1984.

［16］ 杨世铭，陶文铨. 传热学 ［M］. 3版. 北京：高等教育出版社，1998.